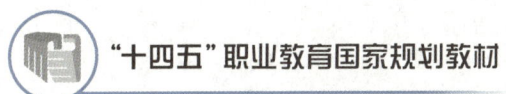
"十四五"职业教育国家规划教材

数字媒体技术应用专业

图形图像处理
——Photoshop 2022
Tuxing Tuxiang Chuli
——Photoshop 2022
（第5版）

段 欣 主编

中国教育出版传媒集团
高等教育出版社·北京

内容提要

本书是"十四五"职业教育国家规划教材，第 4 版被评为"首届全国教材建设奖优秀教材二等奖"，本版本根据教育部《职业教育专业目录（2021 年）》的相关要求和《中等职业学校数字媒体技术应用专业教学标准》，并参照计算机平面设计的行业规范，在第 4 版的基础上修订而成。

本书采用项目教学法，通过实际的项目、案例，介绍了 Photoshop 基础知识及海报设计、数码照片处理、VI 图形设计、界面设计、美工设计等方面的技巧与方法。

本书配套项目素材和源文件、教学课件等辅助教学资源，请登录高等教育出版社 Abook 新形态教材网 (http://abook.hep.com.cn) 获取相关资源，详细使用方法见本书最后一页"郑重声明"下方的"学习卡账号使用说明"。

本书可作为中等职业学校数字媒体技术应用及相关专业的核心教材，还可供计算机动漫与游戏制作和平面设计从业人员阅读参考。

图书在版编目（CIP）数据

图形图像处理：Photoshop 2022 / 段欣主编． --5 版． --北京：高等教育出版社，2023.5
数字媒体技术应用专业
ISBN 978-7-04-060160-2

Ⅰ．①图… Ⅱ．①段… Ⅲ．①图像处理软件-中等专业学校-教材 Ⅳ．①TP391.413

中国国家版本馆 CIP 数据核字（2023）第 036448 号

策划编辑	郭福生	责任编辑	郭福生	封面设计	张申申	版式设计	童 丹
责任绘图	李沛蓉	责任校对	刘丽娴	责任印制	高 峰		

出版发行	高等教育出版社	网　　址	http://www.hep.edu.cn
社　　址	北京市西城区德外大街 4 号		http://www.hep.com.cn
邮政编码	100120	网上订购	http://www.hepmall.com.cn
印　　刷	天津市银博印刷集团有限公司		http://www.hepmall.com
开　　本	889mm×1194mm　1/16		http://www.hepmall.cn
印　　张	16.5	版　　次	2008 年 6 月第 1 版
字　　数	350 千字		2023 年 5 月第 5 版
购书热线	010-58581118	印　　次	2023 年 9 月第 3 次印刷
咨询电话	400-810-0598	定　　价	42.50 元

本书如有缺页、倒页、脱页等质量问题，请到所购图书销售部门联系调换
版权所有　侵权必究
物　料　号　60160-00

前　言

本书是"十四五"职业教育国家规划教材,根据教育部《职业教育专业目录(2021年)》的相关要求和《中等职业学校数字媒体技术应用专业教学标准》,并参照计算机平面设计的行业规范,在第4版的基础上修订而成。本书第4版被评为"首届全国教材建设奖优秀教材二等奖"。

党的二十大报告中指出,"科技是第一生产力、人才是第一资源、创新是第一动力"。大国工匠和高技能人才是人才强国战略的重要组成部分。本书根据教学标准的要求,充分考虑学习者的实际情况及技能型人才成长的需要,教学内容紧跟产业及技术发展进程,及时吸收新技术、新工艺、新规范。本书采用项目教学法编写,每个项目对接一个图形图像处理应用的职业岗位,不同的工作领域有不同的设计特点与要求,具体的设计技巧与方法也千变万化。在每一个案例中,通过"案例描述""案例解析""案例实施"等形式,为读者展示了使用Photoshop完成设计任务的过程、方法和技巧,其中,"案例描述"给出设计任务要求,"案例解析"分析任务思路、方法与要点,而"案例实施"的讲解,可以帮助学生掌握和巩固基本知识,快速提升综合应用能力,便于学生边学边做,实现"做中学、做中教、教学做合一"的职业教育理念,对提高学生的动手操作能力和实践技术具有很强的针对性。

本书的编写宗旨是服务于读者的发展,实现铸魂育人。素材及案例的设计充分蕴含了使命感、责任感、爱国精神、奋斗精神、开拓创新等课程思政元素。

Photoshop是Adobe公司推出的应用广泛的图形图像处理与设计软件,新版的Photoshop 2022集图像编辑、设计、合成、网页制作和高品质的图片输出功能为一体,是计算机平面设计领域不可或缺的图形图像处理软件,也是数字媒体技术应用类专业学生必须掌握的基本工具。

本书根据教学标准的要求和初学者的实际情况,从实用角度出发,以循序渐进的方式,由浅入深地全面介绍了Photoshop的基本操作和实际应用。本书采用项目教学法,每个项目精心设计了相应的案例和任务。每个项目就是Photoshop的一个应用领域,不同的领域有不同的设计特点和要求,具体的设计技巧与方法也千变万化。在每一个案例中,通过"案例描述""案例解析""案例实施"的形式,为读者展示了使用Photoshop完成实际设计任务的过程、方法与技巧,其中,"案例描述"给出设计任务要求,"案例解析"分析任务思路、方法与要点,而"案例实施"给出具体的操作步骤;然后通过相关知识的介绍,对该案例所涉及的知识点进行全面、系统的讲解,以帮助学生进一步掌握和巩固基本知识,快速提高综合应用能力,便于学生边学边做,实现"做中学、做中教、教学做合一"的职业教育理念,对提高学生的动手操作能力和实践技能具有很强的针对性。

采用本书进行教学时,应以操作训练为主,建议安排96学时,其中上机不少于60学时。具体的学时安排可参考下表:

项目	学时	项目	学时
1	8	5	8
2	22	6	8
3	26	机动	4
4	20	总计	96

本书由山东省教育科学研究院段欣主编,济南商贸学校刘鹏程、烟台理工学校宋彩莲任副主编。济南源粒子科技工作室刘益红教授为本书的案例设计提供了很多宝贵意见和建议,并参与了部分案例的设计与制作,在此表示衷心的感谢!

本书配套项目素材和源文件、教学课件等辅助教学资源,请登录高等教育出版社Abook新形态教材网(http://abook.hep.com.cn)获取相关资源,详细使用方法见本书最后一页"郑重声明"下方的"学习卡账号使用说明"。

编写过程中,编者尽力为读者提供更好、更完善的内容,但由于编者水平有限,书中难免存在一些疏漏和不足之处,恳请广大读者不吝批评指正。读者意见反馈邮箱:zz_dzyj@pub.hep.cn。

编 者
2023年6月

目 录

项目 1　Photoshop 2022 入门 ··· 1
案例 1　走进 Photoshop 的世界 ··· 1
任务 1.1　认识 Photoshop 的工作界面 ··· 7
任务 1.2　了解图像的基础知识 ·· 16
任务 1.3　掌握图像的基本操作 ·· 20
思考与实训 ··· 27

项目 2　海报设计 ·· 31
案例 2　指尖艺术——商业海报 ·· 31
任务 2.1　常用工具的使用 ··· 39
任务 2.2　创建图层 ·· 52
任务 2.3　掌握图层的基本操作 ·· 54
任务 2.4　理解图层的混合模式 ·· 57
任务 2.5　应用图层样式 ·· 58
案例 3　团队精神——企业文化海报 ··· 65
任务 2.6　了解画板 ·· 73
任务 2.7　使用画笔工具组 ··· 75
任务 2.8　使用裁剪工具组 ··· 76
案例 4　世界环境日——公益海报 ·· 79
任务 2.9　应用蒙版 ·· 85
思考与实训 ··· 89

项目 3　数码照片处理 ··· 91
案例 5　霓裳——数码照片的修复与润饰 ·· 91
任务 3.1　使用图像修复工具 ··· 96
任务 3.2　使用图像修饰工具 ··· 101
任务 3.3　使用橡皮擦工具组 ··· 104
案例 6　风光无限——数码照片色彩色调的调整 ·· 106
任务 3.4　数码照片调色基础 ··· 110
任务 3.5　调整图像色调 ·· 113

任务 3.6　调整图像色彩 ··· 118
任务 3.7　特殊色调调整命令 ··· 123
案例 7　舞动青春——通道的使用 ··· 129
任务 3.8　了解通道的基础知识 ··· 135
案例 8　无惧风雪——滤镜的使用 ··· 139
任务 3.9　使用滤镜 ··· 145
思考与实训 ·· 156

项目 4　VI 图形设计 ·· 162
案例 9　VI 基本要素——企业标志设计 ··· 162
任务 4.1　VI 设计及图形基础 ··· 166
任务 4.2　掌握路径的基本操作 ··· 169
任务 4.3　使用钢笔工具组 ·· 170
任务 4.4　使用路径选择工具组 ··· 176
案例 10　VI 办公用品 1——企业手提袋设计 ·· 177
任务 4.5　使用形状工具组 ·· 186
任务 4.6　路径的应用 ··· 191
案例 11　VI 办公用品 2——企业名片设计 ·· 195
任务 4.7　创建文字效果 ·· 199
思考与实训 ·· 205

项目 5　界面设计 ·· 207
案例 12　运动俱乐部会员登录界面设计 ··· 207
案例 13　"感恩母亲节"促销网页设计 ··· 213
综合实训 ·· 225

项目 6　美工设计 ·· 227
案例 14　设计制作宣传单 ·· 229
案例 15　书籍封面设计 ·· 238
综合实训 ·· 251

项目 1　Photoshop 2022 入门

　　Photoshop 是由 Adobe 公司推出的一款大型图形图像处理软件。它功能强大，操作界面友好，凭借其众多的实用工具和强大的图像处理功能，自 1990 年 Photoshop 1.0 版本发行以来，随着版本的更新，功能不断完善，逐渐发展为当今平面设计与图像处理领域的首选软件。

　　图像处理是指对已有的位图图像进行处理以及运用一些特殊效果，其重点在于对图像的处理。

　　本项目将以 Photoshop 2022（以下简称 Photoshop）为平台，介绍 Photoshop 的工作界面及基本操作、图像处理的基础知识，带领大家轻松入门，走进功能强大的 Photoshop 图像处理世界。

案例 1　走进 Photoshop 的世界

 案例描述

　　了解 Photoshop 的基本操作，认识其工作界面，了解 Photoshop 的图层构图理念，了解图像处理的基本流程，并利用提供的素材完成第一个作品。

案例解析

本案例中，需要完成以下工作：
- 学会启动 Photoshop 程序并在该程序中打开文件。
- 熟悉 Photoshop 的工作界面。
- 利用"抓手工具"和"缩放工具"进行图像全局或指定部分的浏览与细节观察。
- 认识图层，了解 Photoshop 的构图理念。
- 通过"水平翻转"命令、"树"滤镜了解 Photoshop 的使用及功能。
- 了解"历史记录"面板的作用及使用方法。
- 掌握保存文件的方法。

 案例实施

　　① 在桌面上双击 Photoshop 2022 的快捷图标 ，或选择"开始→ Adobe Photoshop 2022"命令，启动 Photoshop 2022 程序；选择"文件→打开"命令，打开图像文件"放飞梦想 .psd"，此时图像自动调整为完整显示。本例图像按照 66.7% 的比例显示，如图 1-1 所示。

2　项目 1　Photoshop 2022 入门

图 1-1　打开图像

② 单击工具箱中的"缩放工具"，在图像中单击，图像会放大到 100%，如图 1-2 所示。

图 1-2　放大到 100% 的图像窗口

③ 单击工具箱中的"抓手工具"，在图像中按住鼠标左键并拖曳，可以移动图像，以便观察图像的其他部分。

④ 再次选中"缩放工具"，按住 Alt 键的同时在图像窗口内单击，可将图像缩小显示，显示比例缩小到 66.7% 时，图像显示情况如图 1-1 所示。

⑤ 选择"视图→标尺"命令，窗口中即显示出水平标尺和垂直标尺。将鼠标指针放在水平标尺上，按住鼠标左键向下拖曳，会出现一条水平参考线；同样，从垂直标尺上向右拖曳，会出现一条垂直参考线。标尺及参考线位置如图 1-3 所示。

图 1-3　标尺及参考线位置

⑥ 在"图层"面板中选中"白鸽"图层,如图 1-4 所示;在该图层缩略图前的灰色方块 ▨ 内单击,显示"指示图层可见性"标记 ◉ (该标记不显示时,此图层呈隐藏状态),发现白鸽显示在图像窗口中。

⑦ 在"图层"面板中拖动"白鸽"图层至面板的右下角的"创建新图层"按钮 ▣ 上,可复制该图层并将复制的图层自动命名为"白鸽 拷贝",此时的"图层"面板如图 1-5 所示。

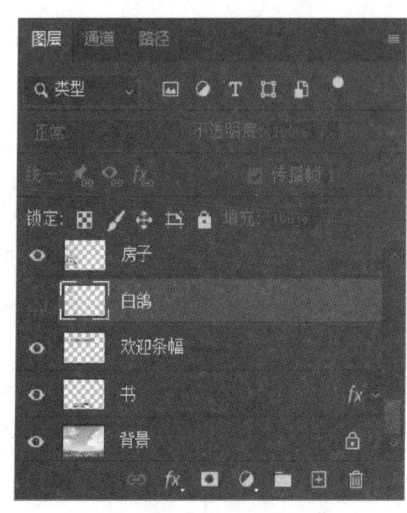

图 1-4　"图层"面板

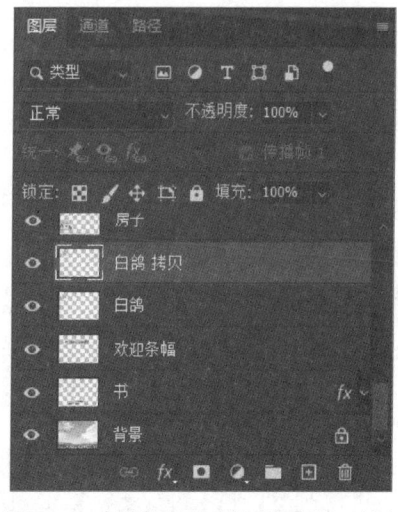

图 1-5　复制图层后的"图层"面板

⑧ 选中"白鸽 拷贝"图层,选择"编辑→变换→水平翻转"命令将其水平翻转;选择工具箱中的"移动工具"，在翻转后的白鸽上单击并向右拖曳,发现白鸽在移动,将其嘴巴放置在两条参考线的交叉点上,如图1-6所示(注意:"移动工具"拖曳的是当前图层中的对象;利用参考线可以对图像进行精确定位)。

图1-6 调整"白鸽 拷贝"位置后的状态

⑨ 选择"视图→参考线→清除参考线"命令,清除图像窗口中的参考线。选择"视图→标尺"命令,隐藏图像窗口中的标尺。

⑩ 在"图层"面板中选中"欢迎条幅"图层,向上拖曳至"白鸽"图层的上方出现高亮的蓝色线条时释放鼠标左键,如图1-7所示,观察此时图像窗口中的变化;按照同样的方法,继续向上拖曳至"白鸽 拷贝"图层的上方,此时的图像效果及"图层"面板如图1-8所示(图层如同堆叠在一起的透明纸;透过上方图层的透明区域可以看到下方图层的内容,上方图层的不透明区域会遮挡下方图层的内容)。

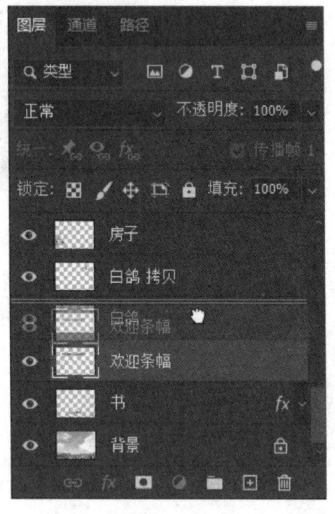

图1-7 调整图层叠放顺序

⑪ 在"图层"面板中单击各图层的"指示图层可见性"标记，查看各图层的内容。按住Alt键并单击"书"图层的"指示图层可见性"标记,此时只有该图层显示,透明的部分以灰白方格显示,如图1-9所示;按住Alt键再次单击"书"图层的"指示图层可见性"标记,恢复显示所有图层。用此方法依次单击各图层,了解每个图层所包含的内容。

⑫ 显示"背景""书""白鸽"等图层,并选中"白鸽"为当前图层;选择"滤镜→渲染→树"命令,打开"树"对话框,从"基本树类型"列表中选择"7:白杨",其他参数采用默认值,单击"确定"按钮,生成的树出现在窗口中,效果如图1-10所示;选择"移动工具"，调整树的位置,发现"白鸽"也随之移动("树"创建在了当前选中的"白鸽"图层中;不同的元素应置于不同的图层,这样便于处理;本步是误操作,应当撤销)。

⑬ 在面板区单击"历史记录"面板图标，展开"历史记录"面板,如图1-11所示,从"历史记录列表"中可以看到所执行过的操作;按Ctrl+Z组合键可撤销上一步操作;单击第一个操作"打开",即可将图像恢复为刚打开时的状态。

(a) 调整图层叠放顺序后的图像效果

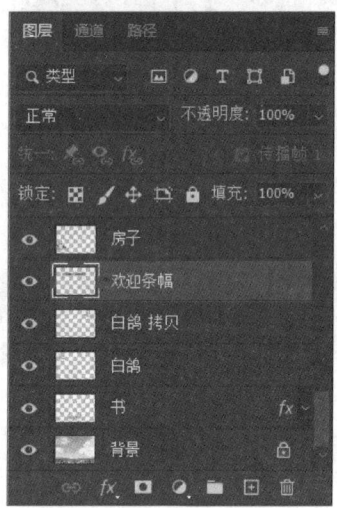

(b) "图层"面板

图 1-8　再次调整图层叠放顺序

图 1-9　只显示"书"图层的状态

图 1-10 生成树的效果

⑭ 依次单击历史记录中的每一个操作步骤，可以在图像编辑窗口中重现自己的每一步操作，此时可以根据需要撤销或恢复操作；单击"树"之前的操作（本例为"图层可见性"），如图 1-12 所示，恢复到创建树之前的状态。

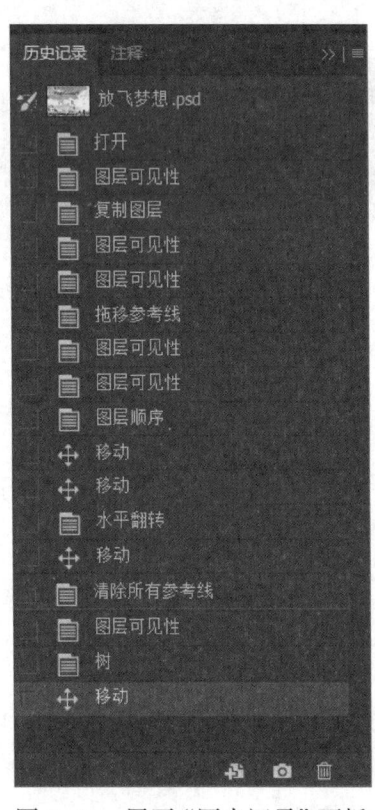

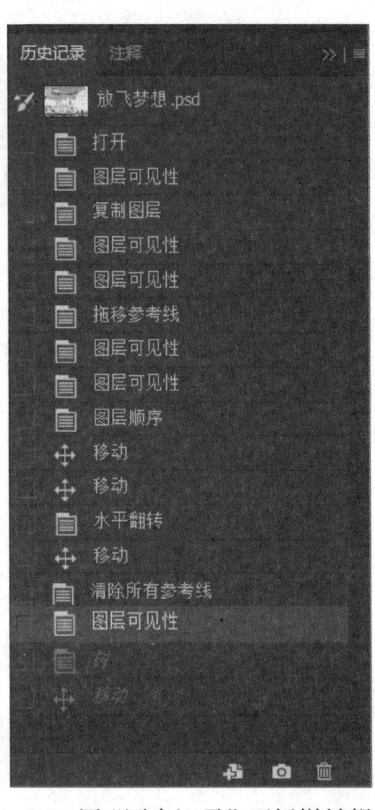

图 1-11　展开"历史记录"面板　　　　图 1-12　用"历史记录"面板撤销操作

⑮ 在"图层"面板中选中"背景"图层,单击"创建新图层"按钮 ▣,新建"图层1";双击图层名,重命名为"大树";按 Alt+Ctrl+F 组合键重新生成树(或选择"滤镜→渲染→树"命令打开对话框重新设置)。

⑯ 选择"移动工具" ✥,调整树的位置,参照如图 1-13 所示的效果,根据自己的设计思路,将其余元素显示或隐藏,复制或变换,调整位置及叠放顺序,制作出自己的第一个作品。选择"文件→存储为"命令,打开"存储为"对话框,选择保存位置,在"文件名"后的文本框内输入"我的第一个作品",单击"保存"按钮;选择"文件→退出"命令,退出 Photoshop。

图 1-13 "我的第一个作品"图像效果参考

任务 1.1 认识 Photoshop 的工作界面

启动 Photoshop 程序,会出现 Photoshop 的"主页"界面,如图 1-14 所示。左侧有"主页"选项卡和"新建""打开"按钮,可以在此选择所需的选项,从而快速进入图形图像的处理。

"主页"右侧显示"最近使用项",列出近期曾经用 Photoshop 打开或编辑过的图像。

如果希望启动软件时跳过"主页"界面直接进入工作界面,可以选择"编辑→首选项→常规"命令,打开"首选项"对话框,取消勾选"自动显示主屏幕"复选框。

如果在处理 Photoshop 文档期间想要访问"主页"界面,可以随时单击"工具选项栏"左端的"主页"按钮 🏠;按 Esc 键可退出"主页"界面,返回工作界面。

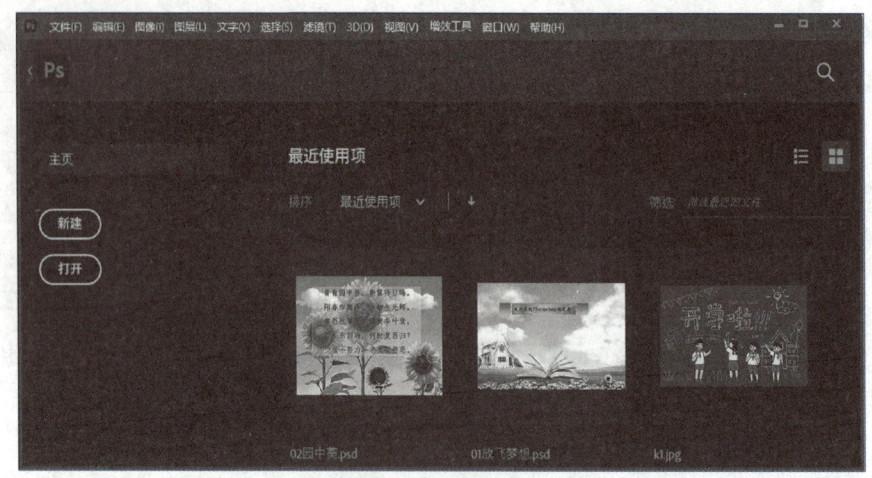

图 1-14 "主页"界面

提示：

在注册 Adobe 账号并登录后，"主页"界面中还会显示"学习"和"新增功能"选项卡，显示有助于快速学习、理解概念、工作流程和技巧的提示性教程，以及有关新功能的信息等。另外，Photoshop 的某些功能也需登录才可使用，例如"Neural Filters"（神经滤镜）的部分功能。若要登录账号，选择"帮助→登录"命令即可。

按 Esc 键退出"主页"界面，进入工作界面。

Photoshop 的工作界面主要由菜单栏、工具选项栏、工具箱、图像编辑窗口和面板等组成，如图 1-15 所示。熟悉工作界面，熟练掌握各组成部分的名称和基本功能，会提高工作效率。下面对工作界面的组成部分逐一进行介绍。

图 1-15 Photoshop 工作界面

1. 菜单栏

Photoshop 将所有的命令集合分类后放置在 12 个菜单中,自左至右分别是"文件""编辑""图像""图层""文字""选择""滤镜""3D""视图""增效工具""窗口"和"帮助"。利用菜单命令可以完成大部分图像编辑处理工作。

2. 工具选项栏

工具选项栏用于设置工具箱中当前工具的属性。不同工具所对应的选项栏属性也有所不同。

图 1-16 所示是"移动工具" 选项栏。通过对选项栏中各项属性的设置可以定制当前工具的工作状态,以利用同一个工具设计出不同的图像效果。

图 1-16 "移动工具"选项栏

3. 工具箱

工具箱默认位于窗口的左侧,它集合了图像绘制和编辑处理的各种工具。各工具的具体功能和用法将在后面的内容中介绍。

工具箱是可以伸缩的,通过单击工具箱顶部的伸缩按钮 ,可以使工具箱的外观在单栏与双栏之间切换,这样便于灵活利用工作区中的空间进行图像处理。

Photoshop 有 60 多种工具,由于窗口空间有限,功能相近的工具归为一组放在一个工具按钮中,因此有许多工具是隐藏的。许多工具按钮的右下角有一个黑色小三角形标记,表明该按钮是一个工具组按钮,在该按钮上按住左键不放或右击时,隐藏的工具便会显示出来,移动鼠标指针从中选择一个工具,该工具便成为当前工具。

当鼠标指针指向工具箱中的某个工具时,会显示该工具的名称提示或视频操作提示,如图 1-17 所示,分别是指向"移动工具"和"污点修复画笔工具"时显示的操作提示。

(a) 移动工具

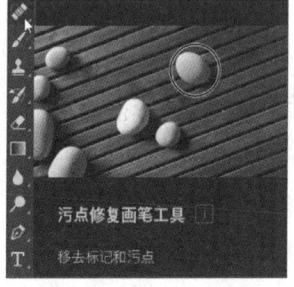
(b) 污点修复画笔工具

图 1-17 丰富直观的工具提示

提示:

用户可以设置是否显示文字提示或视频提示。选择"编辑→首选项→工具"命令,打开

"首选项"对话框,在右侧的选项区中分别对"显示工具提示"和"显示丰富的工具提示"两个选项设置即可。

通过以下的示例来说明工具箱的使用方法。

① 打开素材图像"园中葵.psd",工作界面如图1-15所示;单击工具箱顶部的伸缩按钮 ,工具箱变为双栏;拖动工具箱顶部的标签区,将其拖离左侧停放区,位置如图1-18所示。

图1-18 工具箱的双栏浮动状态

② 单击工具箱右上角的"关闭"按钮 ,将其关闭;选择"窗口→工具"命令可再次显示工具箱;或选择"窗口→工作区→复位基本功能"命令,恢复至如图1-15所示的初始位置状态。

4. 面板

各种面板默认位于窗口的右侧。Photoshop提供了30多种面板,面板是成组出现的,每一种面板都有其特定的功能,如利用"图层"面板可以完成图层的创建、删除、复制、移动、显示、隐藏和链接等操作。面板是Photoshop提供各种功能的一种很重要的形式。

面板同工具箱一样,也可以伸缩,还可以展开或折叠为图标、组合或拆分、添加或删除、调整大小、移动位置等。另外,不同的面板有各自的面板菜单。

(1)面板的展开与折叠

● 单击面板右上角的"折叠为图标"按钮 ,可以将停放的面板折叠为图标,同时图标变为"展开面板"图标 ,单击此按钮可以展开面板。

- 要展开某个面板,可以直接单击其图标或面板名称标签;如果要隐藏某个已经显示出来的面板,只需再次单击其图标或名称标签即可。

提示:

停放是一组放在一起显示的面板,通常在垂直方向显示面板。可将面板移到停放的面板组中或从停放的面板组中移出面板。

停放面板:拖动其标签,移到停放位置(顶部、底部或两个其他面板之间);要停放面板组,拖动其标题栏(标签上面的实心空白栏),移到停放位置即可。

取消停放:拖动其标签或标题栏,从停放位置移走;还可以将其移到另一个面板组中或者使其变为浮动面板。

(2)组合面板与拆分面板

- 组合:拖曳某个面板的标签或图标(或面板组的标题栏),将其移至目标面板上,直到目标面板呈蓝色反光时松开鼠标左键即可;按住面板的名称标签左右拖曳可以改变面板的左右顺序;当需要查看某个面板时,单击其名称标签即可。
- 拆分:将鼠标指针指向某个面板的图标或标签(或面板组的标题栏),并将其移至工作区中的空白区域。

(3)移除面板与添加面板

- 移除面板(或面板组):右击其标签或图标(或面板组的标题栏),从弹出的快捷菜单中选择"关闭"("关闭选项卡组")命令,或从"窗口"菜单中选择相应命令,取消该面板的显示。
- 添加面板:从"窗口"菜单中选择相应的命令,然后将其停放在所需的位置。

(4)面板菜单

每个展开的面板,其右上角均有一个面板菜单按钮 ▤,单击可打开相应的面板菜单。

在如图1-15所示的默认工作区状态下,通过以下示例介绍面板的基本操作。

① 单击"历史记录"面板图标 ▤,将该面板展开,如图1-19(a)所示;再次单击该图标,可将面板收缩。

② 单击"历史记录"面板所在停放位置顶部的"展开面板"按钮 ◀◀,将该面板展开,如图1-19(b)所示;再次单击"折叠为图标"按钮 ▶▶,将其折叠为图标;以同样的方法,单击"颜色"面板的"折叠为图标"按钮 ▶▶,该停放位置的面板全部折叠为图标,如图1-19(c)所示。

③ 再次展开"历史记录"面板,鼠标指针指向其名称标签,将其移至工作区中的空白区域,将该面板拆分出来;在"注释"面板的标题栏上右击,从弹出的快捷菜单中选择"关闭"命令,如图1-20(a)所示,将该面板关闭;该面板也从停放位置消失,如图1-20(b)所示。

(a) 展开"历史记录"面板

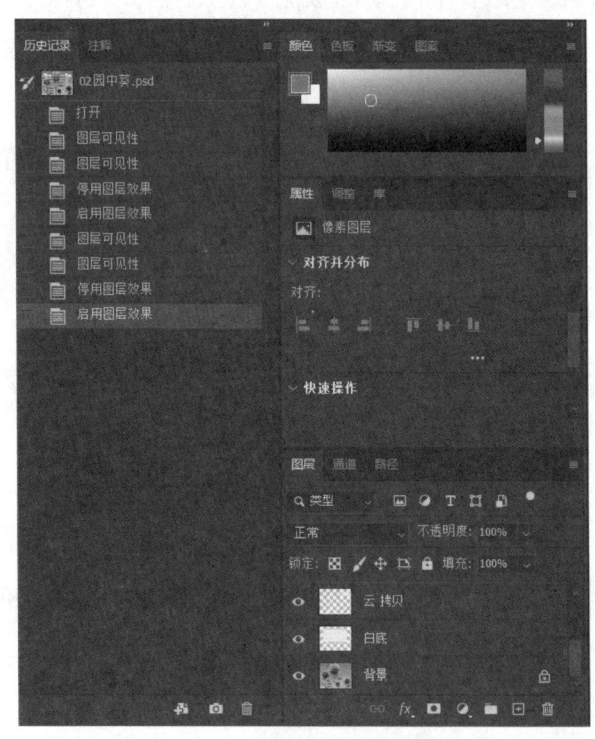

(b) 展开"历史记录"面板　　　　　(c) 面板折叠为图标

图 1-19　面板的展开与折叠

(a) 拆分面板、关闭面板　　　　　　　　　　(b) 面板从停放位置消失

图 1-20　拆分面板、关闭面板与停放的消失

④ 将鼠标指针指向"图层"所在面板组的标题栏,移至"历史记录"面板上,目标面板呈蓝色反光时松开鼠标左键,如图 1-21 所示,将"图层"面板组与"历史记录"面板组合;右击"路径"面板标签将其关闭;按住"历史记录"面板的标签向右移动,改变面板的排列顺序。

⑤ 右击"颜色"面板图标,从弹出的快捷菜单中选择"关闭选项卡组"命令,将该面板组关闭;以同样的方法关闭"属性"面板组。拖曳"图层"所在的面板组至窗口右侧,至呈现蓝色反光条时松开鼠标,将其停放。选择"窗口→导航器"命令,打开"导航器"面板,将该面板组停放,此时的面板状态如图 1-22 所示。

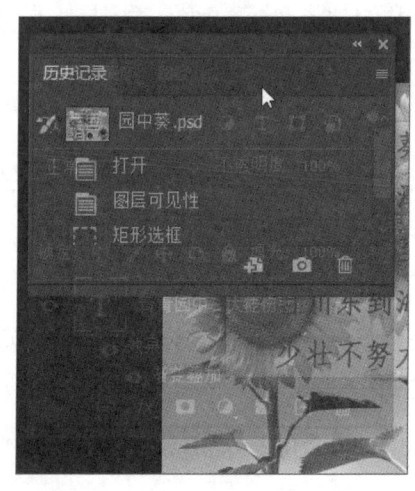
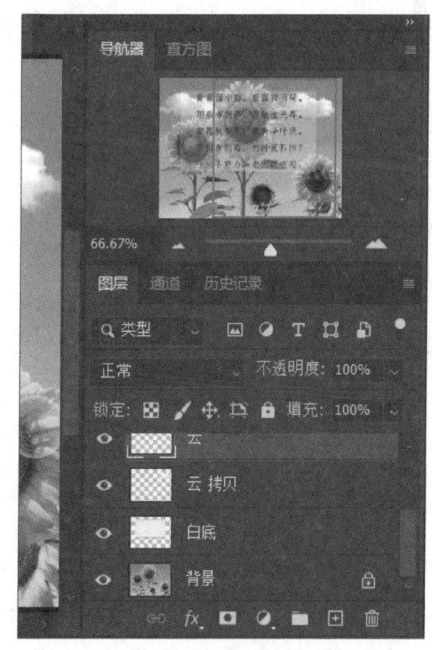

图 1-21　面板的拆分与组合　　　　　　　　图 1-22　各面板组位置状态

⑥ 单击"历史记录"面板标签将其展开，单击其右上角的面板菜单按钮 ▤，打开"历史记录"面板菜单，如图1-23所示。

5. 工作区

当使用各种面板、工具箱、栏等元素来创建和处理文档和文件时，这些元素的排列方式称为工作区。

Photoshop专门为不同的应用领域预设了相应的工作区，包括"基本功能""3D""绘画""摄影"等工作区，单击工具选项栏右端的"切换工作区"按钮 ▣▾ 或选择"窗口→工作区"命令，打开级联菜单，如图1-24所示，从中选择相应的命令，即可切换到对应的工作区。选择不同的预设工作区时，显示的面板、工具箱中的工具也有所不同。

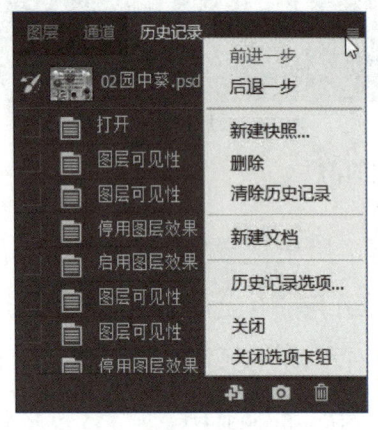
图1-23 面板菜单

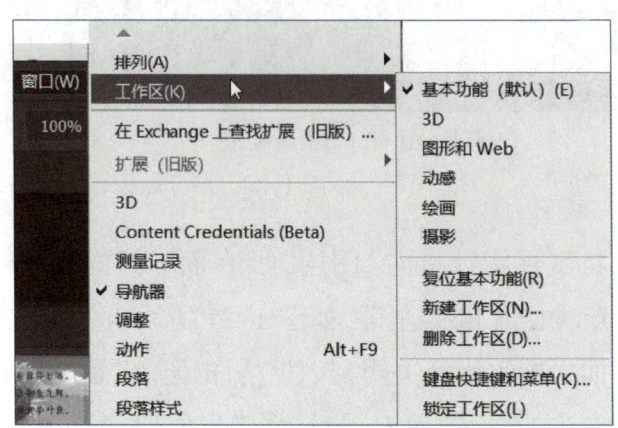
图1-24 "工作区"级联菜单

通过以下操作，在图1-22所示的面板状态下，说明工作区的使用：

① 将工具箱设置为双栏左侧停放；选择"窗口→工作区→新建工作区"命令，打开"新建工作区"对话框，如图1-25所示，输入名称"精简工作区"并单击"存储"按钮（**提示**：该对话框打开时，可捕捉面板的位置）。

② 将工具箱关闭，改变工作区中的面板状态，进行面板的打开或关闭、组合或拆分等操作；再次选择"窗口→工作区"命令，此时的级联菜单如图1-26所示，可以看到，当前工作区为"精简工作区"；单击"复位精简工作区"命令，即可恢复至定义时的状态。

6. 图像编辑窗口

图像编辑窗口由三部分组成：选项卡式标题栏、画布、状态栏。在画布外空白处右击，从弹出的快捷菜单中可以调整编辑区的颜色，如图1-27所示。

（1）选项卡式标题栏

在Photoshop中，每打开一个图像文件，即在图像编辑窗口的标题栏内增加一个选项卡，若要显示已经打开的某幅图像，只要单击对应的选项卡即可。

在标题栏中显示的信息有：图像文件名、图像显示比例、图像当前图层名称、图像颜色模式、颜色位深度及"关闭"按钮等。

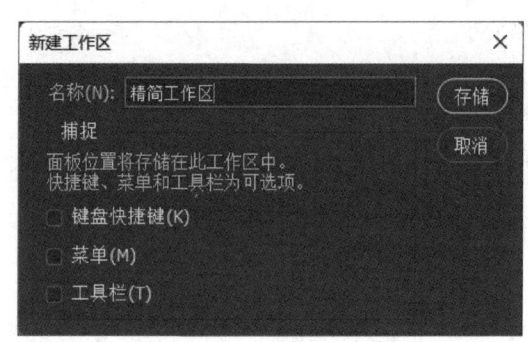
图 1-25 新建工作区

图 1-26 操作后的级联菜单

（2）画布

画布是用来显示、绘制、编辑图像的区域。

（3）状态栏

状态栏位于图像窗口的底部，主要由三部分组成：最左边文本框显示当前图像的显示比例，可在此输入一个值改变图像的显示比例；中间部分默认显示当前图像的各种信息说明（单击其右边的按钮 > 可打开状态栏选项菜单，如图 1-28 所示，选择其中的命令可改变状态栏中间部分显示的内容）；状态栏最右边是水平滚动条。

"文档大小"菜单项：前面的数字表示将所有图层合并后的图像大小，后面的数字代表当前包含所有图层的图像大小（如 文档:3.81M/13.7M > ）。

图 1-27 图像编辑窗口快捷菜单

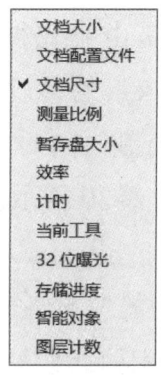

图 1-28 状态栏选项菜单

任务 1.2 了解图像的基础知识

1. 图像的类型

计算机处理的图像可以分为两种,分别是矢量图和位图。通常把矢量图称为图形,把位图称为图像。

(1) 矢量图

矢量图的基本元素是图元,也就是图形指令。通过专门的软件将图形指令转换成可在屏幕上显示的各种几何图形和颜色。矢量图是根据几何特性来绘制的,通常由绘图软件生成。矢量图的元素都是通过数学公式计算获得,所以矢量图文件所占存储空间一般较小,而且在进行缩放或旋转时,不会发生失真现象。矢量图的缺点是表现的色彩比较单调,不能像照片那样表达色彩丰富、细致逼真的画面。矢量图通常用来表现线条化明显、具有大面积色块的图案,如图1-29所示。

Adobe 公司的 Illustrator、Corel 公司的 CorelDRAW 是常用的矢量图设计软件,使用 Animate(其前身为 Flash)制作的动画是矢量动画。常用的矢量图格式有 AI(Illustrator 源文件格式)、DXF(AutoCAD 图形交换格式)、WMF(Windows 图元文件格式)、SWF(Animate 动画文件格式)等。

图 1-29 矢量图

(2) 位图

位图也称为点阵图,它的基本元素是像素。如果把位图放大到一定程度,就会发现整个画面是由排成行列的一个个小方格组成的,这些小方格称为像素。位图文件中记录的是每个像素的色度、亮度和位置等信息,因此对于一幅图像来说,单位面积内的像素越多,图像越清晰,同时占用的存储空间也越大。其优点是可以表达色彩丰富、细致逼真的画面,如图1-30所示;缺点是位图文件占用存储空间比较大,而且在放大输出时会发生失真现象。

常用的位图格式有 BMP、JPEG、PSD、GIF、TIFF、PDF 等。

2. 图像属性

(1) 分辨率

分辨率通常分为显示分辨率、图像分辨率和输出分辨率等。

1) 显示分辨率

图 1-30 位图

显示分辨率是指显示器屏幕上能够显示的像素个数,通常用显示器水平和垂直方向上能够显示的像素个数的乘积来表示。例如,某显示器的分辨率为 1 600 像素 ×900 像素,表示该显示器在水平方向可以显示 1 600 个像素,在垂直方向可以显示 900 个像素,共可显示 1 440 000 个像素。显示器的显示分辨率越高,显示的图像越清晰。

2)图像分辨率

图像分辨率是指图像中存储的信息量。图像分辨率有多种衡量方法,通常用图像在长和宽方向上所能容纳的像素个数的乘积来表示,如 1 280 像素 ×960 像素;在某些情况下,也可以用 ppi(pixel per inch,像素每英寸)来衡量。图像分辨率既反映了图像的精细程度,又表示了图像的大小。在显示分辨率一定的情况下,图像分辨率越高,图像越清晰,同时图像也越大。

3)输出分辨率

输出分辨率是指输出设备(主要指打印机)在每个单位长度内所能输出的点数,通常用 dpi(dot per inch,点每英寸)来表示。输出分辨率越高,则输出的图像质量就越好。目前一般激光打印机和喷墨打印机的分辨率都在 600 dpi 以上。若打印文本,600 dpi 已经达到相当出色的线条质量;若打印黑白照片,最好用分辨率在 1 200 dpi 以上的喷墨打印机;若打印彩色照片,则分辨率最好是 4 800 dpi 或更高。

(2)颜色位深度

在图像中,各像素的颜色信息是用二进制位数来描述的。颜色位深度(通常简称为"位深")就是指存储每个像素所用的二进制位数。颜色位深度确定彩色图像的每个像素可能有的颜色数,或者确定灰度图像的每个像素可能有的灰度级数。如果图像的颜色位深度用 n 来表示的话,那么该图像能够支持的颜色数(或灰度级数)为 2^n。图像的颜色位深度通常有

1位、4位、8位、16位、24位之分。在1位图像中,每个像素的颜色只能是黑或白;若颜色位深度为24位,则支持的颜色数目达1 677万余种,通常称为真彩色。

(3)颜色模式

颜色模式是指在显示器屏幕上和打印页面上重现图像色彩的模式。对于数字图像来说,颜色模式是个很重要的概念,它不但会影响图像中能够显示的颜色数目,还会影响图像的通道数和文件的大小。不同颜色模式显示的图像效果如图1-31所示。

图1-31 不同颜色模式显示效果对比

下面介绍Photoshop最常用的几种颜色模式。

1)RGB模式

RGB模式是Photoshop中最常用的颜色模式,也是Photoshop图像的默认颜色模式。RGB模式用红(R)、绿(G)、蓝(B)三原色来混合产生各种颜色,该模式的图像中每个像素的R、G、B颜色值均为0～255,各用8位二进制数来描述,因此每个像素的颜色位深度是24位,即所谓的真彩色。就编辑图像而言,RGB是最佳的颜色模式,但并不是最佳的印刷模式,因为其定义的许多颜色超出了印刷范围。采用RGB模式的图像有三个颜色通道,分别用于存放红、绿、蓝三种颜色数据。

2)CMYK模式

CMYK模式是针对印刷行业设计的颜色模式,是一种基于青(C)、洋红(M)、黄(Y)和黑(K)四色印刷的颜色模式。CMYK模式是通过油墨反射光来产生色彩的,该模式定义的颜色数比RGB模式少得多,所以若图像由RGB模式直接转换为CMYK模式必将损失一部分颜色。采用CMYK模式的图像有4个颜色通道,分别用于存放青色、洋红、黄色和黑色4种颜色数据。

3)Lab模式

Lab模式是Photoshop内部的颜色模式,是目前色彩范围最广的一种颜色模式。Lab模式由三个通道组成,其中,L通道是亮度通道,a和b通道是颜色通道。Lab模式弥补了RGB模式和 CMYK 模式的不足，在进行色彩模式转换时，Lab 模式转换为 CMYK 模式不会出现颜色丢失现象，因此，在 Photoshop 中常利用 Lab 模式作为 RGB 模式转换为 CMYK 模式时的过渡模式。

在 Photoshop 中，不同颜色模式的图像在"通道"面板中呈现不同的通道内容，如图 1-32 所示。

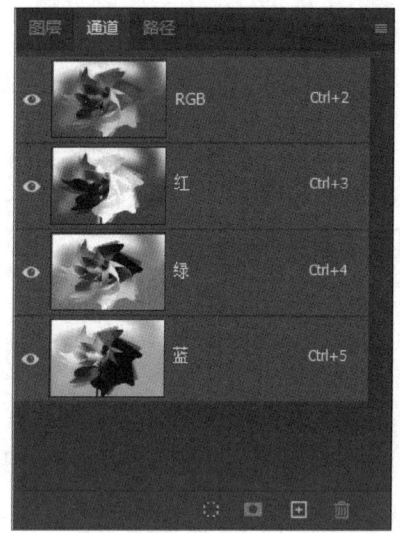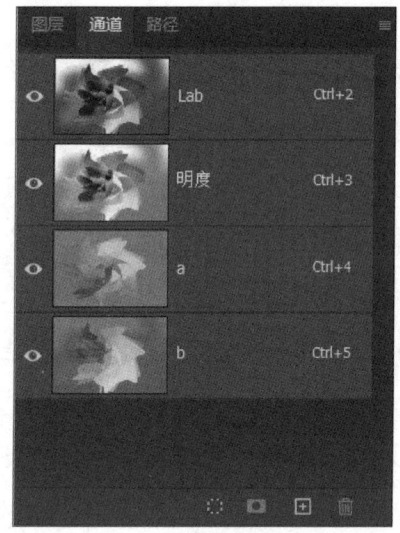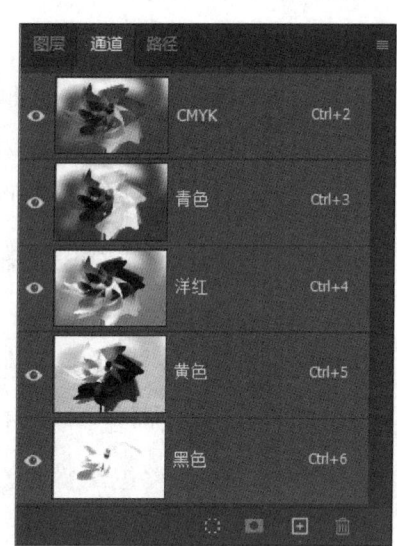

图 1-32　RGB、Lab、CMYK 颜色模式的颜色通道

除上述三种最基本的颜色模式外，Photoshop 还支持位图模式、灰度模式、双色调模式、索引颜色模式和多通道模式等。

（4）图像文件的格式

图像的存储格式有很多种，每种格式都有不同的特点和应用范围，可根据不同的需求将图像保存为不同的格式。下面简要介绍目前常用的几种文件格式。

1）BMP 格式

BMP 格式是 Windows 系统的标准图像格式。这种格式不采用压缩技术，所以占用磁盘空间较大。

2）JPEG 格式

JPEG 格式是采用 JPEG（Joint Photographic Experts Group，联合图像专家组）压缩标准进行压缩的图像文件格式，可以选用不同的压缩比，为一种有损压缩。由于它的压缩比可以很大，文件较小，所以是因特网上最常用的图像文件格式之一。

3）PSD 格式

PSD 格式是 Photoshop 的专用格式。这种格式可以将 Photoshop 的图层、通道、参考线、蒙版和颜色模式等信息都保存起来，以便对图像做进一步的修改，它是一种支持所有图像颜色模式的文件格式。

4）GIF 格式

GIF（Graphics Interchange Format，图形交换格式）是一种采用 LZW 算法压缩的 8 位图像文件格式。该格式的文件可以同时存储若干幅静止图像进而形成连续的动画，可指定透明区域，文件较小，适合网络传输。LZW 算法是一种无损压缩技术，该技术在压缩包含大面积单色区域的图像时最有效。

5）TIFF 格式

TIFF（Tagged Image File Format，标签图像文件格式）为许多图形图像软件所支持，是一种灵活的位图图像格式。TIFF 格式支持具有 Alpha 通道的 CMYK、RGB、Lab 等多种颜色模式。Photoshop 在该格式中能存储图层信息，但在其他应用程序中打开该类文件只能看到拼合图层后的图像。TIFF 格式常用于在不同应用程序和不同操作系统之间交换文件。

6）PNG 格式

PNG（Portable Network Graphics，可移植网络图形）格式是一种位图文件存储格式，它采用从 LZ77 派生的无损数据压缩算法。用 PNG 格式来存储灰度图像时，灰度图像的颜色深度可多达 16 位；存储彩色图像时，彩色图像的颜色深度可多达 48 位，并且还可存储多达 16 位的 Alpha 通道数据。PNG 格式具有高保真性、透明性、文件较小等特性，被广泛应用于网页设计、平面设计领域。

7）PDF 格式

PDF（Portable Document Format，可移植文档格式）与软件、硬件和操作系统无关，是一种跨平台的文件格式，便于交换文件与浏览，它支持 RGB、CMYK、Lab 等多种颜色模式。

任务 1.3　掌握图像的基本操作

1. 新建、存储、打开文件

（1）新建文件

单击"主页"屏幕的"新建"按钮，或者选择"文件→新建"命令，即可弹出"新建文档"对话框。顶部显示不同类型的文件预设，默认的"最近使用项"显示最近使用过的项目；右侧可以自定义设置图像参数，如图 1-33 所示。

- "文件名"：为新文档指定文件名。
- "宽度"和"高度"文本框：用来自定义文件的尺寸。
- "方向"：指定文档的页面方向，横向或纵向。
- "分辨率"文本框：用来设置图像的分辨率，在文件的高度和宽度不变的情况下，分辨率越高，图像越清晰。

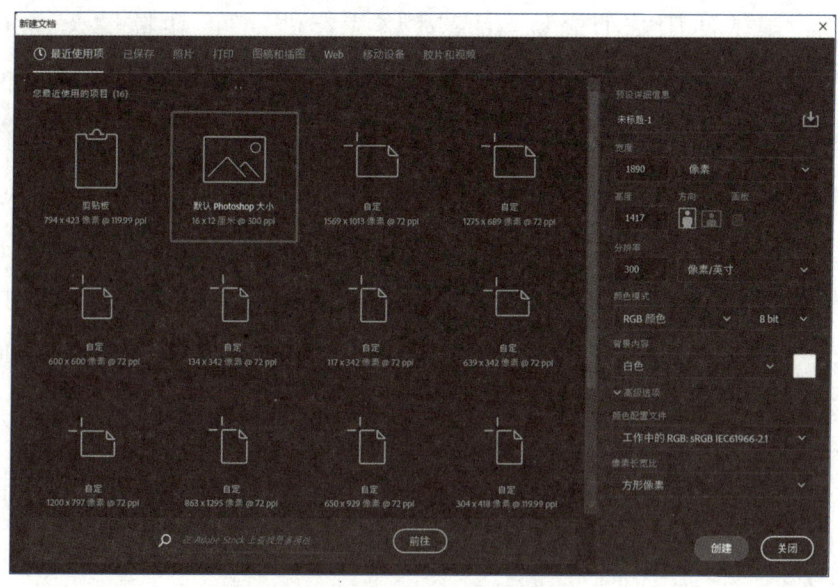

图 1-33 "新建文档"对话框

- "颜色模式"下拉列表框：用来选择图像的颜色模式，其右侧的下拉列表框用来选择图像的颜色位深度。
- "背景内容"下拉列表框：用来选择新建图像的背景色。

在该对话框中将各项参数设置完毕后，单击"创建"按钮，即可创建一个新文档。

（2）存储文件

在"文件"菜单中，常用"存储""存储为"或"存储副本"命令来存储文件。

- "存储"：用来存储对文档所做的更改并以当前格式存储，快捷键为 Ctrl+S；新建文档第一次存盘时，会弹出图 1-34 所示的"存储为"对话框。

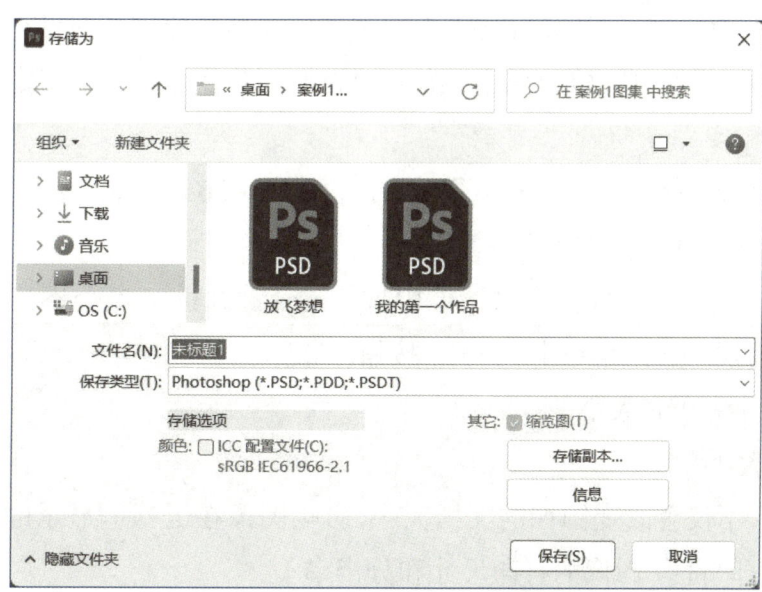

图 1-34 "存储为"对话框

- "存储为"：用于使用其他名称、位置或格式存储文件，快捷键为 Shift+Ctrl+S。选择"文件→存储为"命令，打开"存储为"对话框，如图 1-34 所示，指定文件名和位置，从"保存类型"下拉列表框中选取格式，设置"存储选项"，单击"保存"按钮（若"保存类型"下拉列表框中没有想要的文件格式，单击"存储副本"按钮，在打开的"存储副本"对话框中进一步设置）。
- "存储副本"：用于将分层文件存储为平面文件或找不到所需的格式（如 JPEG 或 PNG）时使用，快捷键为 Alt+Ctrl+S。选择"文件→存储副本"命令，可弹出"存储副本"对话框，如图 1-35 所示，设置完成后，单击"保存"按钮。

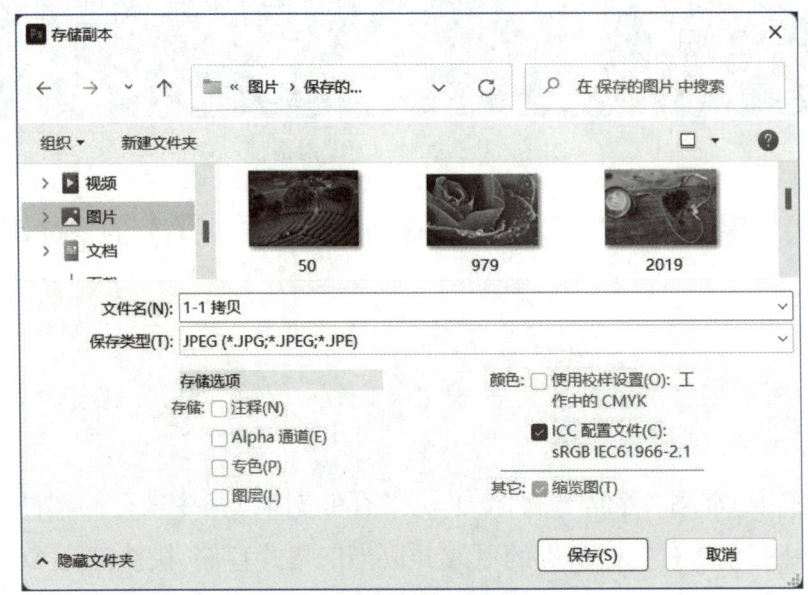

图 1-35 "存储副本"对话框

当选择某些图像格式进行存储时，会出现与文件保存格式相应的对话框，利用该对话框可以设置与图像格式有关的一些选项，单击"确定"按钮，可将图像保存为指定的格式。

（3）打开文件

选择"文件→打开"命令，弹出"打开"对话框，如图 1-36 所示，在相应文件夹下选择要打开的文件格式及文件后，单击"打开"按钮即可。

若要同时打开多个文件，可在该对话框中按住 Ctrl 键并选定多个不连续的文件，或按住 Shift 键选定多个连续的文件，再单击"打开"按钮。

2. 调整图像大小和画布大小

（1）调整图像大小

调整图像大小，不仅会改变图像的文档大小，影响图像在屏幕上显示的大小，还会影响到图像的质量及其打印特性（图像的打印尺寸和分辨率）。

选择"图像→图像大小"命令，弹出"图像大小"对话框，如图 1-37 所示。

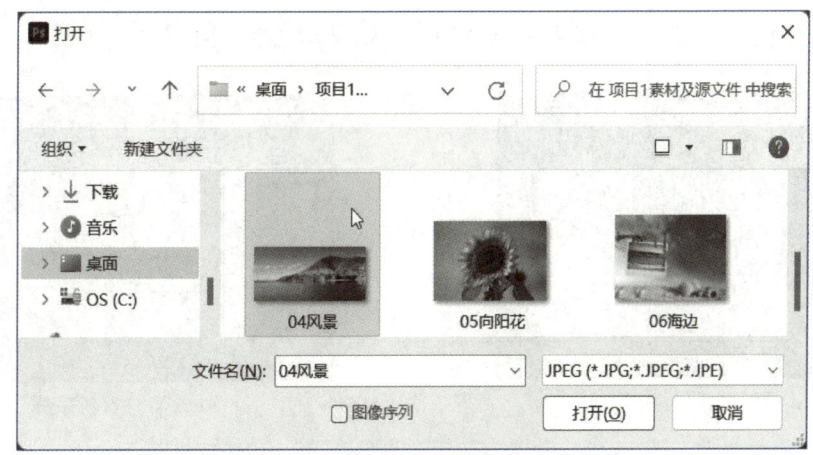

图 1-36 "打开"对话框

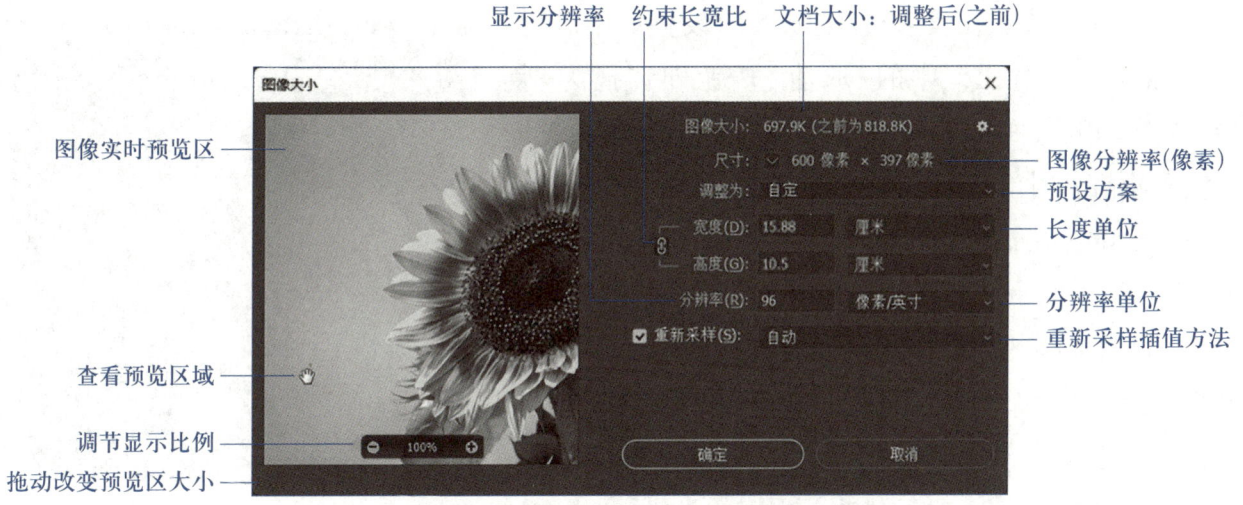

图 1-37 "图像大小"对话框

在该对话框中,左侧为图像预览区,显示图像实时预览。鼠标指针置于预览区内变为抓手状,拖动可查看实时图像的不同区域;拖动调节显示比例控件,可调节预览区图像的显示比例;拖动该对话框的一角,可调整预览区大小。右侧可显示并设置以下参数。

- "图像大小":显示文档的大小(调整参数后,原文档的大小会出现在后面的括号中)。
- "尺寸":实时显示图像的像素大小。
- "约束长宽比" :若为选中状态,则改变宽度或高度中的一个值时,另一值也会随之改变,以保持图像长宽比例不变,反之则不然。
- "重新采样":若选中该选项,则更改高度、宽度或分辨率时会按比例调整像素总数,文档大小也随之改变(如果增大图像高度、宽度或提高分辨率,则会根据不同的插值方法增加新的像素,会影响图像的显示质量);若取消选择,修改图像的宽度、高度或分辨率,图像的像素总量不会发生变化,文档大小也不变(提高分辨率,会自动减少宽度和高度)。

当图像分辨率提高为"300 像素 / 英寸"时,是否勾选"重新采样"选项的参数对比如图 1-38 所示(图像初始信息:650 像素 × 430 像素,96 像素 / 英寸)。

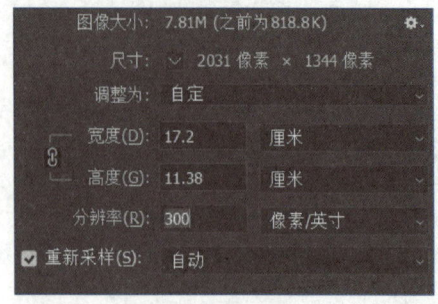
(a) 设置"重新采样"

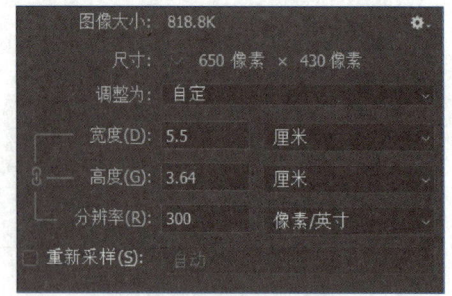
(b) 取消"重新采样"

图 1-38　设置与取消"重新采样"的参数对比

在该对话框中设置完毕后,单击"确定"按钮,图像大小即调整完成。在设置过程中,若对设置值不满意,则按住 Alt 键,对话框中的"取消"按钮即切换为"复位"按钮;单击"复位"按钮,则对话框中的各项数据即恢复到刚打开时的状态。

(2)调整画布大小

选择"图像→画布大小"命令,弹出"画布大小"对话框,如图 1-39 所示,在对话框中分别对画布的宽度、高度、定位和画布扩展颜色进行调整,设置完成后单击"确定"按钮。

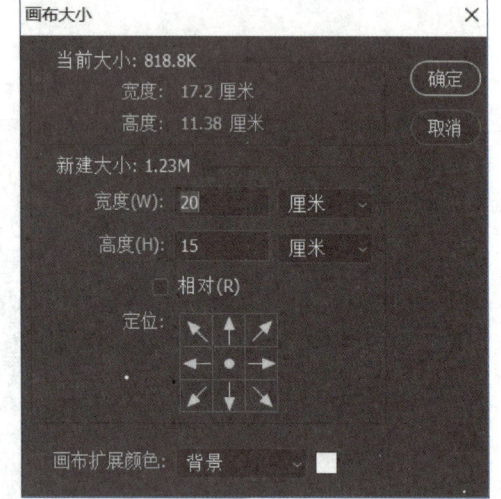

图 1-39　"画布大小"对话框

- "当前大小":显示修改前文档的大小、图像的宽度和高度。

- "新建大小":显示修改后文档的大小。

若不选中"相对"复选框,直接在"宽度"或"高度"文本框中输入数值,即为调整后的画布大小。

若选中"相对"复选框,则"宽度"和"高度"值会自动为 0,在其中输入数值后,表示在当前画布大小的基础上增加或减去该数值,正值表示扩展画布,负值表示缩小画布。

若调整后的画布尺寸小于原来尺寸,图像将被剪切,会弹出如图 1-40 所示的提示对话框。

- "画布扩展颜色":设置画布增加部分的颜色。

在素材图像"向阳花 .jpg"中,连续使用三次"画布大小"命令并将画布分别扩展不同的大小和颜色,可为图像加上立体边框的效果,如图 1-41 所示。

图 1-40　提示对话框

图 1-41　利用"图像大小"命令加边框效果

提示：

与改变图像大小不同，改变画布大小不会对图像的质量产生任何影响，增大或减小画布只会改变处理图像的区域。

3. 图像浏览的基本操作

在用 Photoshop 编辑图像时，以适当的比例显示图像是很关键的操作。因为在编辑图像时，有时需要从整体的角度来观察图像，有时还要对细微之处进行精细修改，所以学会在 Photoshop 窗口中以不同的显示比例来浏览图片是很有必要的。

（1）缩放工具

单击工具箱中的"缩放工具"按钮 🔍，在图像中单击可将图像的显示比例放大；按住 Alt 键的同时在图像中单击，可缩小图像的显示比例；若双击工具箱中的"缩放工具"按钮，可使图像以 100% 的比例显示；若利用"缩放工具"在图像中拖曳出一个矩形框，则矩形框中的图像部分会放大显示在图像编辑窗口中。

（2）缩放命令

在"视图"菜单中有一组改变图像显示比例的命令。

- "放大"：使图像的显示比例放大。
- "缩小"：使图像的显示比例缩小。
- "按屏幕大小缩放"：使图像尽可能大地显示在屏幕上。
- "100%""200%"：使图像以 100% 或 200% 的比例显示。
- "打印尺寸"：使图像以实际打印的尺寸显示。

（3）抓手工具

- 若图像本身的尺寸较大或图像放大后，超出了图像编辑窗口的显示范围，可单击工具箱中的"抓手工具"按钮 ✋，在画布中拖曳鼠标，以观察图像的不同区域。

- 若双击工具箱中的"抓手工具"按钮,可使图像尽可能大地显示在图像编辑窗口中。
- 在选择了工具箱中的其他工具为当前工具时,按住空格键,可临时切换为"抓手工具",利用"抓手工具"移动图像,松开空格键后,又可恢复到原来的工具状态。

(4)旋转视图工具

使用"旋转视图工具" 可以在不破坏图像的情况下旋转画布。不会使图像变形,便于绘画或绘制,其选项栏如图 1-42 所示。

图 1-42 "旋转视图工具"选项栏

打开素材"相机 .jpg",选择"旋转视图工具",鼠标指针变为 ,在画布中按住鼠标左键并拖曳即可旋转画布,如图 1-43 所示;在其选项栏的"旋转角度"中输入数值,可实现画布的精确旋转;单击选项栏中的"复位视图"按钮,可将画布恢复到原始角度。

图 1-43 使用"旋转视图工具"查看图像

(5)"导航器"面板

"导航器"可为图像的浏览起导航作用。打开素材图像"海边 .jpg",选择"窗口→导航器"命令,打开"导航器"面板;改变"导航器"面板文本框内的百分比数值或拖曳面板下方的缩放滑块,就可以改变图像在编辑窗口中的显示比例。

当显示的图像大于图像编辑窗口时,可用鼠标拖曳面板内红色的"显示框",以改变图像在画布窗口中的显示区域,如图 1-44 所示。

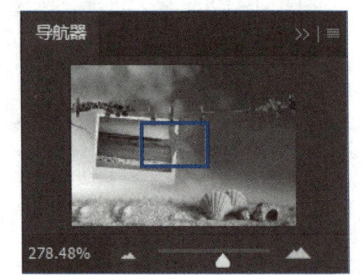

图 1-44 "导航器"面板查看图像

4. "历史记录"面板

利用"编辑"菜单中的"还原××"或"重做××"命令可以对最近的一次操作进行撤销

或重做。

如果要一次撤销多步操作,那就要用到功能强大的"历史记录"面板,当前图像文件可以撤销或重做的步骤都显示在"历史记录"面板中。

选择"窗口→历史记录"命令,打开"历史记录"面板,如图 1-45 所示。

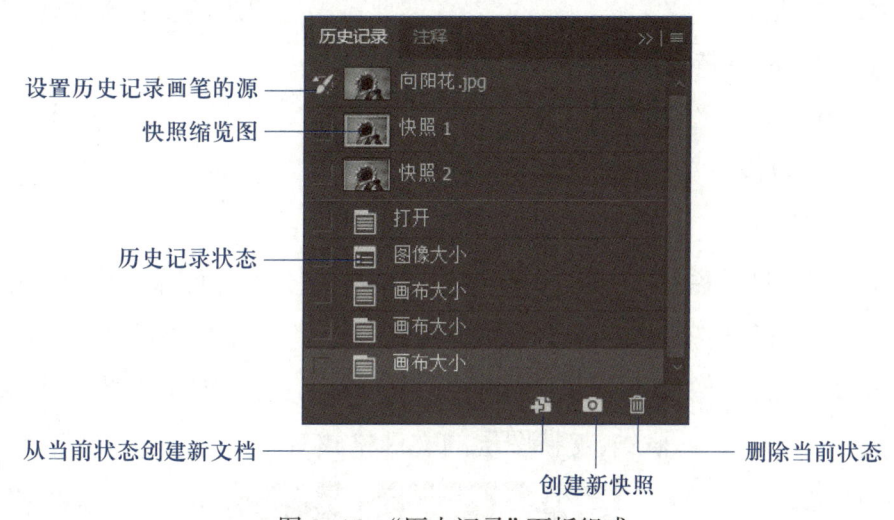

图 1-45 "历史记录"面板组成

- "设置历史记录画笔的源":使用"历史记录画笔"时,该图标所在的位置代表历史记录画笔的源图像。
- "从当前状态创建新文档":可将当前历史记录状态下的图像编辑状态保存为一个新的图像文件。
- "创建新快照":可为当前历史记录状态下的图像保存一个临时副本,即快照,新快照将添加到"历史记录"面板顶部的快照列表中,若希望退回到某个快照的图像状态时,单击选定该快照即可。
- "删除当前状态":选择一个历史记录状态,单击该按钮可将该记录及后面的记录删除。

默认情况下,"历史记录"面板会记录 50 步操作。可以选择"编辑→首选项→性能"命令,打开"首选项"对话框,在"历史记录状态"文本框内输入数值,可以设置"历史记录"面板中所能保留的历史记录状态的最大数量。

思考与实训

一、填空题

1. 计算机处理的图形图像有两种,分别是_____和_____,其中,放大时不会发生失真现象的是_____,占用存储空间比较大的是_____。

2. 矢量图的基本元素是_____；点阵图的基本的元素是_____。

3. 分辨率通常分为_____、图像分辨率和_____。

4. 图像分辨率可以用 ppi 来表示，它的含义是_____；输出分辨率通常用_____来表示，它的含义是_____。

5. 颜色位深度就是_____，如果图像的颜色位深度用 n 来表示的话，那么该图像能够支持的颜色数（或灰度级数）为_____。

6. Photoshop 2022 的工作界面主要由菜单栏、_____、工具箱、各种面板和_____等组成。菜单栏包括_____、_____、图像、_____、文字、_____、滤镜、3D、增效工具、_____、窗口和帮助。

7. Photoshop 默认的颜色模式是_____，专为印刷而设计的颜色模式是_____；要转换图像的颜色模式需要选择_____菜单下的子命令。

8. Photoshop 专用的图像文件格式是_____，支持透明设置的图像文件格式有_____格式和_____格式，支持图层的文件格式有_____、_____。

9. 通过图像窗口的标题栏 风景.jpg @ 25% (蓝天, RGB/8#) *，可以得到的相关信息包括_____、_____、_____、_____、_____等。

10. 要存储文件，可以使用"文件"菜单中的_____、_____和_____命令；要将分层文件存储为 JPEG 格式，可通过_____对话框来实现。

11. 要调整图像的大小，可以使用_____菜单中的_____命令；要更改图像的画布大小，可以使用_____菜单中的_____命令，其中可能会影响图像显示质量的命令是_____。

12. 改变图像的显示比例，可以使用的工具是_____，要使图像以 100% 的比例显示，可以使用的方法有_____、_____、_____。

13. 对最近的一次操作进行撤销，可以使用的方法是_____或_____。

14. 若发现工具箱关闭，可以使用_____命令将其显示；若要打开或关闭某一面板，可以使用_____菜单中的命令。

15. 要显示标尺，应该使用的菜单命令是_____；要清除参考线，应该使用菜单命令是_____。

16. Photoshop 默认的暂存磁盘是创建在_____磁盘上的，可以通过_____命令打开_____对话框，对暂存磁盘的顺序进行调整；在该对话框中，可能经常进行的设置还有_____、_____、_____等。

二、上机操作题

1. 根据以下提示，完成图像文件"假日.psd"的处理操作。

① 启动 Photoshop，打开图像文件"假日.psd"，用不同的方法改变图像显示比例，并查看

图像。

② 将其图像大小调整为宽度 1 500 像素,高度 900 像素。

③ 复制多个 "Cloud Small" 图层,并调整至不同位置,效果如图 1-46 所示。

④ 将编辑后的文件另存为 "Holiday.psd" 和 "Holiday.jpg" 文件。

⑤ 利用 "历史记录" 面板,将图像恢复为刚打开时的状态。

⑥ 复制 "Bike" 图层,调整至画布右侧,效果如图 1-47 所示。

图 1-46　复制云彩并调整至不同位置

图 1-47　复制自行车并调整位置

⑦ 将编辑后的文件另存为 "Holiday01.psd" 和 "Holiday 01.jpg" 文件。

⑧ 关闭图像,退出 Photoshop。

2. 利用图像文件 "信纸 .psd" 中提供的分层素材,通过图层的显示或隐藏、复制、移动和变换,选择相应的背景、线框、花束、文字等,设计制作一张信纸,分别以文件 "我的信纸 .psd" 和 "我的信纸 .jpg" 存储,参考样张如图 1-48 所示。要求:大小设置为 A4,分辨率设置为 300 像素/英寸。

3. 请在 Photoshop 中创建一个新的适用于移动设备的文档 "手机壁纸",设置尺寸为 "Android 1080p 72ppi",并将背景设置为透明。

 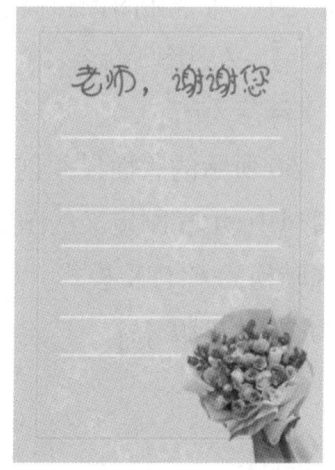

图 1-48　参考样张

4. 利用如图 1-49 所示的素材图像，根据提示完成以下操作，实现一寸照片（2.5 cm × 3.5 cm）的整版打印设计（素材图像的大小信息如图 1-50 所示，最终的效果如图 1-51 所示）。

图 1-49　素材图像

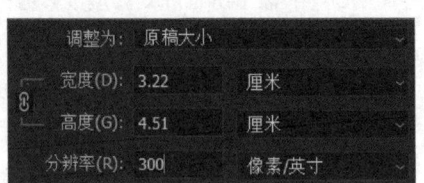

图 1-50　图像信息

图 1-51　整版打印的最终效果

① 打开素材文件。

② 调整图像大小至照片标准尺寸。

③ 利用"画布大小"命令在图像四周加白色、0.1 cm 宽的边框。

④ 利用"编辑→定义图案"命令，将其定义为图案并命名为"1 寸照"，保存文件为"1 寸单张 .jpg"，保存源文件后关闭。

⑤ 参照如图 1-50 所示的版面尺寸创建新文档，使其画布刚好容纳 2 行 4 列的 1 寸照片。

⑥ 在新文档窗口中，填充刚定义的图案，填充效果如图 1-50 所示。

⑦ 将颜色模式转换为 CMYK 模式，以备打印输出。

⑧ 保存文件为"1 寸排版 .jpg"。

项目 2　海报设计

海报,又称招贴画,是一种信息传递的艺术,一种大众化的宣传工具。海报通常会被张贴在街头墙上、挂在橱窗里或插入网页中,以醒目的画面吸引人们的注意。

海报设计是在计算机平面设计技术应用的基础上,伴随着广告行业发展所形成的一种新业务。海报设计的主要任务是对图像、文字、色彩、版面、图形等广告元素,结合广告媒体的使用特征,在计算机上通过设计软件进行平面艺术创意设计,以此来表达广告的目的和意图。

海报按其应用的范围可分为公益海报、商业海报、电影海报、文化海报、招商海报、展览海报和店内海报等。

本项目将带领您走进海报设计的世界,通过完成三种常用海报的设计过程,让读者在实践中学会海报设计的方法与技巧。

案例 2　指尖艺术——商业海报

案例描述

利用"图层"面板的功能,借助常用的编辑工具,完成如图 2-1 所示的商业海报效果。

图 2-1　"商业海报"效果图

案例解析

本案例中，需要完成以下操作：
- 利用"图层"面板组合素材。
- 利用选区工具绘制形状选区，添加颜色、设置图层的透明度。
- 利用文字工具输入文字，设置文字图层的样式。

案例实施

① 执行"文件→新建"菜单命令，新建名称为"指尖艺术"的文档，"新建文档"对话框设置如图2-2所示。

② 单击"图层"面板底部的"创建新图层"按钮，新建"图层1"。利用"矩形选框工具"绘制一个略小于背景的矩形选区。单击工具箱中的"设置前景色工具"，打开如图2-3所示的"拾色器（前景色）"对话框，将前景色设置为#942a9f，按Alt+Delete组合键，以前景色填充矩形选区，效果如图2-4所示。

③ 打开素材图像"背景.jpg"，利用"移动工具"将其移动到当前文件中，生成"图层2"。按Ctrl+T组合键，调整其大小及位置，效果如图2-5所示。

④ 在"图层"面板中设置"图层2"的混合模式为"滤色"，不透明度为30%，效果如图2-6所示。

图2-2 "新建文档"对话框

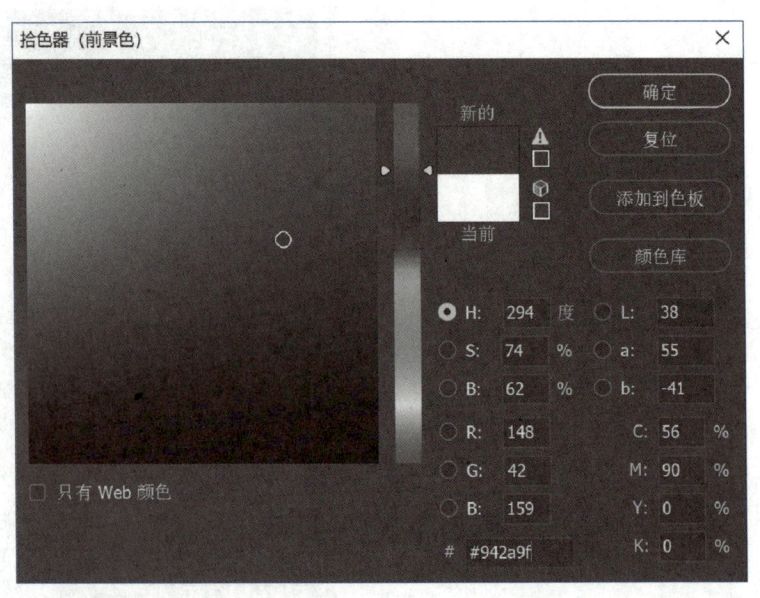

图2-3 "拾色器（前景色）"对话框

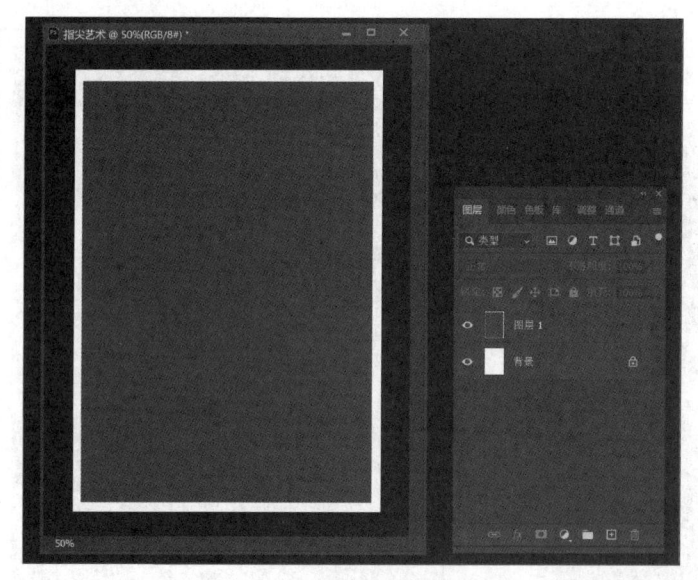

图 2-4 矩形选区填充效果

图 2-5 "背景 .jpg" 放置效果

图 2-6 设置不透明度及混合模式后的效果

⑤ 打开素材图像"人物 .jpg",利用"移动工具" 将其移动到当前文件中,生成"图层 3";双击"图层"面板中的"图层 3"的名称,修改图层名称为"人物"。按 Ctrl+T 组合键,调整其大小及位置,效果如图 2-7 所示。

⑥ 在"图层"面板中,按住 Ctrl 键的同时单击"图层 1"缩览图,选中矩形选区,按 Ctrl+Shift+I 组合键进行反选。选中"人物"图层,按 Delete 键删除人物图像边缘多余的部分,效果如图 2-8 所示。

⑦ 选择"椭圆选框工具" ,在选项栏中选择"添加到选区"选项,如图 2-9 所示。

34 项目 2　海报设计

图 2-7　人物图像调整后的效果 　　　　　　　图 2-8　删除人物图像边缘后的效果

图 2-9　"椭圆选框工具"选项栏

⑧ 在图像窗口绘制如图 2-10 所示的选区。将前景色设置为白色，在"人物"图层的上方创建新图层并重命名为"形状"，按 Alt+Delete 组合键，为绘制的形状填充前景色；按 Ctrl+D 组

图 2-10　绘制的选区

合键取消选区,效果如图2-11所示。在"图层"面板中,按住Ctrl键的同时单击"人物"图层缩览图,选中人物图像选区,按Ctrl+Shift+I组合键进行反选。选中"形状"图层,按Delete键删除"形状"图层多余的内容,效果如图2-12所示。

图2-11 为选区填充白色

图2-12 删除边缘

⑨ 在"图层"面板中,调整"形状"图层的不透明度为30%。将"形状"图层两次拖动到"创建新图层"按钮 上,复制两个图层。将复制的图层由下至上依次命名为"形状2""形状3"。

⑩ 在"图层"面板中,单击"形状3"图层的指示图层可见性的图标,将该图层隐藏。将"形状2"图层的不透明度调整为80%。利用"移动工具" 水平向右拖动"形状2"图层对象,效果如图2-13所示。

图2-13 "形状2"图层效果

⑪ 再次单击"形状 3"图层的指示图层可见性图标,显示该图层。调整图层的不透明度为 100%。选择"渐变工具" ![], 选项栏如图 2-14 所示。单击"点按可编辑渐变"选项,打开如图 2-15 所示的"渐变编辑器"对话框,设置渐变颜色由 #ee9eea 到 #9030a7。选择"渐变工具"选项栏中的"线性渐变"选项。

点按可编辑渐变

图 2-14 "渐变工具"选项栏

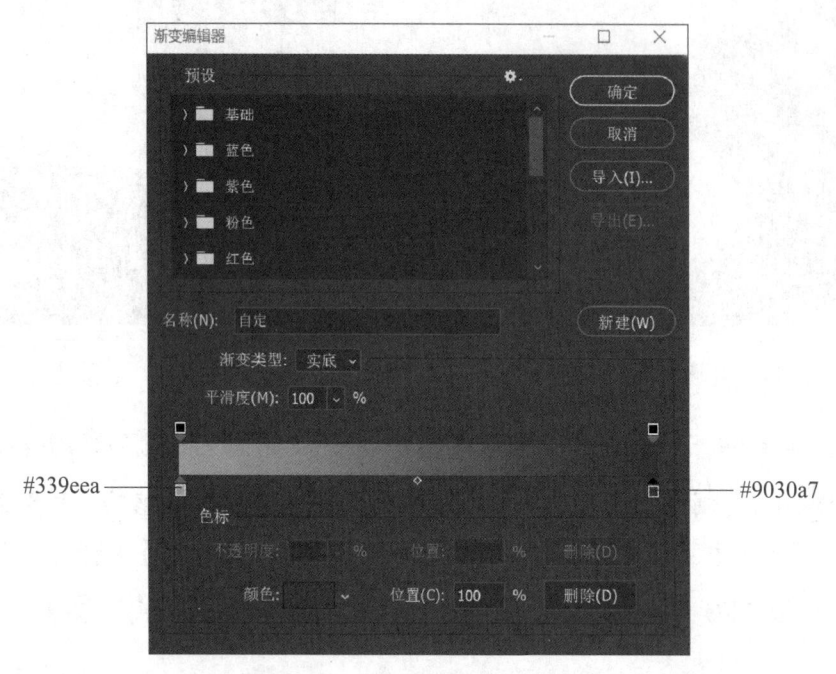

#339eea — — #9030a7

图 2-15 "渐变编辑器"对话框

⑫ 按住 Ctrl 键的同时单击"形状 3"图层缩览图,选中"形状 3"图层中的对象,利用"渐变工具"在选区内由左到右拖曳鼠标,填充渐变色。利用"移动工具"水平向右拖动"形状 3"图层对象,效果如图 2-16 所示。

⑬ 借鉴步骤⑧的操作,分别将"形状 2""形状 3"图层中多余的边缘图像删除,效果如图 2-17 所示。

⑭ 打开素材图像"指甲油.png",选择"魔棒工具" ![], 在选项栏中将"容差"的值设置为 30,在图像的纯色背景处单击,按住 Ctrl+Shift+I 组合键反选,选中指甲油图像,效果如图 2-18 所示。将选中的图像移动到当前文件中,按 Ctrl+T 组合键,调整其大小及位置。打开素材图像"标志.png",将其移动到当前文件中,调整大小及位置,如图 2-19 所示。

图 2-16 "形状 3"图层的效果　　　　图 2-17 删除边缘后的效果

图 2-18 选中指甲油图像　　　　图 2-19 标志、指甲油调整后的效果

⑮ 分别选中指甲油和标志所在的图层，单击"图层"面板底部的"添加图层样式"按钮 fx.，分别为两个图层添加"外发光"图层样式，图层样式设置及图像效果如图 2-20 所示。

⑯ 选择"直排文字工具" IT，选项栏如图 2-21 所示，输入颜色为白色的文字"FINGER"，单击选项栏中的"确认"按钮 ✓。为文字图层添加"内阴影"图层样式，图层样式设置及文字效果如图 2-22 所示。

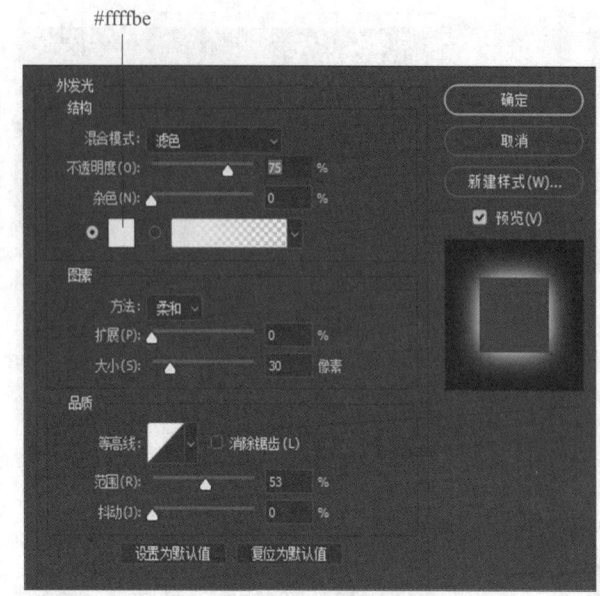

#ffffbe

(a)"外发光"图层样式设置　　(b)"外发光"设置图像效果

图 2-20　指甲油和标志的"外发光"设置

图 2-21　"直排文字工具"选项栏

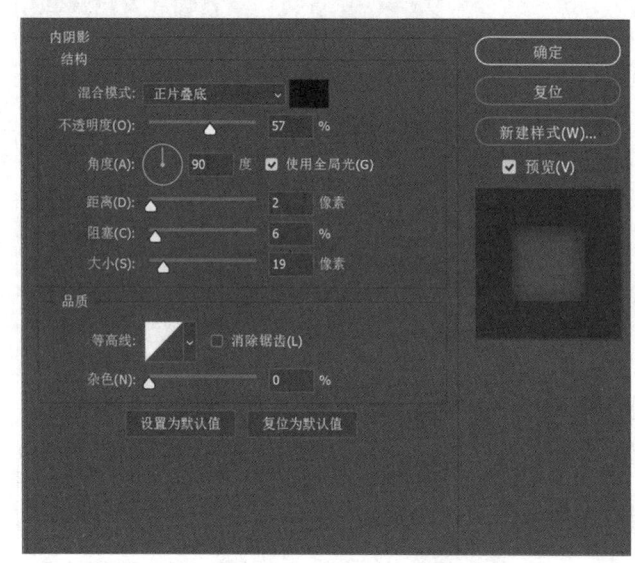

(a)"内阴影"图层样式设置　　(b)"内阴影"设置文字效果

图 2-22　文字的"内阴影"设置

⑰ 继续选择"直排文字工具",输入颜色为白色的文字"玩转指尖艺术"并单击"确认"按钮。选中该文字图层,在选项栏单击"切换字符和段落面板"按钮,字符格式设置如图 2-23 所示。

⑱ 选择"横排文字工具",依次输入白色文字"FUN""FINGERTIP ART""甲上添色"和"玩转指尖艺术";设置英文字体为 Britannic Bold、字号为 100 点,设置中文字体为宋体、字号为 48 点,效果如图 2-1 所示。

(a) "字符"面板设置　　　(b) 字符设置效果

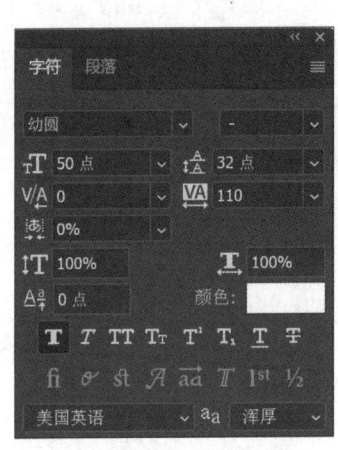

图 2-23　文字的字符格式设置

⑲ 单击"图层"面板菜单中的"拼合图像"命令,完成商业海报的制作。

任务 2.1　常用工具的使用

在 Photoshop 的工具箱中包含了用于创建和编辑图像的各种工具,如图 2-24 所示。单击工具箱中的一个工具,可以选择该工具。单击工具右下角的三角图标并按住鼠标左键,会显示隐藏的工具,如图 2-25 所示,将光标移至隐藏的工具上并放开鼠标左键,便可选择该工具。

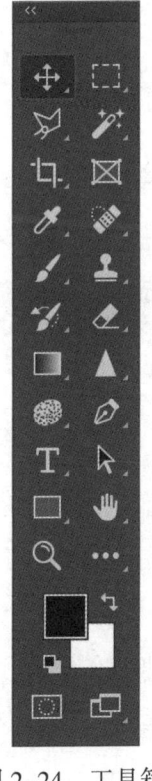

图 2-24　工具箱　　　　　　图 2-25　打开隐藏的工具

在 Photoshop 中，选区有着非常重要的作用，很多操作是基于选区进行的，借助选区，可以精确地绘制和编辑图像。选区的创建工具包括规则选框工具组、套索工具组和魔棒工具组。

1. 创建规则形状选区

创建规则形状选区需要使用规则选框工具组中的工具，规则选框工具组包括四个工具：矩形选框工具、椭圆选框工具、单行选框工具和单列选框工具，如图 2-26 所示。

（1）"矩形选框工具"

从工具箱中选择"矩形选框工具"后，鼠标指针变为十字状，在图像窗口中拖曳鼠标，便可创建一个矩形选区，如图 2-27 所示。

选择"矩形选框工具"后，按住 Shift 键的同时拖曳鼠标，可创建正方形选区；按住 Alt 键的同时拖曳鼠标，可创建一个以鼠标单击点为中心的矩形选区；按住 Shift+Alt 组合键的同时拖曳鼠标，可创建一个以鼠标单击点为中心的正方形选区。

图 2-26　规则选框工具组　　　　图 2-27　矩形选区

为了使选区更加精确或多样化，通常还要对工具选项栏内的参数进行设置，"矩形选框工具"选项栏如图 2-28 所示。该选项栏内各参数的作用如下。

图 2-28　"矩形选框工具"选项栏

① 四种选区创建方式

● 单击"新选区"按钮，在图像中创建选区时，新创建的选区将取代原有的选区。

● 单击"添加到选区"按钮，在图像中创建选区时，新创建的选区与原有的选区将合并为一个新的选区，如图 2-29 所示。

● 单击"从选区减去"按钮，在图像中创建选区时，将在原有选区的基础上减去新创建的选区部分，得到一个新的选区，如图 2-30 所示；若新创建的选区与原选区无重叠区域，则原有选区不变。

图 2-29　添加到选区

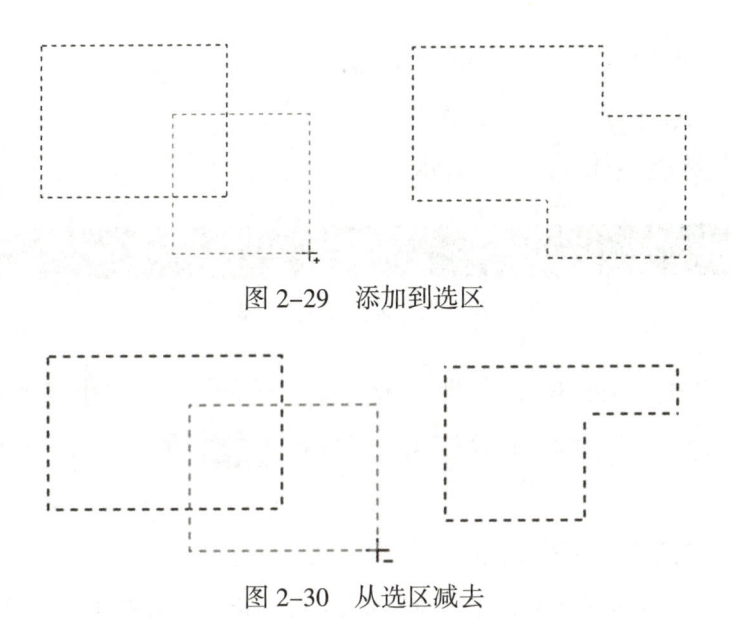

图 2-30　从选区减去

● 单击"与选区相交"按钮，在图像中创建选区时，将只保留原有选区与新创建的选区相重叠的部分，形成一个新的选区，如图 2-31 所示。

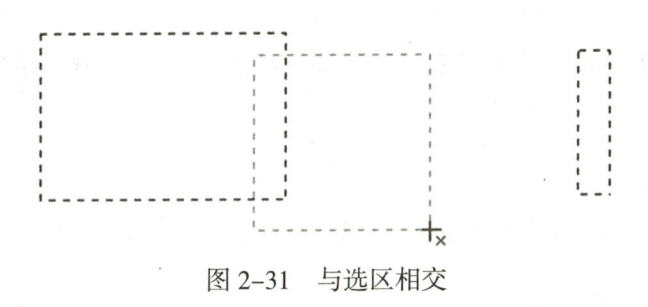

图 2-31　与选区相交

② "羽化"文本框："羽化"文本框内的数值，可决定选区边缘的柔化程度。对被羽化的选区填充颜色或图案后，选区内外的颜色或图案将柔和过渡，数值越大，柔和效果越明显。图 2-32 所示为选区羽化前后填充颜色的效果。

③ 选区的样式。在"样式"下拉列表中有三个选项，如图 2-33 所示。

图 2-32　选区羽化前后的填充效果

图 2-33　"样式"下拉列表

● 选择"正常"，可创建任意大小的矩形选区。

● 选择"固定比例"，其右侧的"宽度"和"高度"数值框将被激活，在其中输入数值，可设置矩形选区的长宽比，以绘制出大小不同但长宽比一定的矩形选区。

● 选择"固定大小"，其右侧的"宽度"和"高度"数值框也被激活，在其中输入数值后，在图像窗口中单击,即可创建大小一定的矩形选区。

(2)"椭圆选框工具"

"椭圆选框工具"选项栏如图 2-34 所示。

图 2-34 "椭圆选框工具"选项栏

"椭圆选框工具"的使用方法与"矩形选框工具"相同,选项栏也基本相似,不同的是选择"椭圆选框工具"后,选项栏中的"消除锯齿"复选框 被激活,选中该复选框后,可使选区边缘变得平滑。

(3)"单行选框工具"与"单列选框工具"

"单行选框工具"与"单列选框工具"的选项栏基本相同,如图 2-35 所示。

图 2-35 "单行选框工具"与"单列选框工具"的选项栏

选择"单行选框工具"或"单列选框工具"后,在图像窗口中单击即可得到相应的选区,如图 2-36 所示。

2. 创建任意形状选区

创建任意形状选区的工具组有:套索工具组和魔棒工具组。这两个工具组包含的工具如图 2-37 所示。

图 2-36 单行选区和单列选区

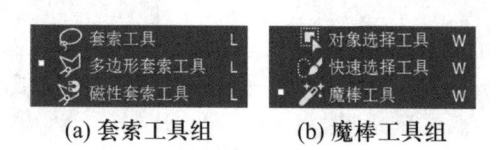

(a) 套索工具组　(b) 魔棒工具组

图 2-37 创建任意形状选区的工具组

(1)"套索工具"

选择该工具后,按住鼠标左键沿着要选定的图像边缘拖曳鼠标,当回到起点时,松开鼠标左键,即创建一个不规则的选区,如图 2-38 所示。使用"套索工具"创建选区的特点是比较随意但不够精确,对选区边缘要求不高时可使用此工具。

(2)"多边形套索工具"

选择该工具后,在图像中单击确定起点,然后沿着要选择的图像边缘移动鼠标,每到一个要改变方向的位置都需要单击,回到起点后,鼠标指针右下角出现一个小圆圈,此时单击,即可创建一个多边形选区,如图 2-39 所示。"多边形套索工具"最适合选择不规则直边对象。

(3)"磁性套索工具"

"磁性套索工具"是一个智能的选取工具,它是根据鼠标指针经过位置上的色彩对比度来自动调整选区形状的。选择该工具后,在要选择图像边缘的任意位置单击确定起点,然后沿着要选择的图像边缘移动鼠标指针,鼠标指针经过的地方会自动产生很多定位节点,若选择的位置出现偏差,可随时按 Delete 键删除上一个节点,在色彩对比度不大的位置也可通过连续单击的办法来勾选边界,鼠标指针回到起点时,其右下角会出现一个小圆圈,这时,单击,即可创建一个最贴近选取对象的选区,如图 2-40 所示。该工具主要适用于选择颜色边界分明的图像,"磁性套索工具"选项栏如图 2-41 所示。

图 2-38 "套索工具"选区　　图 2-39 "多边形套索工具"选区　　图 2-40 磁性套索工具选区

图 2-41 "磁性套索工具"选项栏

- "宽度"文本框:设置"磁性套索工具"自动探测图像边界的宽度范围。该数值越大,探测的图像边界范围就越广。
- "对比度"文本框:用于设置"磁性套索工具"探测图像边界的敏感度。较高的数值将只检测与其周边对比鲜明的边缘,较低的数值将检测低对比度边缘。
- "频率"文本框:用于设置"磁性套索工具"在创建选区时自动插入节点的频繁程度。该数值越大,自动插入的节点数就越多,创建的选区就越精确。

(4)"对象选择工具"

选择该工具,可以快速查找并选择对象。当图像中包含多个对象,需要选择其中一个对象或对象的某一部分时,该工具非常有用。

选择该工具后,在选项栏中选择"矩形"或"套索"模式,将鼠标指针悬停在图像中想要选择的对象上并单击,可自动选择该对象。"对象选择工具"选项栏如图 2-42 所示。

图 2-42 "对象选择工具"选项栏

- "对象查找程序"复选框：勾选该复选框，可启动对象的查找程序，在图像中单击即可自动选择对象，默认情况下，该复选框处于选中状态。
- "模式"下拉列表框：该下拉列表框包括"矩形"和"套索"两个选项，如果不使用自动选择功能，可选择其中一种模式来绘制选区。
- "对所有图层取样"复选框：勾选该复选框后，创建选区时会将所有可见图层都考虑在内；否则，只在当前图层中进行选择。
- "选择主体"按钮：激活该按钮后，可自动选择图像中突出的主体。

（5）"快速选择工具"

选择该工具后，在图像窗口中拖曳鼠标可将鼠标指针经过的区域创建为选区，"快速选择工具"选项栏如图 2-43 所示。

图 2-43 "快速选择工具"选项栏

- 选区创建模式："快速选择工具"设定了三种选区创建模式，即新选区、添加到选区和从选区减去。
- "对所有图层取样"复选框：勾选该复选框后，创建选区时会将所有可见图层都考虑在内；否则，只在当前图层中进行选择。
- "增强边缘"复选框：选中该复选框后，会减少选区边缘的粗糙度和块效应。

（6）"魔棒工具"

使用"魔棒工具"可以选择图像中颜色相同或相近的像素，创建选区。选择"魔棒工具"后，在图像中某个颜色像素上单击，则与鼠标指针落点处颜色相近的区域将一次被选中。"魔棒工具"选项栏如图 2-44 所示。

图 2-44 "魔棒工具"选项栏

- "容差"文本框：用于设置取样时的颜色范围，其取值范围为 0 ~ 255。数值越大，一次所选取的相近的颜色范围越广。图 2-45 和图 2-46 所示的选区是在未勾选"连续"复选框的前提下，"容差"分别为 20 和 200 时，用"魔棒工具"单击相同的位置得到的选区。

图 2-45　"容差"为 20 时创建的选区 　　　　图 2-46　"容差"为 200 时创建的选区

- "连续"复选框：勾选该复选框后，选取范围只能是颜色相近的连续区域，即一次只创建一个选区；若不勾选该复选框，选取范围则是整幅图像中所有颜色相近的区域，即一次可创建多个选区。图 2-47 和图 2-48 所示的选区是在"容差"为 5 时，勾选"连续"复选框前、后分别用"魔棒工具"单击相同的位置得到的选区。

图 2-47　未勾选"连续"复选框 　　　　图 2-48　勾选"连续"复选框

3. 选区的基本操作

选区创建后，利用菜单"选择→取消选择"命令（快捷键为 Ctrl+D），可以取消当前选区；利用菜单"选择→反向"命令（快捷键为 Shift+Ctrl+I），可以选中当前选区以外的所有像素。另外，为了增加图像的多样化，Photoshop 在"选择"菜单中还提供了其他一些命令，分别用于调整选区的位置、大小、形状及边缘特性等，菜单如图 2-49 所示。

（1）调整选区的大小、形状、方向及位置

- "扩大选取"：选择该命令后，图像上与当前选区位置相连且颜色相近的区域将被扩充到选区中。
- "选取相似"：选择该命令后，图像上与当前选区颜色相近、位置不论相连或不相连的区域都将被扩充到选区中。
- "变换选区"：利用该命令可对当前选区在大小、方向、位置及形状上进行任意调整。选择该命令后，选区周围会出现有 8 个控点的变换控件框，如图 2-50 所示。
- "边界"：选择该命令，弹出"边界选区"对话框，在"宽度"文本框中输入适当的数值，可创建一个带相应宽度边框的选区。
- "平滑"：选择该命令，弹出"平滑选区"对话框，在"取样半径"文本框中输入适当的数值，可使当前选区中小于"取样半径"的凸出或凹陷部位产生平滑效果。
- "扩展"：选择该命令，弹出"扩展选区"对话框，在"扩展量"文本框中输入适当的数值，可将选区向外扩展相应的像素数。

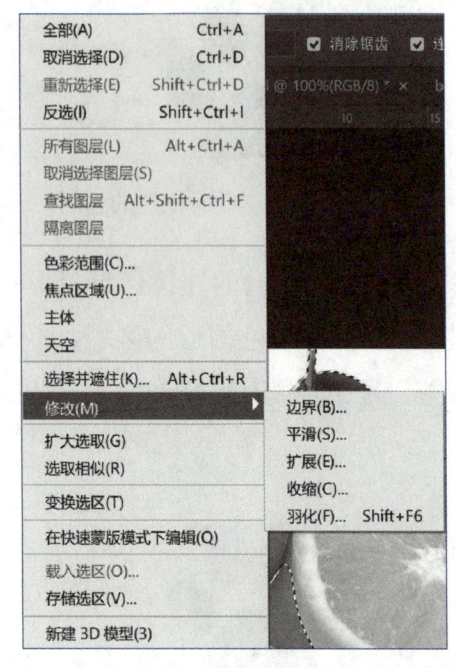

图 2-49　"选择"菜单及其"修改"子菜单 　　　　图 2-50　选区周围出现变换控制框

- "收缩"：选择该命令，弹出"收缩选区"对话框，在"收缩量"文本框中输入适当的数值，可将选区向内收缩相应的像素数。
- "羽化"：选择该命令，弹出"羽化选区"对话框，在"羽化半径"文本框中输入适当的数值，可使选区边缘在"羽化半径"范围内产生羽化效果。

（2）选区的存储与载入

- "存储选区"：选择该命令后，可将当前选区存储在"通道"面板中，需要时载入使用。
- "载入选区"：选择该命令，可将保存在"通道"面板中的选区载入使用。

4. 设置前景色与背景色

在 Photoshop 中创建和编辑图像时颜色的使用是必不可少的，所以准确设置前景色和背景色就显得尤为重要。通常使用前景色来绘画、填充或描边，使用背景色来设置画布的背景颜色。工具箱中用于设置前景色与背景色的按钮如图 2-51 所示。

图 2-51　工具箱中用于设置前景色和背景色的按钮

根据实际工作需要，可分别使用"拾色器（前景色）"对话框、"色板"面板、"颜色"面板或"吸管工具"来设置前景色或背景色。下面简要介绍它们的设置方法。

（1）"拾色器（前景色）"对话框

在工具箱中单击"设置前景色"或"设置背景色"按钮,可打开"拾色器（前景色）"或"拾色器（背景色）"对话框,如图2-52所示。

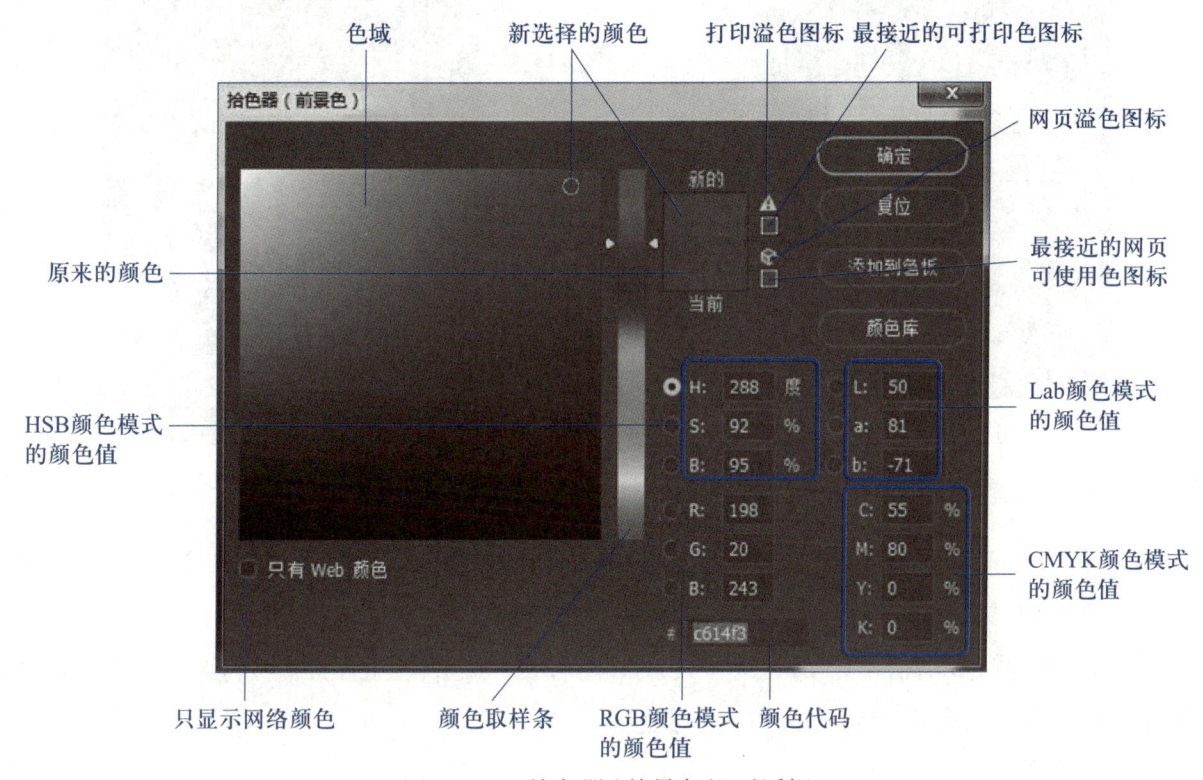

图2-52　"拾色器（前景色）"对话框

- 粗略选择颜色：在对颜色精确度要求不高的情况下,可首先在颜色取样条的某种颜色上单击,则该颜色由浅至深的变化即体现在色域中,将鼠标指针移动到色域中,鼠标指针会变为小圆圈状,在目标颜色上单击即可。
- 精确设定颜色：若要求精确的颜色设置,则需要在使用的颜色模式中输入各通道的数值或在"颜色代码"文本框中输入所需颜色的6位十六进制编码。
- 若新选择的颜色超出可打印的颜色范围,则会出现打印溢色图标；单击其下面的最接近的可打印色图标,即可将其设置为新选择的颜色。
- 若新选择的颜色超出网页可显示的颜色范围,则会出现网页溢色图标；单击其下面的最接近的网页可使用色图标,即可将其设置为新选择的颜色。
- 若希望色域中只显示网页可用色,则勾选"只有Web颜色"复选框。
- 单击"添加到色板"按钮,可将新选择的颜色添加到"色板"面板中。

（2）"色板"面板

在"色板"面板中,单击某个色块即可将其设置为前景色；若按住Alt键的同时单击某个色块,则可将其设置为背景色,"色板"面板如图2-53所示。

（3）"颜色"面板

在面板区域,单击"颜色"面板标签可展开"颜色"面板,如图2-54所示。

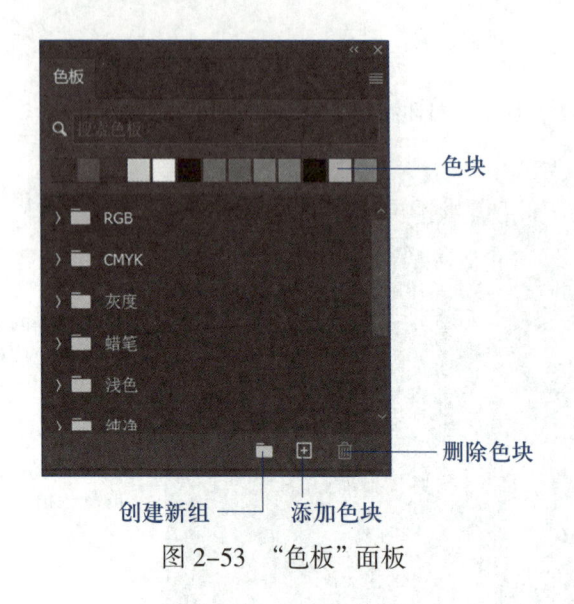

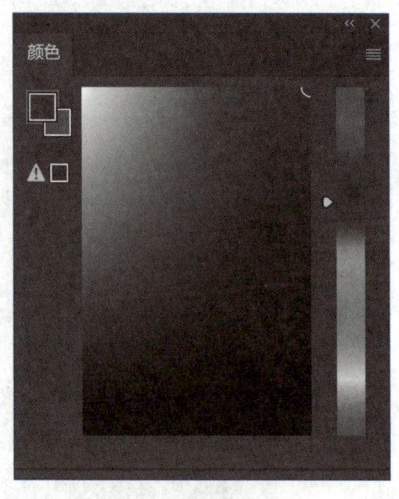

图2-53 "色板"面板

图2-54 "颜色"面板

单击"颜色"面板左侧的"设置前景色"或"设置背景色"按钮,即可设置前景色或背景色。

（4）"吸管工具"

打开要进行颜色取样的图像,选择"吸管工具",在目标颜色上单击,可将其设置为前景色;在按住Alt键的同时单击则将其设置为背景色。

5. 填充图像

为选区或图层进行填充时,可以使用填充工具组中的工具,也可以使用菜单命令或快捷键。填充工具组如图2-55所示。

（1）"油漆桶工具"

使用"油漆桶工具"可以为选区或当前图层中颜色相近的区域填充前景色或图案。设置好填充区域的源（前景色或图案）后,在目标位置单击,则选区内或当前图层中与单击处在容差范围内的颜色区域即被填充了前景色或图案。

图2-55 填充工具组

"油漆桶工具"选项栏如图2-56所示。

图2-56 "油漆桶工具"选项栏

- "设置填充区域的源"下拉列表框:该下拉列表框中有两个选项,"前景"和"图案"。若选择"前景",则用前景色进行填充;若选择"图案",则其右边的"图案列表"框即被激活,可在其中选择一种图案进行填充。
- "模式"选项:用于设置填充色与图像原有底色的混合模式。在填充色和填充区域一定的情况下,选择不同的混合模式填充将得到不同的图像效果。

- "不透明度"选项：可设置填充色的不透明度，数值越大，新填充的颜色或图案越不透明。

（2）"渐变工具"

使用"渐变工具"可以为选区或当前图层填充基于两种或两种以上颜色之间相互过渡的渐变色，从而使图像产生一种色彩渐变的效果，其选项栏如图 2-57 所示。

图 2-57 "渐变工具"选项栏

- 选择渐变样式：Photoshop 自带的渐变样式保存在"渐变拾色器"中。单击"点按可打开渐变拾色器"按钮，可打开"渐变拾色器"，如图 2-58 所示。
- 渐变填充方式：Photoshop 提供了 5 种渐变填充方式，从左向右依次是线性渐变、径向渐变、角度渐变、对称渐变和菱形渐变。选择一种渐变填充方式后，在选区内用鼠标拖曳出一条直线，松开鼠标左键后，即可获得对应的渐变填充效果。

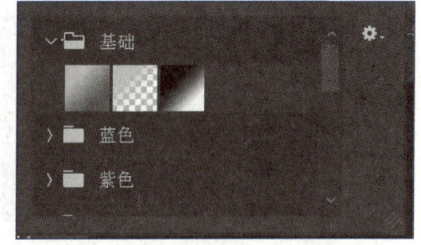

图 2-58 渐变拾色器

- "反向"复选框：勾选该复选框，可以将填充的渐变色顺序反转。
- "仿色"复选框：勾选该复选框，可以使填充的渐变色色彩过渡更加柔和平滑，以防出现色带。
- "透明区域"复选框：勾选该复选框后，在填充有透明设置的渐变样式时，会呈现透明效果，否则，该类渐变样式中的透明设置将不起作用。图 2-59 所示分别为选中该复选框前、后，应用有透明设置的渐变样式的效果。

图 2-59 "透明区域"复选框选中前后的渐变填充效果

- 自定义渐变样式：单击选项栏中的"点按可编辑渐变"按钮，即可弹出"渐变编辑器"窗口，如图 2-60 所示。在此窗口中，用户可以自定义渐变样式。

（3）"3D 材质拖放工具"

使用"3D 材质拖放工具"可以为创建的立体图形及立体文字的不同面进行材质填充。其选项栏及填充后的效果如图 2-61 所示。可以单击选项栏最右侧的工具栏菜单按钮，在打开的菜单中选择"基本功能"，返回填充工具组的初始状态。

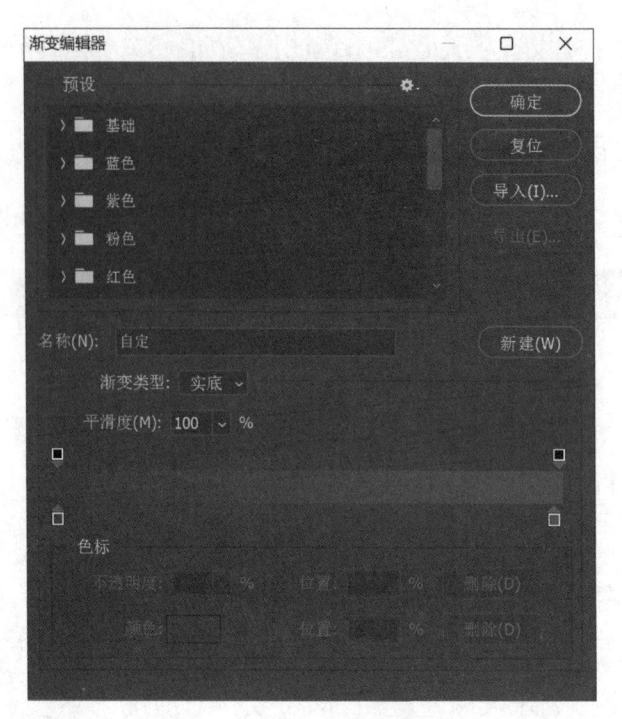

图 2-60 "渐变编辑器"窗口

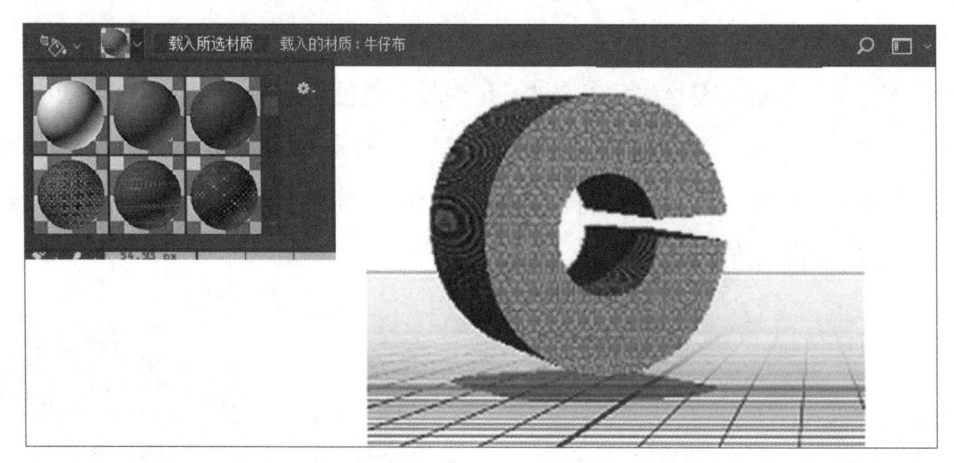

图 2-61 "3D 材质拖放工具"选项栏及为 3D 文字添加材质后的效果

（4）菜单命令

使用菜单"编辑→填充"命令，也可填充选区或当前图层，选择该命令后，可弹出"填充"对话框，如图 2-62 所示。

（5）填充快捷键

按 Alt+Delete 组合键可为选区或当前图层填充前景色；按 Ctrl+Delete 组合键可为选区或当前图层填充背景色。

6. 图像的移动与变换

利用"移动工具" 可对选区内的对象或当前图层

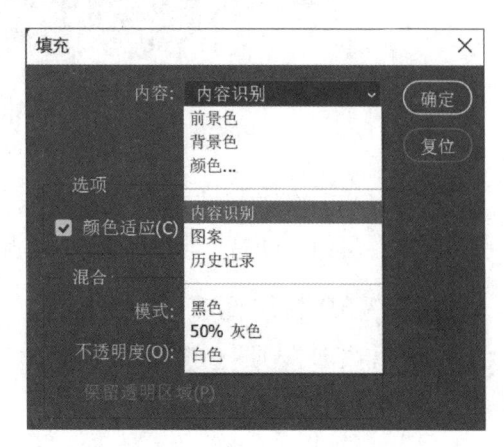

图 2-62 "填充"对话框

中的对象进行移动、复制、变换等操作。

在同一幅图像中，选择"移动工具"后直接拖动对象到目标位置，可实现对象的移动；按住 Alt 键的同时拖动对象，可实现对象的复制。若直接拖动对象到另一幅图像中，则是将该对象复制到另一幅图像中的新图层中。"移动工具"选项栏如图 2-63 所示。

图 2-63 "移动工具"选项栏

- "自动选择"复选框：若不勾选该复选框，则无论鼠标指针位置如何，在移动对象时，只能移动当前图层中的对象。若勾选"自动选择"复选框，并在其后的下拉列表框中选择"图层"选项 ，则在图像中单击时，会自动选择鼠标指针落点处第一个有可见像素的图层，并对此图层中的对象进行操作；若在下拉列表框中选择"组"选项 ，则在图像中单击时，通过自动选择图层组中某一个图层中的像素来自动选择图层组，并对整个图层组中的对象进行操作。

- "显示变换控件"复选框：勾选该复选框后，选区内的对象或当前图层中的对象（"背景"图层除外）周围就会出现一个有 8 个控点的变换控件框，如图 2-64 所示，此时可利用以下方法对图像进行自由变换。

  - 移动参考点位置：参考点是变形的基准。直接拖曳参考点，即可改变其位置。
  - 旋转：将鼠标指针移动到变换控件框外侧，指针变形为弧形双箭头 时，拖曳鼠标可使图像围绕中心点进行旋转。
  - 缩放：将鼠标指针移动到变换控件框的某个控点或某条边线上，指针变形为双箭头 时，拖曳鼠标可对其进行任意缩放。

图 2-64 "变换控件"框

按住 Shift 键，拖曳某个角上的控点，可对图像进行等比例缩放。

按住 Alt 键，拖曳某个控点，将以中心点为基准进行对称缩放。

  - 扭曲（控点可向任意方向移动）：按住 Ctrl 键，拖曳某个控点，向任意方向移动，可使图像发生扭曲变形，如图 2-65 所示。
  - 斜切（控点只能在水平或垂直方向上移动）：按住 Ctrl+Shift 组合键，拖曳某个控点在水平或垂直方向上移动，可使图像发生斜切变形，如图 2-66 所示。
  - 透视（控点的位置对称变化）：按住 Ctrl+Shift+Alt 组合键，拖曳某个控点，可使图像发生透视变形，如图 2-67 所示。

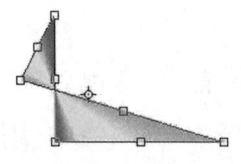

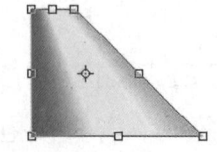

图 2-65　扭曲变形　　　　图 2-66　斜切变形　　　　图 2-67　透视变形

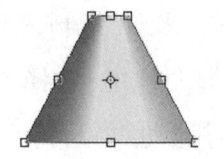

7. 文字工具组

文字工具组包含 4 个工具，分别是"横排文字工具""直排文字工具""横排文字蒙版工具"和"直排文字蒙版工具"，如图 2-68 所示。其中，前两个工具分别用来在图像中创建横排或竖排的文字，后两个工具分别用来创建横排或竖排的文字选区。

文字的输入方法主要有两种方式：直接输入文字和输入段落文字。下面以"横排文字工具"为例来说明文字的输入方法。

图 2-68　文字工具组

（1）直接输入文字

选择"横排文字工具"，在图像窗口中单击，定位插入文字的起点，进入文字编辑状态，此时"图层"面板中会自动建立一个文字图层。在如图 2-69 所示的选项栏中设置文字的字体、大小、颜色等信息后，就可以输入文字，输入完成后单击选项栏右侧的"提交当前编辑"按钮即可。

图 2-69　"横排文字工具"选项栏

（2）输入段落文字

选择"横排文字工具"，设置文字各项属性。在图像窗口中拖曳出一个矩形文本框，在矩形文本框中输入文字，输入过程中，文字会根据矩形文本框的宽度自动换行。

任务 2.2　创建图层

图层是 Photoshop 图像的重要构成元素，也是学习 Photoshop 图像处理的重点内容。可以将不同的对象放到不同的图层中进行独立操作，这给图像的处理带来极大的便利。

"图层"面板是管理图层的主要场所。单击"图层"面板中的一个图层即可选择该图层，所选的图层称为当前图层，我们所做的编辑，大多只对当前选择的图层有效。若要选择多个图层，可以按住 Ctrl 键并分别单击要选择的图层。

"图层"面板的组成如图 2-70 所示。

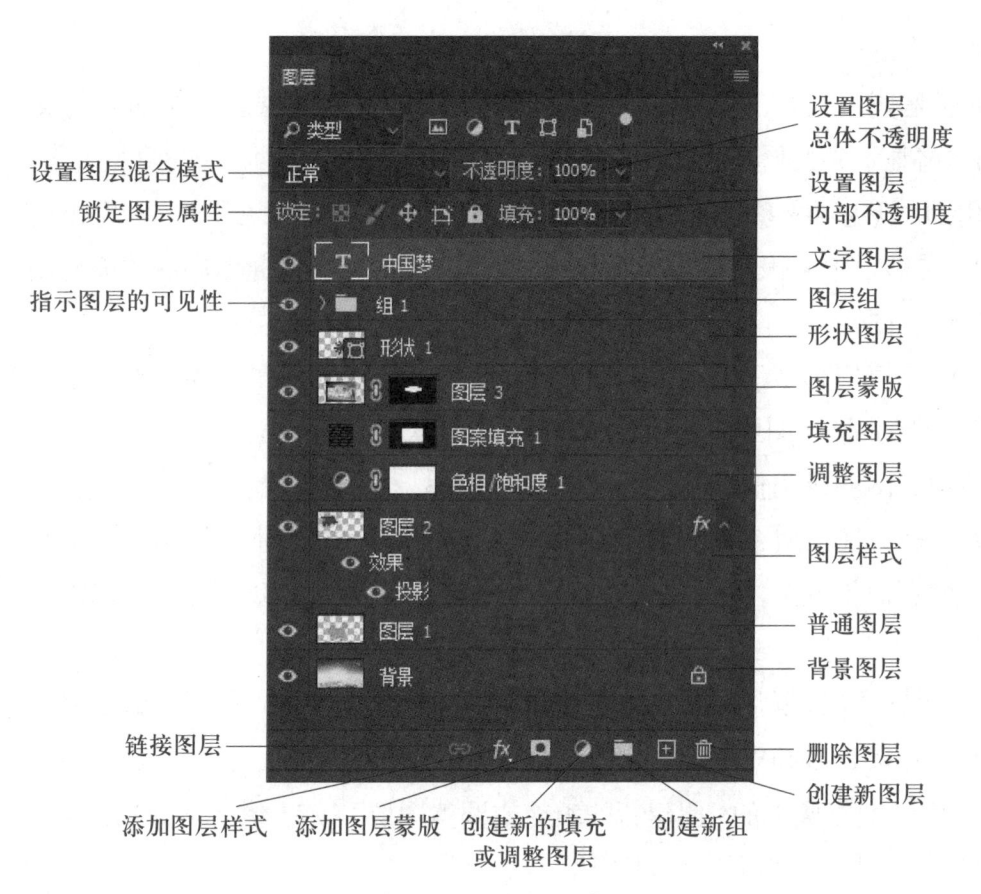

图 2-70 "图层"面板

左侧标注（从上到下）：
- 设置图层混合模式
- 锁定图层属性
- 指示图层的可见性
- 链接图层
- 添加图层样式
- 添加图层蒙版
- 创建新的填充或调整图层
- 创建新组

右侧标注（从上到下）：
- 设置图层总体不透明度
- 设置图层内部不透明度
- 文字图层
- 图层组
- 形状图层
- 图层蒙版
- 填充图层
- 调整图层
- 图层样式
- 普通图层
- 背景图层
- 删除图层
- 创建新图层

1. 创建普通图层

普通图层是组成图像的最基本的图层，对图像的所有操作在普通图层上几乎都可以进行。新建的普通图层是完全透明的，可以显示下一层的内容。

新建普通图层的方法：

执行菜单"图层→新建→图层"命令，弹出如图 2-71 所示的"新建图层"对话框，可以设置图层的名称、颜色、模式及不透明度。

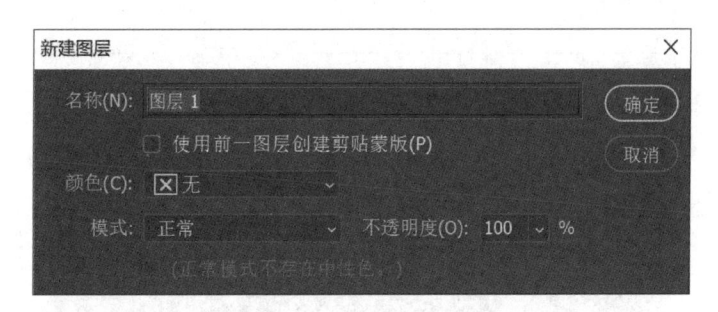

图 2-71 "新建图层"对话框

直接单击"图层"面板底部的"创建新图层"按钮 ，将在当前图层的上方以默认设置创建一个新图层。

2. 创建文本图层

文本图层是使用文字工具添加文字时自动生成的一种图层。当对输入的文字进行变形后，文本图层将显示为变形文本图层。

文本图层可以进行移动、堆叠、复制等操作，但大多数编辑命令和工具都无法使用，必须选择菜单中的"图层→栅格化→文字"命令，将文本图层转换为普通图层后才能使用。

3. 创建形状图层

形状图层是使用形状工具创建图形后自动建立的一种矢量图层。当执行"图层→栅格化→形状"命令后，形状图层将被转换为普通图层。

4. 创建填充图层或调整图层

填充图层是一种使用纯色、渐变色或图案来填充的图层。通过使用不同的混合模式和不透明度，可实现特殊效果。填充图层作为一个单独的图层，可随时删除或修改，而不影响图像本身的像素。

调整图层是一种只包含色彩和色调信息、不包含任何图像的图层，通过编辑调整图层，可以任意调整图像的色彩和色调，而不改变原始图像。

单击"图层"面板底部的"创建新的填充或调整图层"按钮 ，从弹出的菜单中选择相应的命令，可以创建相应的填充或调整图层。

任务 2.3　掌握图层的基本操作

1. 复制图层

选中要复制的图层，选择菜单"图层→复制图层"命令，弹出如图 2-72 所示的"复制图层"对话框，可以在本图像内或不同图像间复制图层。

拖动要复制的图层至"图层"面板底部的"创建新图层"按钮 上，也可以复制此图层，在此图层上方会增加一个带有"副本"字样的新图层。

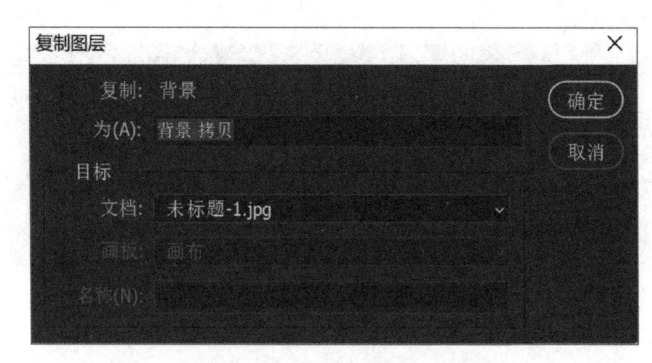

图 2-72　"复制图层"对话框

2. 删除图层

选中要删除的图层,执行菜单"图层→删除→图层"命令,可以删除所选图层。

拖动要删除的图层到"图层"面板底部的"删除图层"按钮 🗑 上,也可以删除所选图层。

3. 调整图层的排列顺序

在"图层"面板中,拖动要调整排列顺序的图层,当蓝色的线条出现在目标位置时,松开鼠标左键即可。

选择要调整排列顺序的图层,选择菜单"图层→排列"命令下的子命令,可进行准确的调整,如图 2-73 所示。

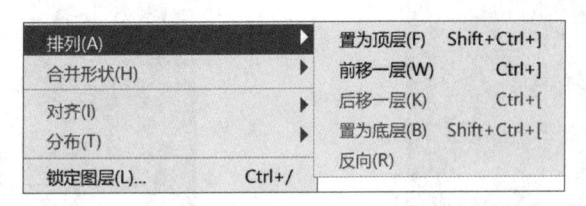

图 2-73 "排列"命令的子命令

4. 图层的链接

在图层之间建立链接后,可以同时对链接的多个图层进行移动、变换、对齐、分布等操作。被链接的图层将保持关联,直到各个图层的链接被取消。

(1)链接图层

按住 Ctrl 键或 Shift 键,选取多个不连续的或连续的图层,单击"图层"面板底部的"链接图层"按钮 🔗,即可在这些图层方向建立链接。

(2)取消图层链接

选中要取消链接的图层,再次单击"链接图层"按钮 🔗 即可。

(3)链接图层的对齐

选择被链接成一组的图层中的任意一个图层,选择菜单"图层→对齐"命令下的子命令,如图 2-74 所示,可以以当前图层为基准,将链接到一起的图层按某种方式对齐。

(4)链接图层的分布

选择链接成一组的图层(三个或三个以上)中的一个图层,选择菜单"图层→分布"命令下的子命令,如图 2-75 所示,可以使链接到一起的图层按某种方式实现均匀分布。

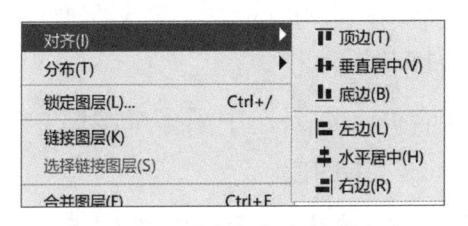

图 2-74 "对齐"命令的子命令

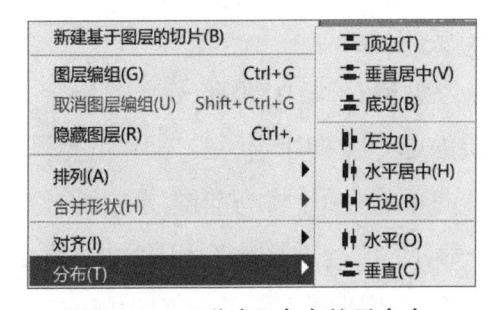

图 2-75 "分布"命令的子命令

5. 将选区转换为图层

在图像中创建选区,选择菜单"图层→新建→通过拷贝的图层"命令或按组合键 Ctrl+J,可以将选区内的图像复制到一个新图层中,如图 2-76 所示。若图像中没有选区,则复制当前图层。

在图像中创建选区,选择菜单"图层→新建→通过剪切的图层"命令或按组合键 Ctrl+Shift+J,可以剪切选区内的图像并生成一个新图层,如图 2-77 所示。

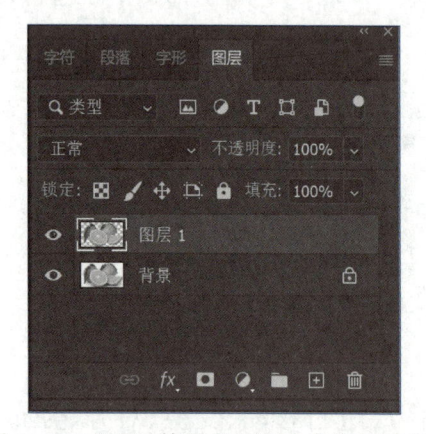

图 2-76 "通过拷贝的图层"命令创建图层 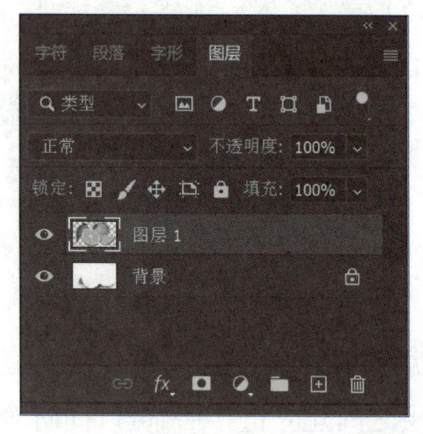　　　图 2-77 "通过剪切的图层"命令创建图层

6. 背景图层与普通图层之间的转换

背景图层是以"背景"命名,用作图像背景的特殊图层。背景图层始终位于图像的最底层且不透明。背景图层与普通图层可以相互转换。

（1）背景图层转换为普通图层

选中"背景"图层,选择菜单"图层→新建→背景图层"命令,或直接双击"图层"面板中的"背景"图层,弹出"新建图层"对话框,设置后单击"确定"按钮,可以将背景图层转换为普通图层。

（2）普通图层转换为背景图层

当图像中没有背景图层时,选中要转换为背景图层的普通图层,执行菜单"图层→新建→图层背景"命令,可将普通图层转换为背景图层,该图层自动移至底层,并且图层中透明区域被填充背景色。

7. 图层的合并

在图像编辑过程中,可将多个图层合并,便于存储和操作。在"图层"菜单中有三个用于合并图层的命令:"向下合并""合并可见图层"和"拼合图像"。

- "向下合并":将当前图层与其下方的一个图层合并。如果选中了多个图层,"向下合并"命令显示为"合并图层",可将选中的多个图层合并为一个图层。
- "合并可见图层":将图像中所有可见的图层合并为一个图层,隐藏的图层不受影响。

- "拼合图像"：用于将所有可见图层拼合为背景图层，所有分层信息将不被保存，将大大减小图像文件的大小。与以上图层合并命令不同，对于所有图层中透明区域的重叠部分，拼合图像将用白色填充，且隐藏的图层会丢失。

任务 2.4　理解图层的混合模式

图层的混合模式是指当前图层中的像素与下层的像素之间的混合方式，不同的混合模式可以创建出不同的效果。

单击"图层"面板中的"图层混合模式"下拉列表框，从下拉列表中选择一种混合模式即可。

如图 2-78 所示，"图层 1"位于"背景"图层的上方，且略小于画布。下面以此为例说明图层的混合模式。

(a) "图层"面板　　　(b) "图层1"图层　　　(c) "背景"图层

图 2-78　图层混合模式举例素材

- 正常：是系统默认的混合模式。当图层"不透明度"为 100% 时，当前图层的显示不受下面图层的影响，将完全覆盖下面的图层，效果如图 2-79 所示。
- 正片叠底：将上下两个图层中重叠的像素颜色进行混合，得到的结果色将比原来的颜色都暗，任何颜色与黑色复合将产生黑色，而与白色复合将保持不变，效果如图 2-80 所示。

图 2-79　混合模式为"正常"的效果 　　　图 2-80　混合模式为"正片叠底"的效果

- 滤色：将上层像素颜色的互补色与下层重叠位置像素的颜色进行混合，得到的结果色将变得更亮，任何颜色与白色混合产生白色，与黑色混合时保持不变，与正片叠底相反，效果如图 2-81 所示。
- 叠加：将上下两个图层中位置重叠的像素的颜色进行混合或过滤，同时保留底层原色的亮度。该模式综合了滤色与正片叠底两种模式的作用效果，合成后有些区域变暗，有些区域变亮，效果如图 2-82 所示。

图 2-81　混合模式为"滤色"的效果 　　　　图 2-82　混合模式为"叠加"的效果

- 柔光：如果上层图像比 50% 灰色亮，将采用变亮模式，使图像变亮；如果比 50% 灰色暗，将采用变暗模式，使图像变暗，效果如图 2-83 所示。
- 颜色：用上层的色相、饱和度与下层图像的亮度创建结果色，这样可以保留图像中的灰阶，对于给单色图像上色或给彩色图像着色都非常有用，效果如图 2-84 所示。

图 2-83　混合模式为"柔光"的效果 　　　　图 2-84　混合模式为"颜色"的效果

任务 2.5　应用图层样式

使用图层样式，可以为图层添加阴影、发光、浮雕、描边等各种效果，从而迅速改变图层内容的外观。

1. 添加图层样式

如果要为一个图层添加图层样式，可以单击"图层"面板底部的"添加图层样式"按钮 fx，从弹出的菜单中选择相应的命令。

2. 图层样式效果

在"图层样式"对话框中可以设定 10 种不同的图层效果，将这些图层效果任意组合成各种图层样式，还可以存放到"样式"面板中随时调用。

（1）投影与内阴影

二者都可以为图层内容加上阴影，产生立体感。投影是在图层对象后方产生阴影的视觉效果；而内阴影是内部投影，即在图层的边缘以内产生阴影，产生凹陷的视觉效果。

这两种样式产生的图像效果不同，两种样式的参数设置及对应效果如图 2-85 所示。

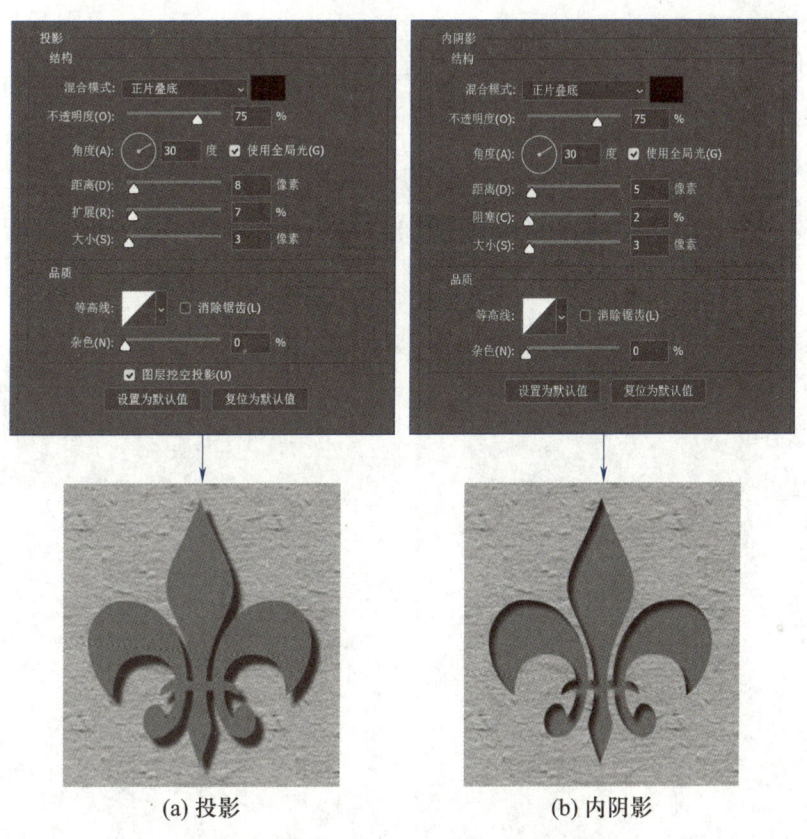

(a) 投影　　　　　　　　(b) 内阴影

图 2-85　"投影"及"内阴影"参数设置及效果

- "混合模式"：用来设置阴影部分与其他图层的混合模式，通过右侧的"拾色器"可以设置阴影的颜色。
- "不透明度"：设置阴影部分的不透明度，数值越大，阴影颜色越深。
- "角度"：设置投影的角度，阴影的方向会随着角度的变化而发生相应的变化。
- "使用全局光"：可以设置阴影部分是否采用与整个图层统一的光源（全局光）进行投射。如果选中该复选框，调整"角度"值，会改变全局光的照射角度，会影响到其他使用全局光的图层样式效果，如内阴影、斜面和浮雕等；如果取消勾选"使用全局光"复选框，将使用自身单独的光源（局部光）对阴影进行投射，调整"角度"值，只会改变局部光的照射角度，而对其他效果无影响,但会造成各种与光源有关的效果使用的光源不统一的现象,产生不真实感。

- "距离":设置阴影距离,数值越大,投影离图像越远。
- "扩展":是"投影"的参数,设置阴影强度。100%为实边阴影,默认值为0%。
- "阻塞":"内阴影"的参数,与"扩展"类似,设置内阴影的强度。
- "大小":设置阴影部分模糊的数量或暗调大小,值越大阴影越柔和。
- "品质"选项组:通过设置"等高线"与"杂色"来改变阴影质量。
- "等高线":设置阴影的式样。如果选中"消除锯齿"复选框,可以消除使用等高线产生的锯齿,使之更加平滑。
- "杂色":使阴影部分产生斑点效果,数值越大,斑点越明显。

(2)外发光与内发光

二者都是为图层内容添加一种类似发光的亮边效果,其中外发光可产生图像边缘外部的发光效果,而内发光则产生图像边缘内部的发光效果。两种样式的参数设置及对应的效果如图2-86所示。

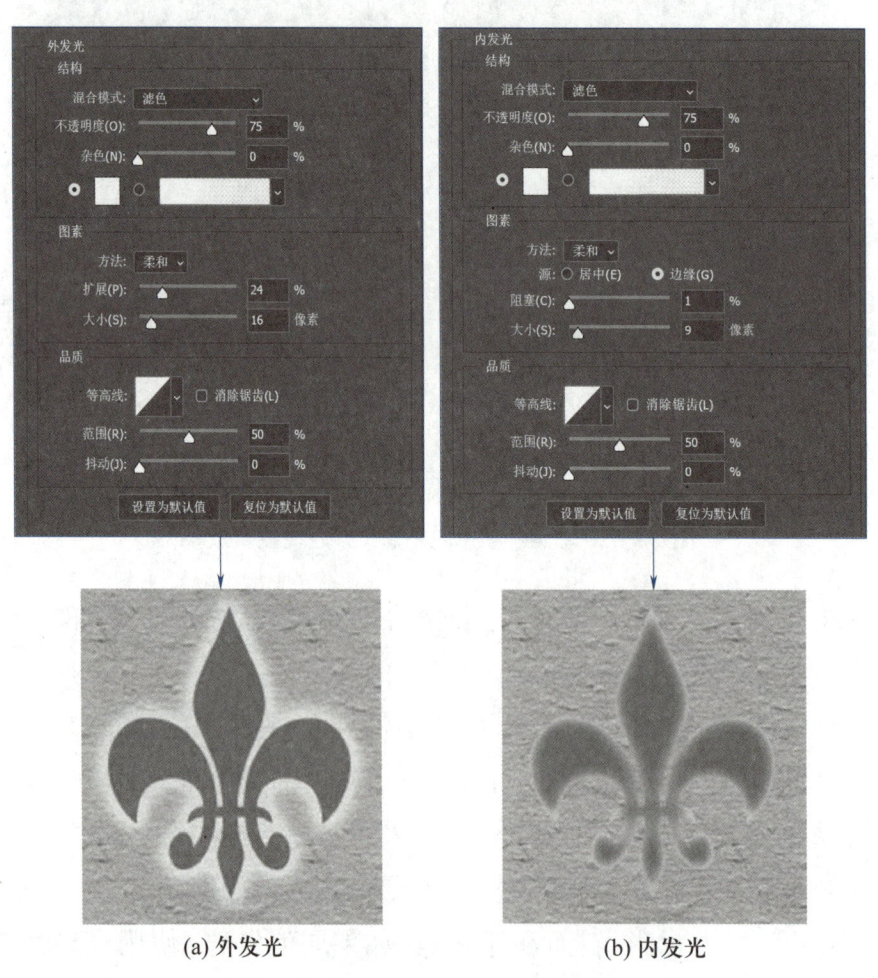

(a) 外发光　　　　　　　　(b) 内发光

图2-86 "外发光"及"内发光"参数设置及效果

- "结构"选项组:可以设置混合模式、不透明度、杂色和发光颜色。其中,"发光颜色"可以选择"单色",设置纯色发光;也可以选择"渐变色条",设置渐变色发光。
- "图素"选项组:可以设置发光元素的属性,包括方法、扩展/阻塞、大小。其中,通过"方法"下拉列表框设置光线的边缘效果;"扩展/阻塞"选项用于设置光线边缘强度;"大小"选项用于设置发光范围的大小。
- "品质"选项组:可以设置等高线、范围和抖动,分别设置发光样式、发光范围和发光的杂色程度,其中"抖动"选项仅对渐变色的发光起作用。

(3)斜面和浮雕

主要用来为图层内容添加浮雕的立体效果,其参数如图2-87所示。

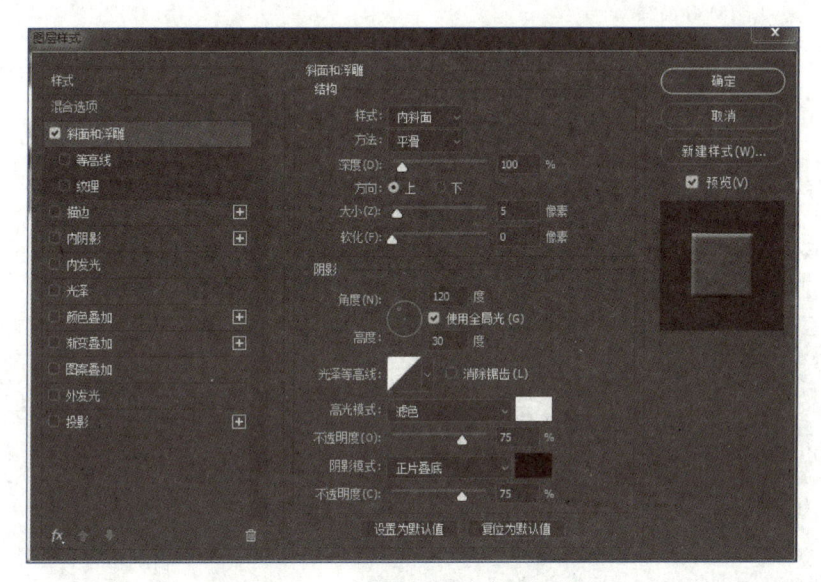

图2-87 "斜面和浮雕"参数

1)"结构"选项组
- "样式":设置斜面或浮雕效果的样式,有"外斜面""内斜面""浮雕""枕状浮雕"和"描边浮雕"5种类型。
- "方法":设置斜面或浮雕效果的边缘风格。
- "深度":设置斜面或浮雕效果的凸起/凹陷的幅度。
- "大小":设置斜面的大小。
- "软化":设置斜面的柔和度。

2)"阴影"选项组
- "光泽等高线":设置某种等高线用作阴影的样式,创建类似金属表面的光泽外观。
- "高光模式"选项和"不透明度"选项:用于设置斜面或浮雕效果中高光部分的混合模式、颜色和不透明度。
- "暗调模式"选项和"不透明度"选项:用于设置斜面或浮雕效果中的暗调部分的混合

模式、颜色和不透明度。

在"图层样式"对话框的左侧"斜面和浮雕"选项下方还包括"等高线"和"纹理"选项，两者的相关参数如图 2-88 所示。

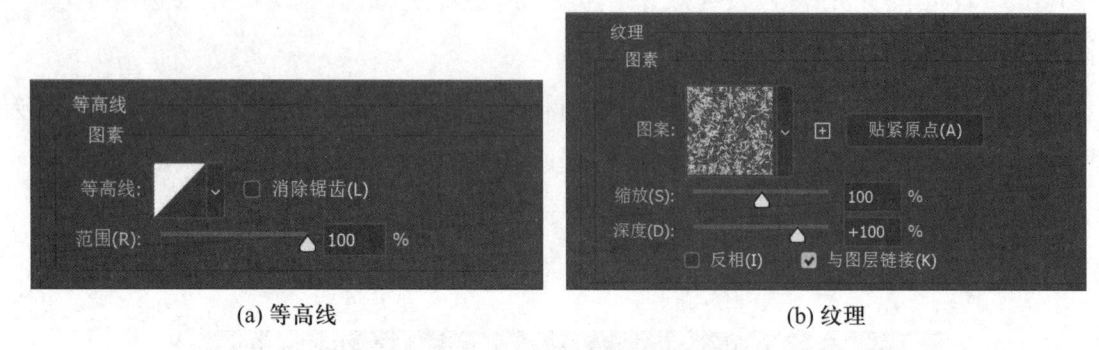

(a) 等高线　　　　　　　　　　　　(b) 纹理

图 2-88　两种选项的相关参数

（4）光泽

根据图层的形状应用阴影，从而创建出光滑的磨光效果或产生金属光泽，其设置选项和效果如图 2-89 所示。

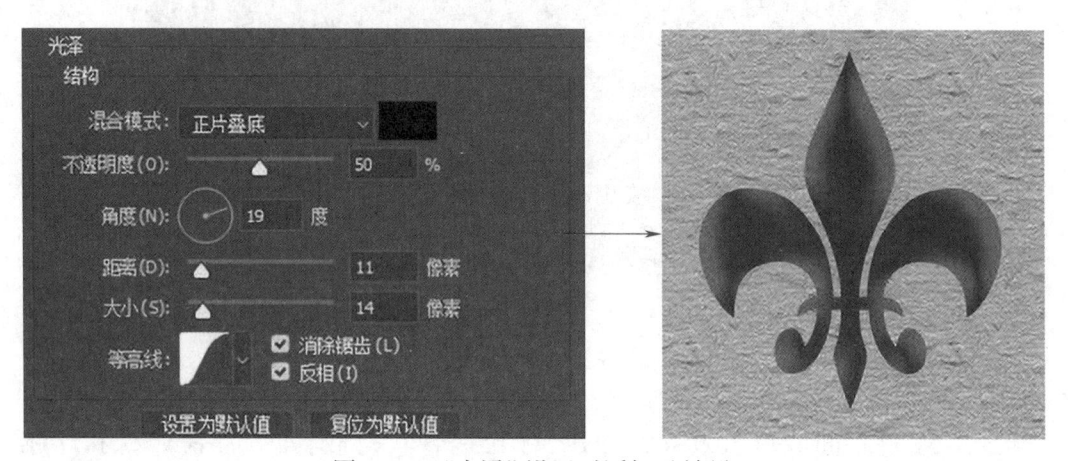

图 2-89　"光泽"设置对话框及效果

（5）颜色叠加、渐变叠加和图案叠加

三者作用相似，分别用来将颜色、渐变和图案添加到图层内容上，其参数设置及对应的效果如图 2-90 所示。

（6）描边

为图层中的对象添加边缘轮廓，其中"大小"用于设置描边的粗细；"位置"用于设置描边的位置，可以选择"外部""内部"和"居中"；"填充类型"用于设置描边类型，包括"颜色""渐变"和"图案"。图 2-91 所示为选择不同"填充类型"后所得的不同效果。

3. 管理图层样式

图层样式的管理与图层管理基本相同，只是要区分是整体效果还是某一种效果。

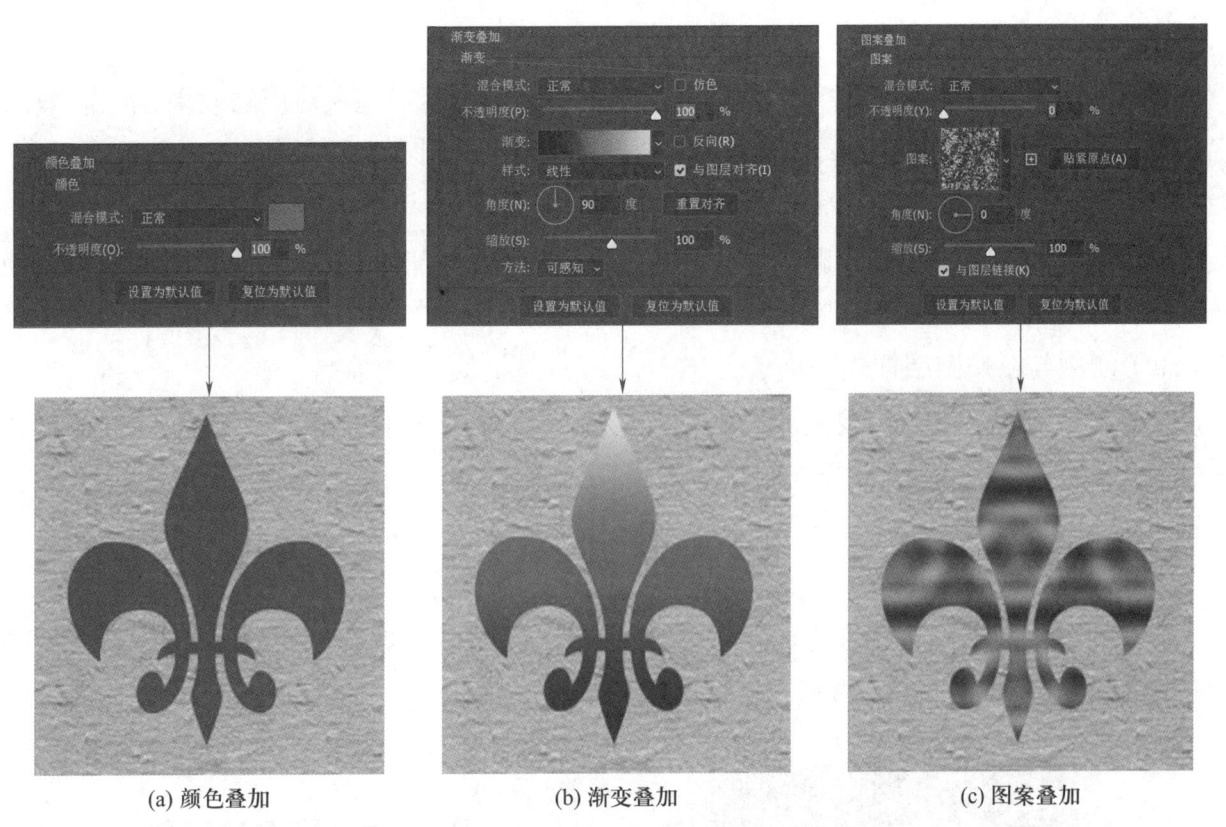

(a) 颜色叠加　　　　　　　　(b) 渐变叠加　　　　　　　　(c) 图案叠加

图 2-90　三种叠加方式的参数设置及效果

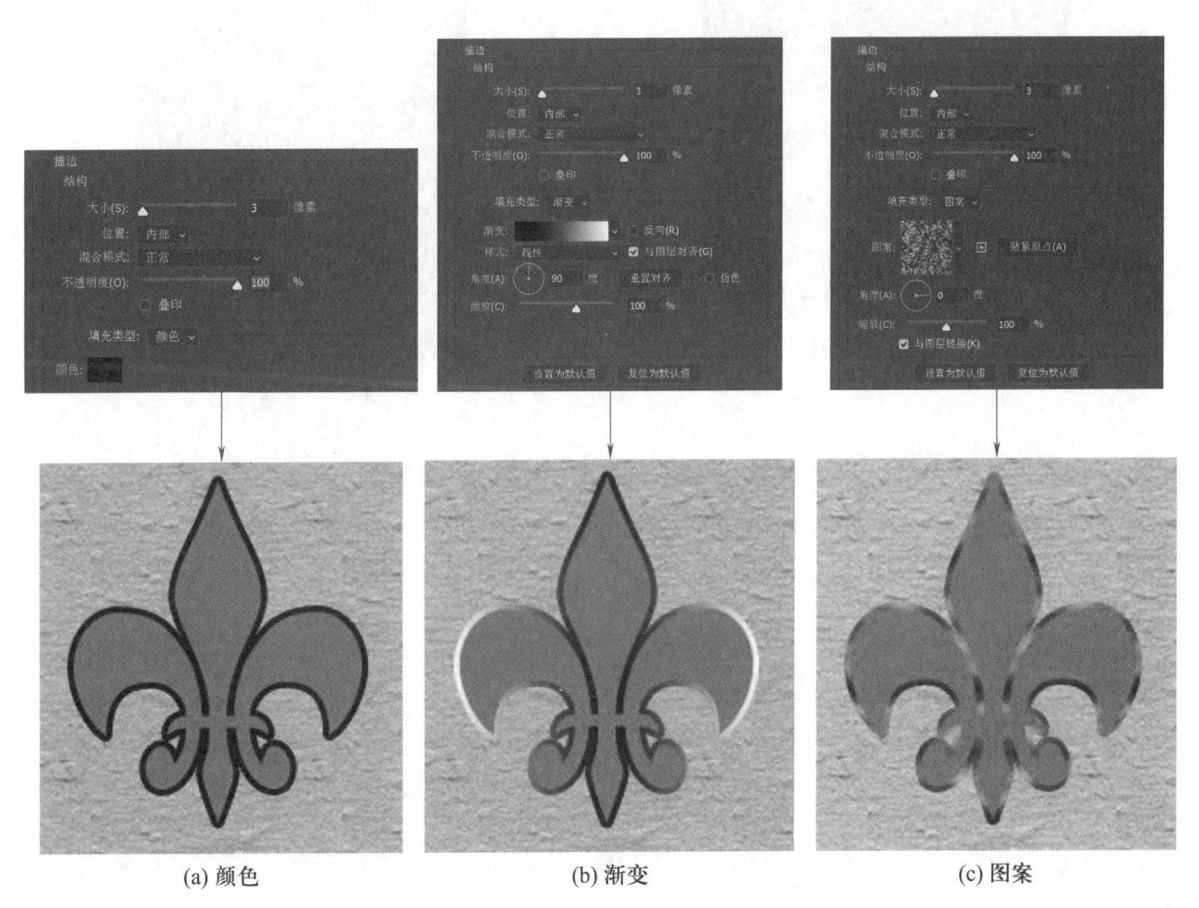

(a) 颜色　　　　　　　　　　(b) 渐变　　　　　　　　　　(c) 图案

图 2-91　三种填充类型的参数设置及效果

(1)隐藏与显示图层效果

单击"图层"面板中某一效果名前的显示图标 ◉，可显示或隐藏对应的效果；单击"效果"名前的显示图标，可显示与隐藏当前图层的所有图层效果，如图2-92所示。

(2)删除图层样式

在"图层"面板中，拖曳要删除的效果到"图层"面板底部的"删除图层"按钮 🗑 上，即可删除图层样式。

(3)复制与粘贴图层样式

在"图层"面板中，右击要复制图层样式的图层，从弹出的快捷菜单中选择"拷贝图层样式"命令，再右击要应用图层样式的目标图层，从弹出的快捷菜单中选择"粘贴图层样式"命令即可。

(4)创建自定义样式

将各种图层效果集合起来完成一个设计元素后，可将其存放到"样式"面板中，以方便随时调用，"样式"面板如图2-93所示。

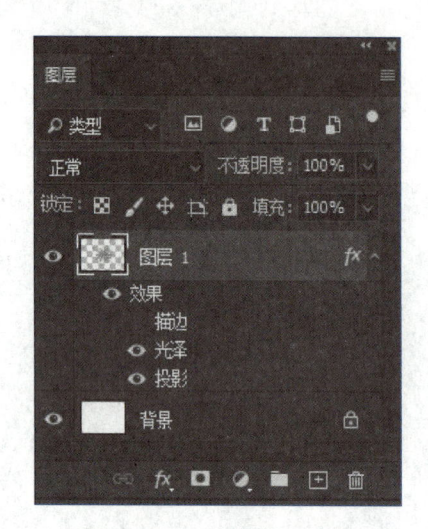

图2-92 "图层"面板　　　　图2-93 "样式"面板

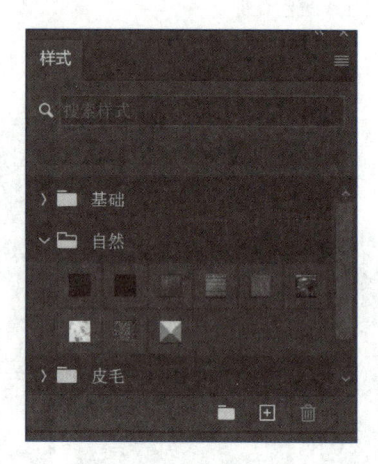

要将自己定义的图层效果存放到"样式"面板中，可采用以下方法：

● 在"图层样式"对话框中，设定所需要的各种效果后，单击对话框中的"新建样式"按钮，弹出"新建样式"对话框，输入名称后，单击"确定"按钮，如图2-94所示。

● 选择已应用样式的图层，单击"样式"面板下方的"创建新样式"按钮 🔲 或单击"样式"面板的空白处，也会弹出"新建样式"对话框。

(5)应用"样式"面板中的样式

"样式"面板中有系统预设的样式，有用户自行创建的样式，也有追加或载入的样式。如果要应用"样式"面板中的样式，只需单击"样式"面板中某个样式名，即可将其应用到当前图层中。

(6) 设置全局光

选择"图层→图层样式→全局光"命令,弹出"全局光"对话框,如图 2-95 所示,可以设置光线的角度和高度,将对当前图像中所有使用了全局光效果的图层均有效。

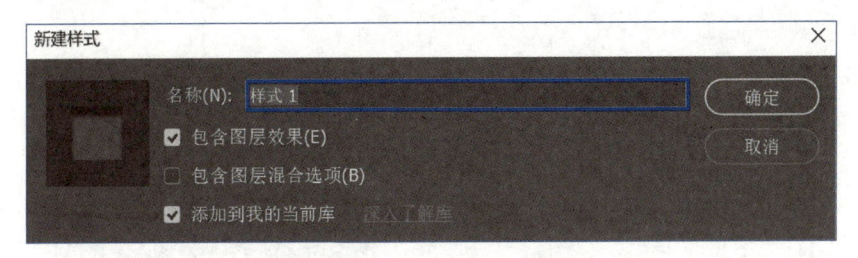

图 2-94　"新建样式"对话框

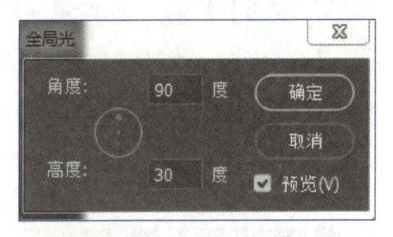

图 2-95　"全局光"对话框

案例 3　团队精神——企业文化海报

案例描述

利用画板功能,借助常用的编辑工具,设计如图 2-96 所示的企业文化海报。

图 2-96　企业文化海报效果图

案例解析

本案例中,需要完成以下操作:

- 利用"画板工具"新建两个画板。
- 利用"渐变工具""画笔工具"等常用编辑工具,设计画板 1 中的图像。

- 利用"横排文字工具"输入文字,设置文字图层的样式。
- 复制画板 1 中的图层至画板 2,修改其中的图像及文字部分内容。

案例实施

① 执行"文件→新建"菜单命令,"新建文档"对话框设置如图 2-97 所示,新建名称为"团队精神"的画板文件,此时图像窗口自动生成画板 1,效果如图 2-98 所示。

图 2-97 "新建文档"对话框   图 2-98 图像窗口

② 选择"画板工具",打开如图 2-99 所示的"画板工具"选项栏,可以看到画板 1 的尺寸;单击选项栏中的"添加新画板"按钮,在画板 1 的右侧单击,添加画板 2,效果如图 2-100 所示。

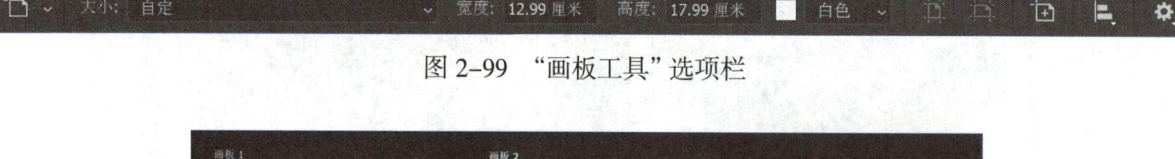

图 2-99 "画板工具"选项栏

图 2-100 添加画板 2

③ 在"图层"面板中隐藏画板 2。将画板 1 下方的"图层 1"重命名为"背景"。选择"渐变工具" ▢，设置颜色由 #ffdca6 到 #d0dfe6 的线性渐变，选中"背景"图层，在画板 1 中由下到上拖曳鼠标，填充渐变色。

④ 打开素材"手势.jpg"，利用"移动工具"将其移动到画板 1 中，将自动生成的图层名称修改为"手势"。按 Ctrl+T 组合键调整图像的大小及位置，效果如图 2-101 所示。

图 2-101　手势图像调整效果

⑤ 执行"文件→新建"菜单命令，新建宽度为 50 像素、高度为 50 像素、分辨率为 72 像素/英寸、名称为"画笔"的图像文件。利用"缩放工具" ⊕ 将图像放大 400 倍，便于编辑。

⑥ 在新建文件的"背景"图层上方创建"图层 1"。选择"椭圆选框工具"，在当前图像窗口绘制一个椭圆选区。将前景色设置为"黑色"，选择"画笔工具" ✎，选项栏设置如图 2-102 所示，在椭圆选区内多次单击，效果如图 2-103 所示。

⑦ 按 Ctrl+D 组合键取消选区；执行"编辑→定义画笔预设"菜单命令，打开如图 2-104 所示的对话框，设置画笔名称为"自定义画笔"，单击"确定"按钮。关闭"画笔"图像文件，回到"团队精神"的图像编辑窗口。

⑧ 在"手势"图层的上方新建"画笔绘制"图层。选择"画笔工具"，在其选项栏中选择"切换画笔设置面板"按钮 ▨，打开"画笔设置"对话框，"画笔笔尖形状"选项设置如图 2-105 所示，"双重画笔"选项设置如图 2-106 所示。

⑨ 利用"画笔工具"，在"画笔绘制"图层绘制如图 2-107 所示的图形。按住 Ctrl 键并单击"画笔绘制"图层缩览图，选中绘制的图形，按 Ctrl+Shift+I 组合键，反选选区；隐藏"画笔绘制"图层。选中"手势"图层，按 Delete 键，删除选区图像，调整图层的不透明度为 85%。效果如图 2-108 所示。

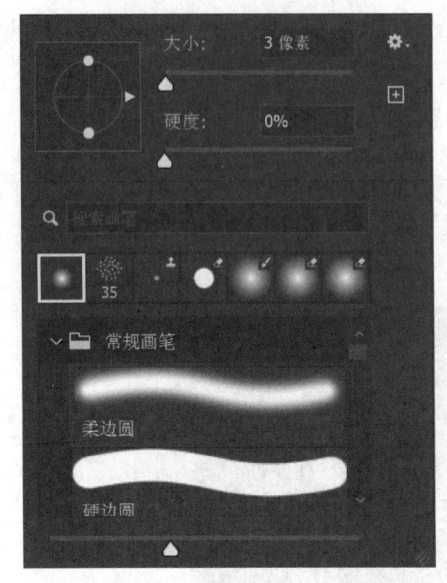

图 2-102 "画笔工具"选项栏设置

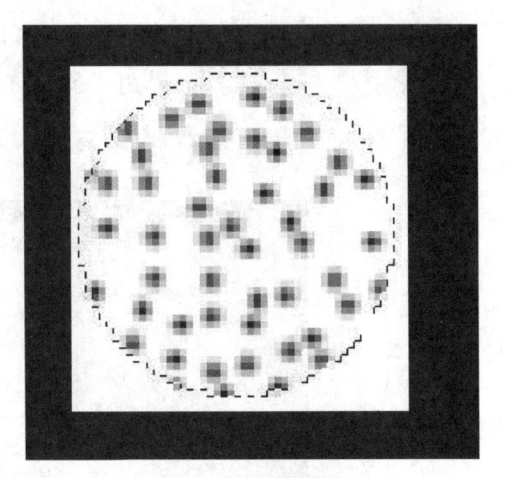

图 2-103 绘制的效果

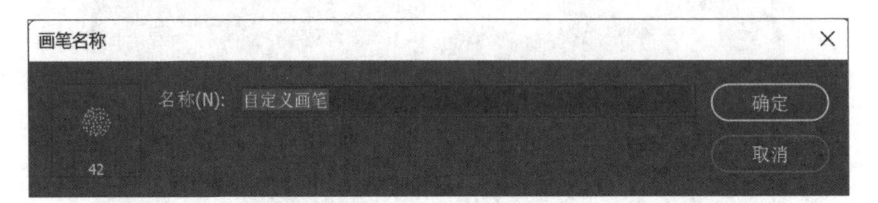

图 2-104 "画笔名称"对话框

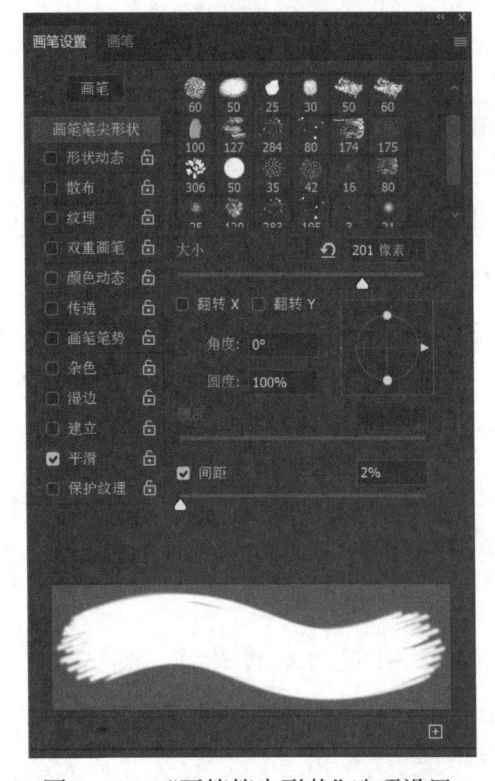

图 2-105 "画笔笔尖形状"选项设置

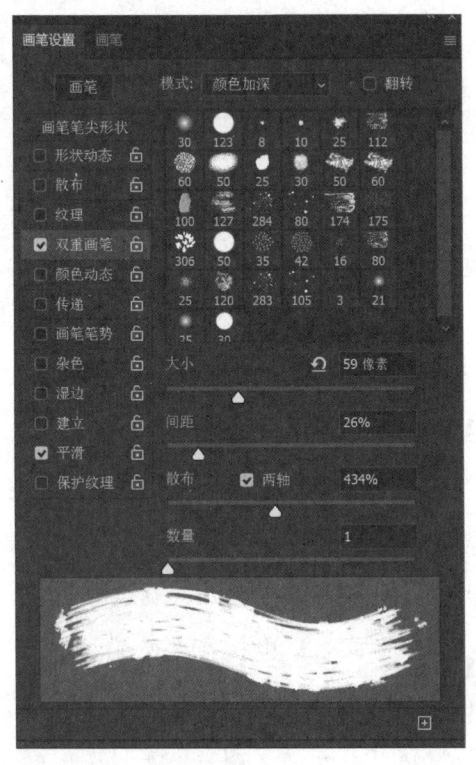

图 2-106 "双重画笔"选项设置

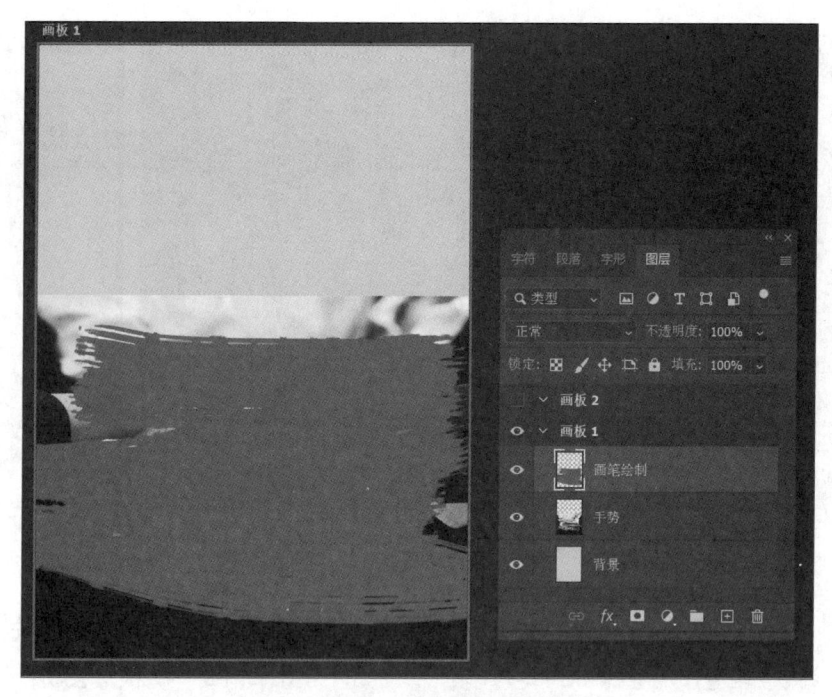

图 2-107　画笔绘制效果

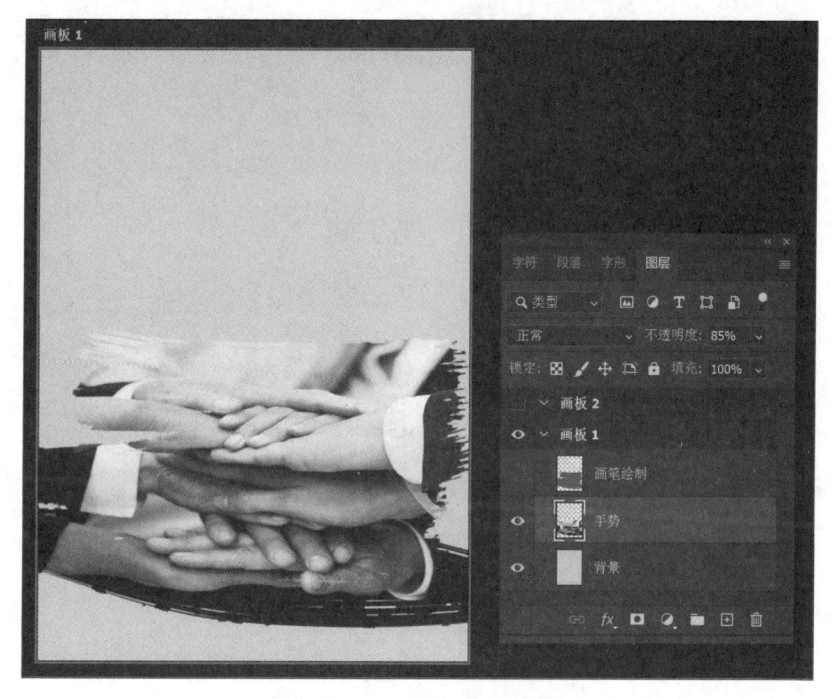

图 2-108　删除后的效果

⑩ 选择"横排文字工具",设置字体为华文行楷、字号为 60 点、文字颜色为 #734805,在"画笔绘制"图层的上方输入文字"团队"。为该文字所在的图层添加投影及描边(描边颜色为 #f3b85c)样式,图层样式设置及文字效果如图 2-109 所示。

⑪ 在"横排文字工具"选项栏中,设置字体为楷体、字号为 32 点、颜色为 #f3b85c,继续输入文字"精神"。

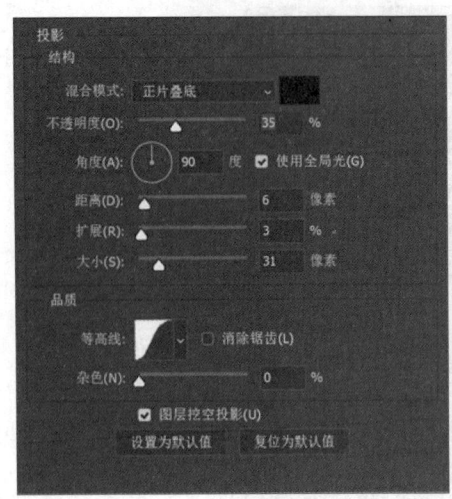

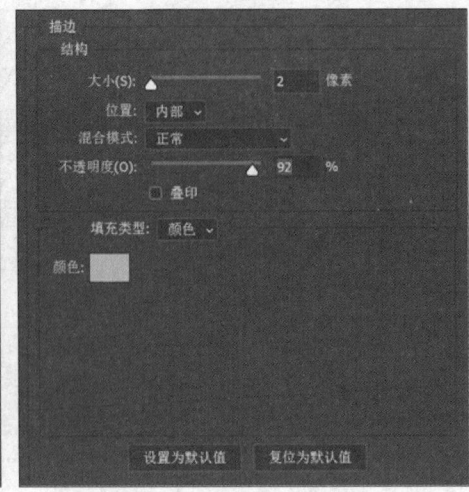

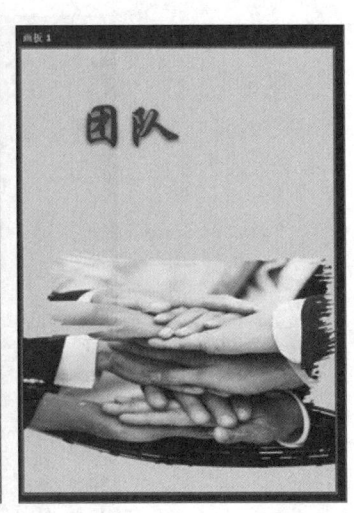

图 2-109　图层样式设置及文字效果

⑫ 在"精神"文字图层的下方创建新图层"形状",用"椭圆选框工具"绘制两个相连的圆形,并填充黑色。选择"画笔工具",按住 Shift 键在"形状"图层绘制两条颜色为 #8b8b8a、大小为 4 像素、硬度为 100% 的相交直线,效果如图 2-110 所示。

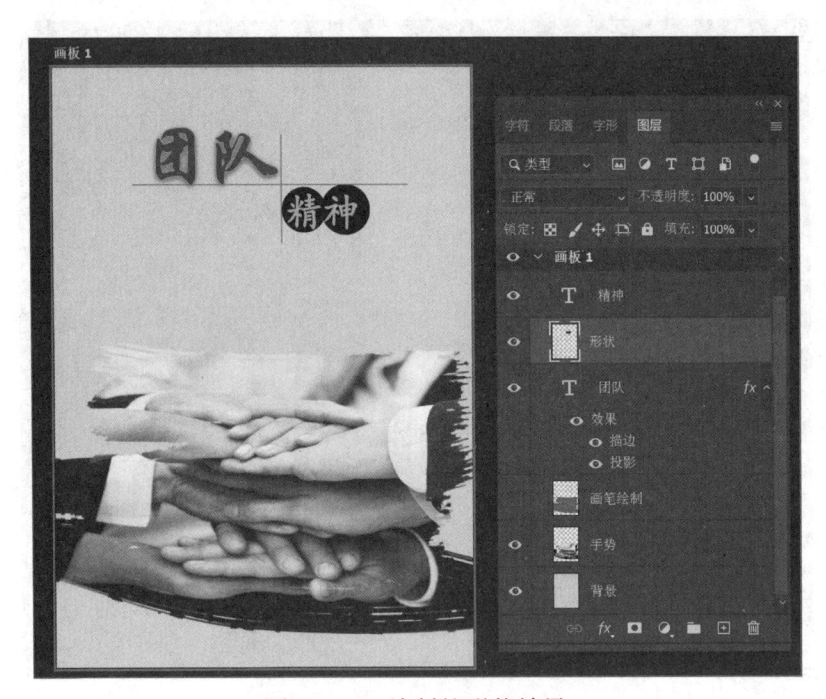

图 2-110　绘制的形状效果

⑬ 选择"横排文字工具",设置字体为楷体、字号为 12 点,输入黑色的文字"团结协作、万众一心"。将字体改为 Book Antiqua、字号改为 9 点,输入文字"HARD UP TO DEVELOP CREATE BRILLIANT",效果如图 2-111 所示。

⑭ 打开素材"人物 .png",将其移动到当前图像窗口,新生成的图层命名为"人物",置于顶层。调整图像大小,放置于图像的中下方。

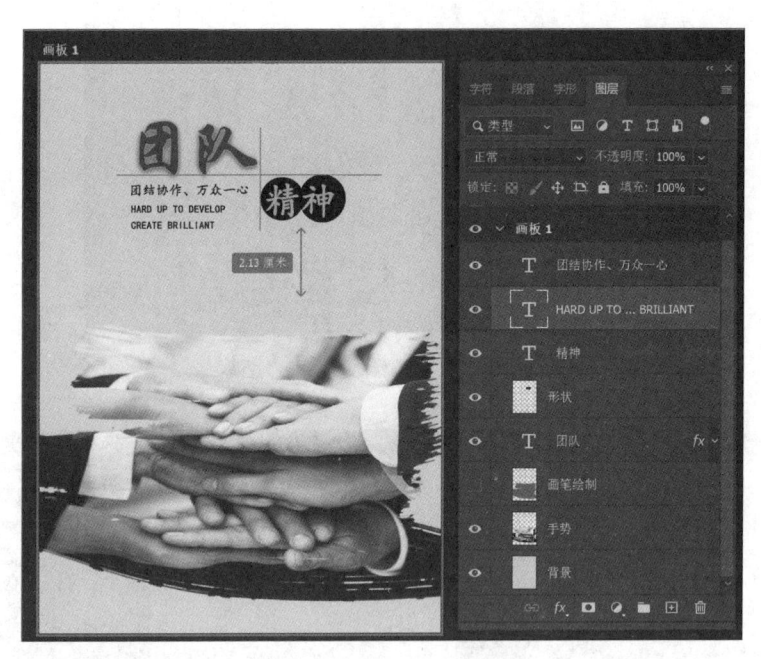

图 2-111　文字效果

⑮ 在"人物"图层上方新建图层,命名为"白边"。利用"矩形选框工具"绘制一略小于画板的矩形,反选选区,为选区填充白色,生成的图像效果及"图层"面板如图 2-112 所示。

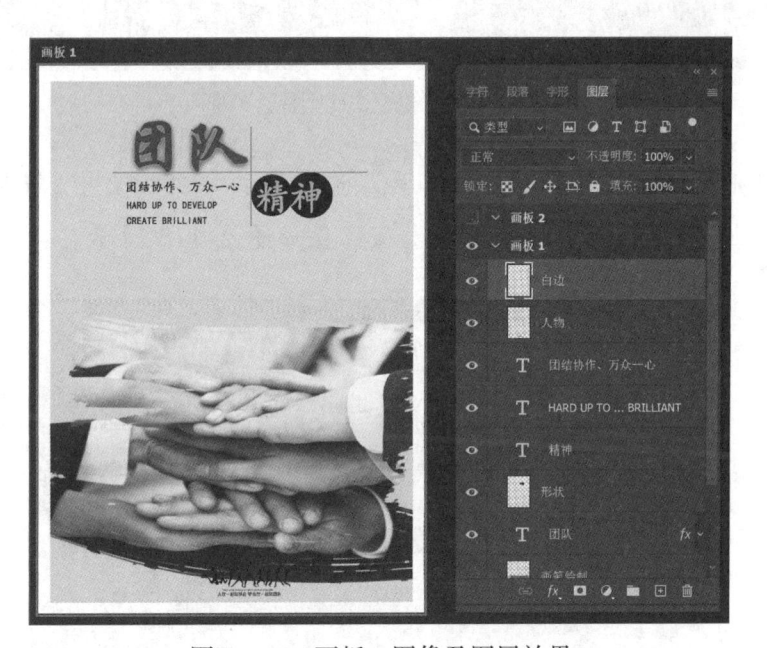

图 2-112　画板 1 图像及图层效果

⑯ 在"图层"面板中显示画板 2。按住 Shift 键,选中画板 1 中所有的图层右击,从弹出的快捷菜单中选择"复制图层"命令,"复制图层"对话框设置如图 2-113 所示。

⑰ 此时画板 2 中复制了画板 1 中所有的图层,图像窗口及"图层"面板如图 2-114 所示。

⑱ 在画板 2 中,将文字图层"团队"改为"狼性",将"团结协作、万众一心"改为"拼搏向上,勇于开拓"。

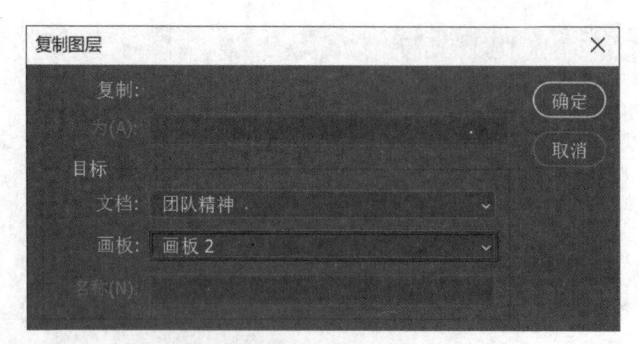

图 2-113 "复制图层"对话框设置

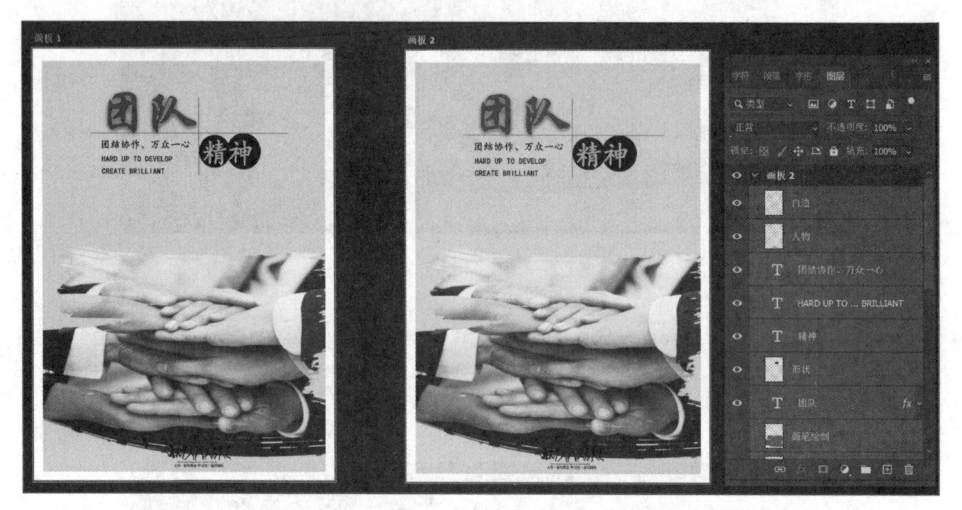

图 2-114 图像窗口及"图层"面板

⑲ 打开素材"狼群.jpg",利用"移动工具"将其移动到画板 2 中,将生成的图层命名为"狼群",替换掉"手势"图层,调整图像的大小及位置如图 2-115 所示。

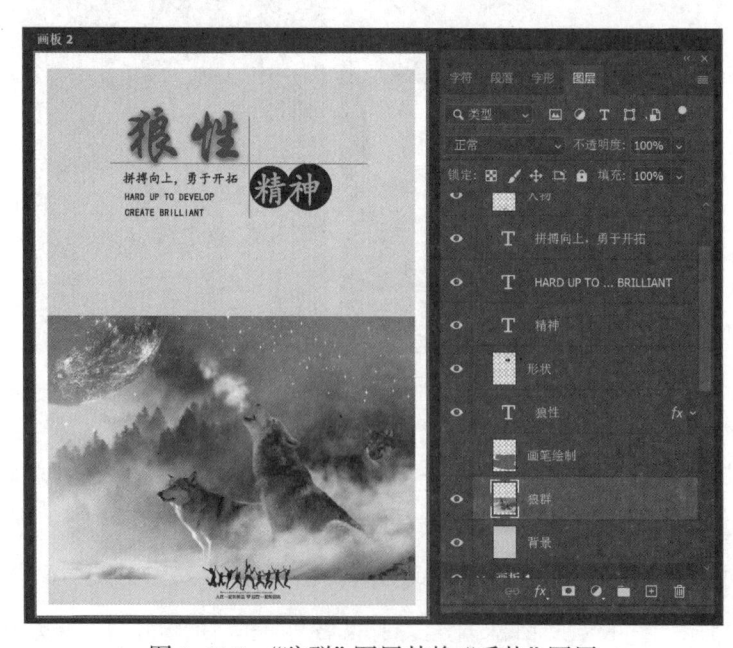

图 2-115 "狼群"图层替换"手势"图层

⑳ 在"图层"面板中,显示隐藏的"画笔绘制"图层,借鉴步骤⑨,完成如图 2-116 所示的效果。

㉑ 在"图层"面板中选择画板 1,执行"文件→导出→画板至文件"命令,在打开的"画板至文件"对话框中设置保存路径、文件名称、文件类型,效果如图 2-117 所示。

㉒ 用同样的方法选中画板 2 并导出文件,完成如图 2-96 所示的企业文化系列海报的制作。

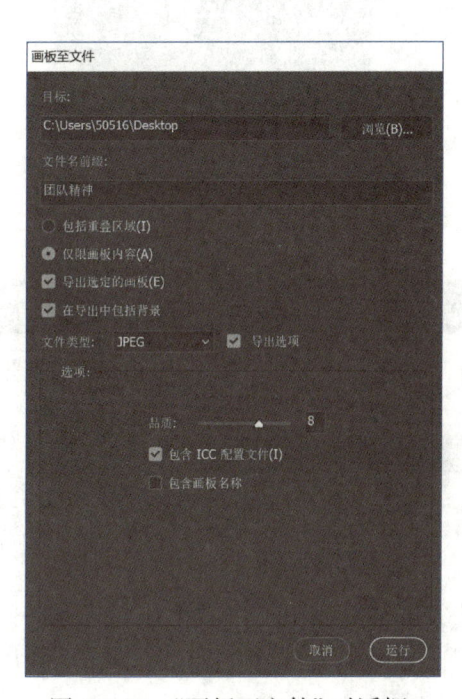

图 2-116　图像效果　　　　　　　图 2-117　"画板至文件"对话框

任务 2.6　了解画板

画板是非常实用的工具,利用画板可以提高设计效率,方便大型设计项目的管理和输出。画板与画布的区别在于,一个文档中只能有一个面布,但可以有多个画板。

1. 创建画板

创建画板的方法有如下两种。

● 执行"文件→新建"菜单命令,在打开的"新建文档"对话框中勾选"画板"选项,如图 2-118 所示。

● 在已有的 PSD 文件中,选择"画板工具"中的"添加新画板"按钮，在图像窗口中单击,也可以创建画板,如图 2-119 所示。

2. "画板工具"

利用"画板工具"可以方便编辑和添加画板,其选项栏如图 2-120 所示。

图 2-118 "新建文档"对话框　　　　图 2-119 添加新画板

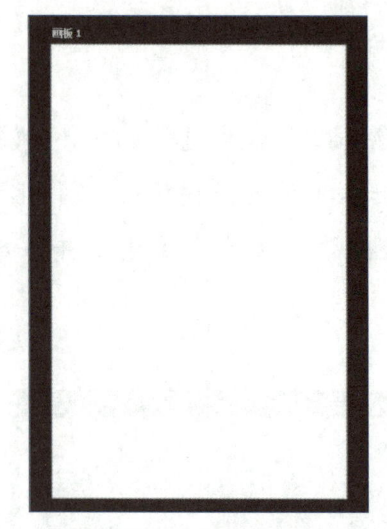

图 2-120 "画板工具"选项栏

- "大小"下拉列表框：默认为"自定"，用户可以自定义画板的高度和宽度。单击下拉按钮，可以打开预设画板下拉列表，如图 2-121 所示，根据需要进行选择。
- "宽度"文本框：设置画板的宽度。
- "高度"文本框：设置画板的高度。
- "制作纵版"按钮 ：将画板切换为纵版。
- "制作横版"按钮 ：将画板切换为横版。
- "添加新画板"按钮 ：可在图像窗口中添加新的画板。
- "对齐和分布图层"按钮 ：可以打开如图 2-122 所示的对齐菜单。
- "设置画板行为"按钮 ：可以打开如图 2-123 所示的行为菜单。

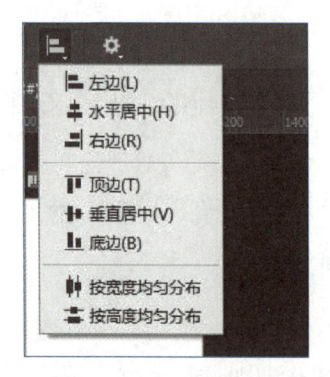

图 2-121 自定菜单　　　　图 2-122 对齐菜单　　　　图 2-123 行为菜单

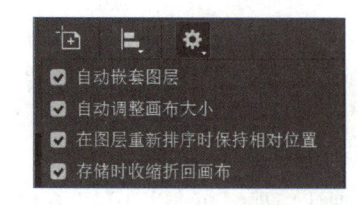

任务 2.7 使用画笔工具组

画笔工具组包含四种工具，分别是"画笔工具""铅笔工具""颜色替换工具"和"混合器画笔工具"，如图 2-124 所示。

1. "画笔工具"

使用"画笔工具"可利用前景色来绘制预设的画笔笔尖图案或不太精确的线条。选择该工具后，在选项栏中设置好各选项，在图像窗口中单击或拖曳鼠标，即可绘制相应的图案或线条；若要绘制水平或垂直的线条，可按住 Shift 键再拖曳鼠标。"画笔工具"选项栏如图 2-125 所示。

图 2-124 画笔工具组

图 2-125 "画笔工具"选项栏

- "画笔预设"选取器按钮 ：单击该按钮，可打开"画笔预设"选取器，如图 2-126 所示，在其中可设置画笔笔尖的形状、主直径大小及硬度等。单击其右上角的设置按钮 ，可打开画笔选项菜单。
- "切换画笔设置面板"按钮 ：单击该按钮，可打开"画笔设置"面板，如图 2-127 所示。在该面板中可设置画笔笔尖的形状、主直径大小、角度、圆度、硬度、间距及各种动态效果等。
- "设置绘画的对称"按钮 ：单击该按钮，可打开如图 2-128 所示的设置绘画对称方式的菜单。

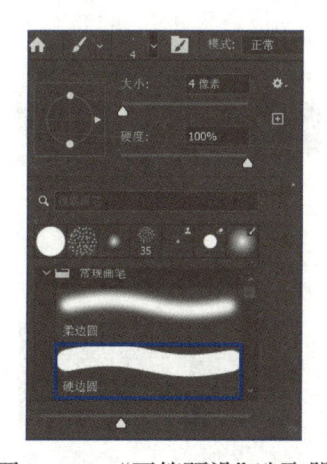

图 2-126 "画笔预设"选取器 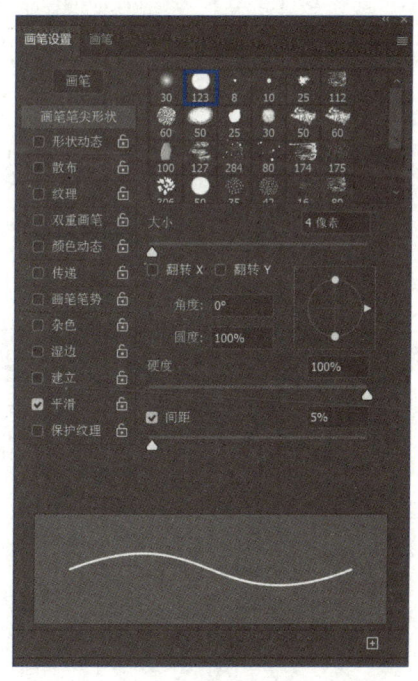　　　图 2-127 "画笔设置"面板 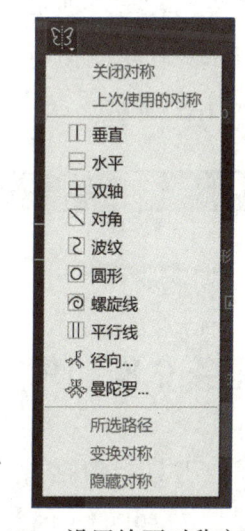　　　图 2-128 设置绘画对称方式菜单

2. "铅笔工具"

"铅笔工具"的使用方法与"画笔工具"基本相同,只是"铅笔工具"绘制的图像边缘比较僵硬且有棱角。"铅笔工具"选项栏如图 2-129 所示。

图 2-129 "铅笔工具"选项栏

"自动抹除"复选框:若选中该复选框,当笔尖起点的颜色与当前的前景色一致时,用背景色来绘画,否则,用前景色来绘画。

3. "颜色替换工具"

使用"颜色替换工具"在图像中拖动鼠标,可以用前景色取代鼠标指针经过位置的目标颜色。"颜色替换工具"只能在 RGB 颜色、CMYK 颜色或 Lab 颜色模式的图像中使用。其选项栏如图 2-130 所示。

图 2-130 "颜色替换工具"选项栏

- "模式":用于设置替换颜色时的混合模式,该下拉列表中有四个选项,即"色相""饱和度""颜色"和"明度"。
- 取样模式:取样模式有三种,即"连续"、"一次"、"背景色板"。若选择"连续",则鼠标指针经过位置的颜色均被取样为目标颜色并被替换;若选择"一次",则只将鼠标指针落点处的颜色取样为目标颜色,与该颜色在容差范围内的颜色才能被替换;若选择"背景色板",则在鼠标拖曳的过程中只替换与当前背景色在容差范围内的颜色。

4. "混合器画笔工具"

选择"混合器画笔工具"后,可以利用选定的画笔笔尖形状,配合设置的混合画笔组合方式,在图像中拖动鼠标进行描绘,产生模拟实际绘画的艺术效果。"混合器画笔工具"选项栏如图 2-131 所示。

图 2-131 "混合器画笔工具"选项栏

任务 2.8　使用裁剪工具组

裁剪工具组包括"裁剪工具""透视裁剪工具""切片工具"和"切片选择工具",如图 2-132 所示。

图 2-132 裁剪工具组

1. "裁剪工具"

"裁剪工具"是 Photoshop 中最常用的工具之一，其选项栏如图 2-133 所示。

图 2-133 "裁剪工具"选项栏

- "裁剪工具"下拉按钮：单击选项栏左侧的下拉按钮，可以打开工具预设选取器，如图 2-134 所示，在预设选取器里可以选择预设的参数，对图像进行裁剪。
- 比例和大小：单击比例和大小下拉按钮，可打开裁剪比例大小选项列表，如图 2-135 所示，可以选择预设长宽比或裁剪尺寸。如果图像中有选区，则该下拉列表框显示选区。

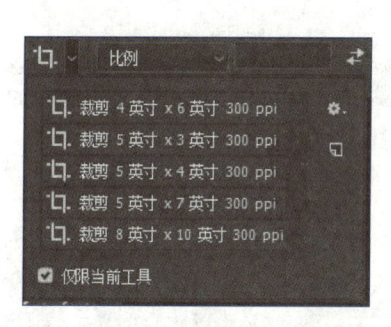

图 2-134 "工具预设"选取器

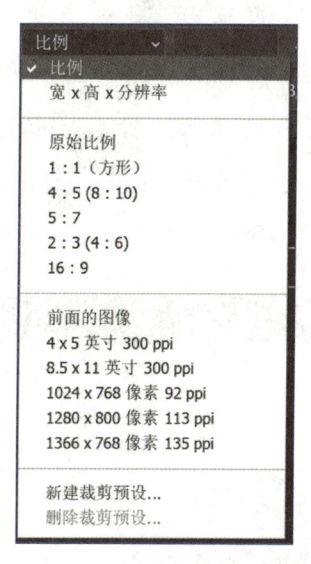

图 2-135 比例和大小选项列表

- 裁剪比例输入框：可设置裁剪的长宽比。单击中间的双向箭头按钮，可以互换长宽比。
- 清除：清除长宽的比值。
- "拉直"按钮：通过在图像中画一条直线来拉直该图像。
- "叠加选项"按钮：单击该按钮，可设置裁剪框的视图形式，借助选项中提供的视图参考线可以裁剪出完美的构图，叠加选项如图 2-136 所示。
- "裁剪选项"按钮：可设置裁剪框的显示区域，以及裁剪屏蔽区域的颜色与不透明度。默认情况下，保留画面会自动保持在中央，被剪裁区域以一定的不透明度显示。裁剪选项如图 2-137 所示。
- "删除裁剪的像素"复选框：不勾选该复选框，裁剪完毕后使用"裁剪工具"单击图像区域时仍可显示裁切前的状态，并且可以重新调整裁剪框。勾选该复选框后，裁剪完毕后的图像将不可更改。

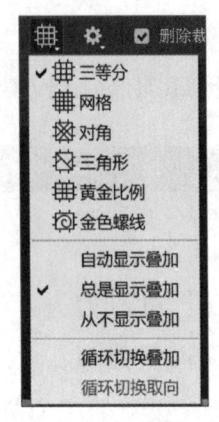

图 2-136 叠加选项　　　　　图 2-137 裁剪选项

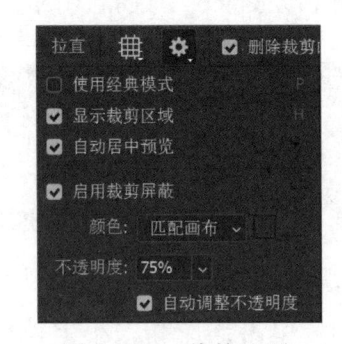

2. "透视裁剪工具"

"裁剪工具"只能以正四边形裁剪画面,而使用"透视裁剪工具"时,只需分别单击画面中的四个点,即可定义一个任意形状的四边形。进行裁剪时,软件会对选中的画面区域进行裁剪,同时会将选定区域"变形"为正四边形。"透视裁剪工具"选项栏如图 2-138 所示,透视裁剪效果如图 2-139 所示。

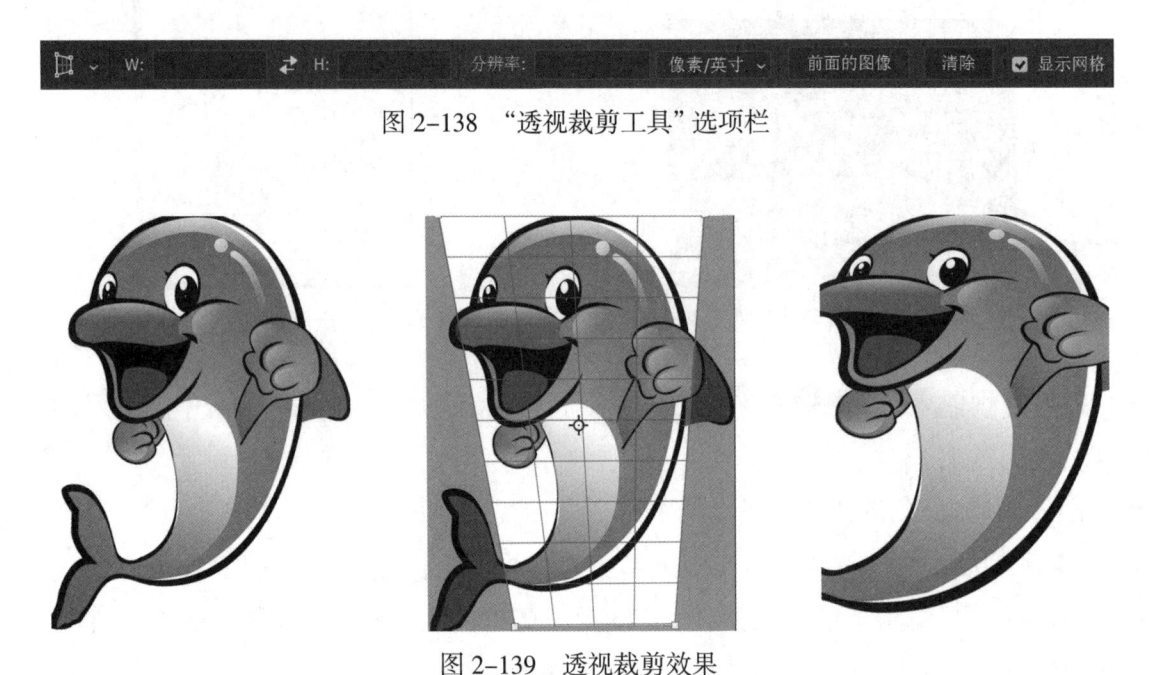

图 2-138 "透视裁剪工具"选项栏

图 2-139 透视裁剪效果

3. "切片工具" 和 "切片选择工具"

"切片工具"和"切片选择工具"主要用来设置网页图像。利用"切片工具"可以将一个大的图片划分成若干个小图片(切片),以提高网络浏览速度;另外,每一个切片就是一个热区,可以创建超链接。在存储图像和 HTML 文件时,每个切片都会作为独立的文件存储。

案例 4 / 世界环境日——公益海报

案例描述

利用"图层"面板的功能,通过设置蒙版,借助文字工具,完成如图 2-140 所示的"世界环境日"公益海报效果。

图 2-140 "世界环境日"公益海报效果

案例解析

本案例中,需要完成以下操作:
- 利用图层蒙版完成天空图像融入绿地背景的效果。
- 利用图层蒙版完成建筑风景与地球的融合效果。
- 利用剪贴蒙版制作"世界环境日"文字效果。
- 利用文字工具输入文字,设置文字的效果与样式。

案例实施

① 选择"文件→新建"命令,新建一个宽度为 50 厘米、高度为 70 厘米、分辨率为 72 像素/英寸、背景内容为 #aed4eb、名称为"世界环境日"的文件。

② 打开素材图片"绿地.jpg",利用"移动工具" ,将其移动到当前图层的下方,将生成的图层命名为"绿地"。按 Ctrl+T 组合键,调整其大小及位置,如图 2-141 所示。

图 2-141 "绿地"调整后的效果

③ 打开素材图片"天空.jpg",利用"移动工具" 将其移动到当前图像中。选择"图像→调整→亮度/对比度"菜单命令,亮度设置如图 2-142 所示。将生成的图层命名为"天空"。按 Ctrl+T 组合键,调整其大小及位置如图 2-143 所示。

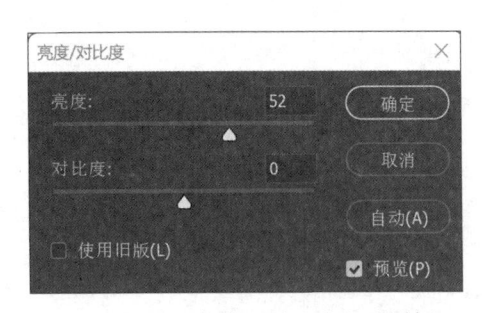

图 2-142 "亮度/对比度"对话框 　　　　图 2-143 "天空"调整后的效果

④ 单击"图层"面板底部的"添加图层蒙版"按钮 ,为"天空"图层添加一个白色的蒙版,图像及"图层"面板效果如图 2-144 所示。

图 2-144　添加蒙版后的效果

⑤ 选择"渐变工具"▇，设置由黑到白的线性渐变，在图层蒙版中由下至上拖曳鼠标填充渐变色，填充后的效果图 2-145 所示。

图 2-145　在蒙版中添加渐变色

⑥ 打开素材图片"地球.png""手.png"和"城市.png"，利用"移动工具"▸⊕将其移动到当前图像中，生成的图层分别命名为"手""地球"和"城市"。按 Ctrl+T 组合键，调整各对象的大小及位置，效果如图 2-146 所示。

⑦ 单击"图层"面板底部的"添加图层蒙版"按钮▇，为"城市"图层添加一个白色的蒙版，将前景色设置为黑色，选择"画笔工具"，设置画笔大小为 130 像素、画笔硬度为 0%，在图层蒙版中涂抹，将图像的外边缘部分隐藏，图像及"图层"面板效果如图 2-147 所示。

图 2-146　添加素材图片"地球"、"手"和"城市"

图 2-147　为城市图层添加蒙版

⑧ 打开素材图片"绿叶.png"和"世界环境日.png",利用"移动工具" 将其移动到当前图像中,生成的图层分别命名为"绿叶"和"世界环境日"。按 Ctrl+T 组合键,调整各对象的大小及位置,效果如图 2-148 所示。

⑨ 选中"绿叶"图层右击,从弹出的快捷菜单中选择"创建剪贴蒙版"命令,效果如图 2-149 所示。

⑩ 选中"世界环境日"图层,为该图层添加"投影"及白色"外发光"样式,图层样式设置及效果如图 2-150 所示。

图 2-148 添加素材图片"绿叶"和"世界环境日"

图 2-149 添加剪贴蒙版后的效果

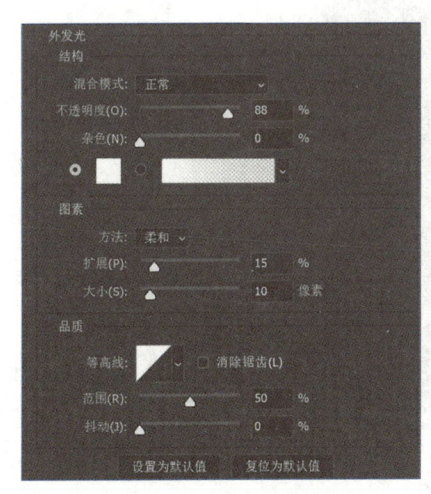

(a) "外发光"设置 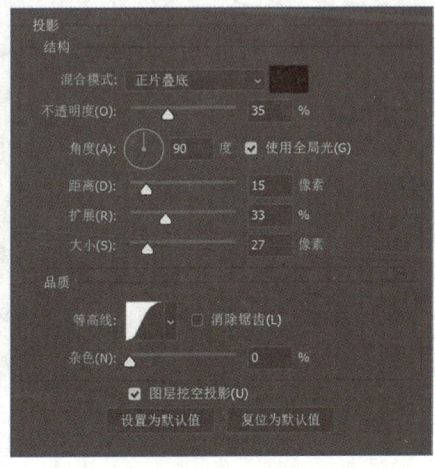 (b) "投影"设置  (c) "世界环境日"效果

图 2-150 图层样式设置及效果

⑪ 选择"横排文字工具"，设置字体为黑体、字号为48点、颜色为黑色，输入文字"保护环境、人人有责"；将字号改为30点，输入文字"protect the environment"，输入文字后的效果如图2-151所示。

图 2-151　输入文字后的效果

⑫ 新建图层，命名为"白边"。利用"矩形选框工具"绘制一略小于图像的矩形，反选选区，为选区填充白色，生成的图像效果及"图层"面板如图2-152所示。

⑬ 单击"图层"面板菜单中的"拼合图像"命令，完成最终效果。

图 2-152　填充白边后的效果

任务 2.9 应用蒙版

蒙版可以控制当前图层中不同区域的隐藏和显示方式。通过更改蒙版,可以在不改变图层本身的前提下对图层应用各种特殊的效果。

Photoshop 提供了三种蒙版:剪贴蒙版、矢量蒙版和图层蒙版。

1. 剪贴蒙版

剪贴蒙版是通过一个对象的形状来控制其他图层的显示区域。剪贴蒙版可以用一个图层中包含像素的区域来限制它上层图像中的显示范围。它可以通过一个图层来控制多个图层的可见内容。

创建剪贴蒙版的方法如下:

① 如图 2-153 所示,将"人物"图层放置在"剪贴形状"图层的上方。

图 2-153 添加剪贴蒙版前

② 选择要添加剪贴蒙版的"人物"图层,执行"图层→创建剪贴蒙版"菜单命令,即可创建剪贴蒙版,效果如图 2-154 所示。

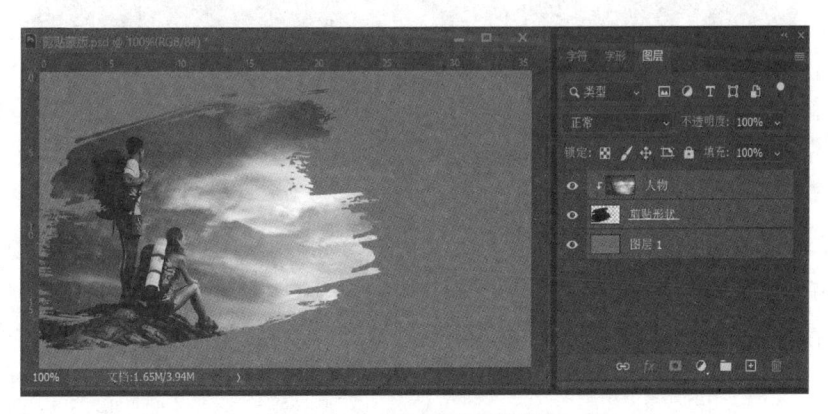

图 2-154 添加剪贴蒙版后

提示:

① 在剪贴蒙版组中,下方图层为"基底图层",名称带有下划线;上方图层为"内容图层",

其缩览图是缩进的。基底图层中的透明区域充当了蒙版作用,可以将"内容图层"中的图像隐藏起来。

② 将一个图层拖动至基底图层上方,该图层可加入至剪贴蒙版组。将内容图层移出剪贴蒙版组,可释放该剪贴蒙版。如果要取消全部剪贴蒙版,可选择基底层正上方紧邻的内容图层,执行"图层→释放剪贴蒙版"菜单命令。

2. 矢量蒙版

矢量蒙版通过路径和矢量形状控制图像的显示区域,它与分辨率无关,无论怎样放大都能保持光滑的轮廓,常用来制作 Logo、按钮或其他的 Web 设计元素。

创建矢量蒙版的方法如下:

① 如图 2-155 所示,将"人物"图层放置在"背景"图层的上方。

图 2-155　添加蒙版前

② 用"自定义形状工具"绘制一条心形路径,如图 2-156 所示。

图 2-156　绘制心形路径

③ 选中"人物"图层,执行"图层→矢量蒙版→当前路径"菜单命令,即可基于当前路径创建矢量蒙版,路径区域外的图像会被蒙版遮盖,如图 2-157 所示。

提示:

创建矢量蒙版后,单击矢量蒙版缩览图,可进入蒙版编辑状态,可以借助路径工具,修改路径形状,被蒙版遮盖的图像区域也会随之改变。要删除添加的矢量蒙版,选中添加了蒙版的图层,执行"图层→矢量蒙版→删除"菜单命令即可。

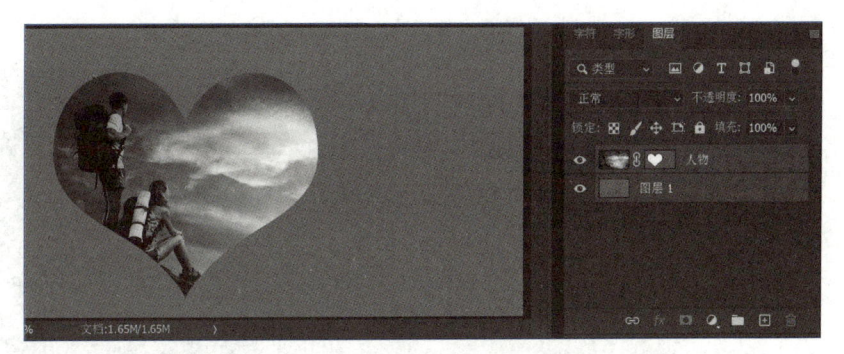

图 2-157　添加矢量蒙版后的效果

3. 图层蒙版

图层蒙版通过蒙版中的灰度信息来控制图像的显示区域。在图层蒙版中，白色对应的图像是可见的，黑色会遮盖图像，灰色区域会使图像呈现一定程度的透明效果，如图 2-158 所示。基于以上原理，当我们想要隐藏图像的某些区域时，可以为它添加一个图层蒙版，然后利用"画笔工具"，在蒙版中将想要隐藏的区域涂黑即可；想让图像呈现半透明的效果，可以将图层蒙版相应的区域涂成灰色。

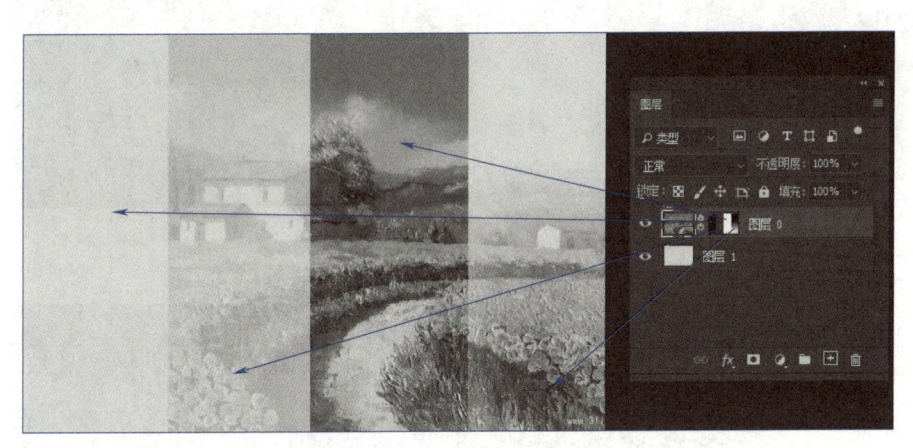

图 2-158　图层蒙版直观图

（1）创建图层蒙版

选择要添加图层蒙版的普通图层，单击"图层"面板底部的"添加图层蒙版"按钮 ▢，可以为当前图层添加一个图层蒙版。

● 若图层中有选区，则可以基于当前选区为图层添加图层蒙版，选区以内显示，选区以外的图像将被隐藏。在图层缩览图的右侧会添加一个黑白色的蒙版缩览图。图 2-159 所示为基于椭圆选区创建的图层蒙版缩览图及相应的图像效果。

● 若图层中没有选区，原图层全部显示，添加的是一个白色的蒙版缩览图，图层蒙版缩览图及相应的图像效果如图 2-160 所示。可以借助"画笔工具"修改图层蒙版。选中蒙版缩览图，用黑色画笔绘画，蒙版区域扩大；用白色画笔绘画，蒙版区域缩小；用灰色画笔绘画，会创建渐隐效果。图层蒙版缩览图及相应的图像效果如图 2-161 所示。

图 2-159　基于选区创建的图层蒙版效果

图 2-160　无选区时创建的图层蒙版效果

图 2-161　借助画笔修改蒙版后的效果

（2）蒙版的基本操作

1）停用/启用图层蒙版

在"图层"面板中右击图层蒙版缩览图，弹出如图 2-162 所示的快捷菜单，选择"停用图层蒙版"命令即可暂时停用蒙版，此时蒙版缩览图变为 ![图标]；要恢复图层蒙版的使用，从快捷菜单中选择"启用图层蒙版"命令即可，如图 2-163 所示。

图 2-162　停用图层蒙版　　　　　　　图 2-163　启用图层蒙版

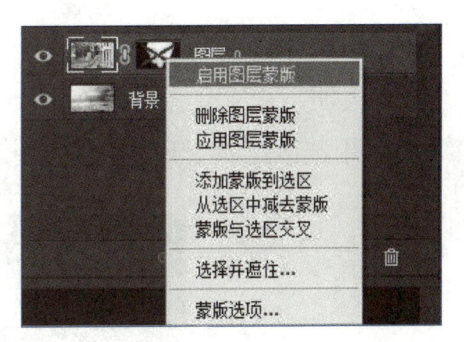

2）删除图层蒙版及应用图层蒙版

右击图层蒙版缩览图，从弹出的快捷菜单中选择"删除图层蒙版"命令，将清除蒙版及其效果；若选择"应用图层蒙版"命令，将清除蒙版，但保留效果。

若拖动"图层"面板中的图层蒙版缩览图至"图层"面板底部的"删除图层"按钮 上，将弹出如图 2-164 所示的对话框，单击"应用"按钮可以删除蒙版但保留效果；单击"删除"按钮，则删除蒙版及其效果。

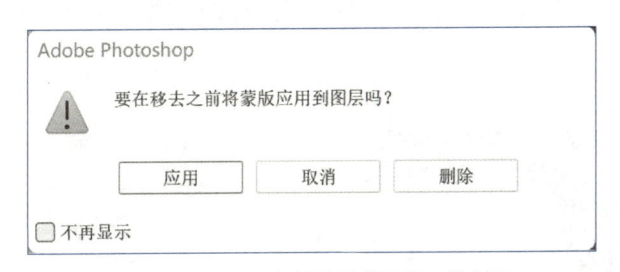

图 2-164　"删除图层蒙版"对话框

思考与实训

一、填空题

1. 在 Photoshop 中常用的图层有_____、_____、_____、_____、_____、_____。

2. 在 Photoshop 中，最基本的图层是_____，使用纯色或渐变色填充的图层是_____，只包含色彩色调，不包含任何图像的图层是_____。

3. 在"图层"面板中，若某图层名称后有 标记，则表示该图层处于_____状态。

4. 始终位于"图层"面板底部且没有透明像素的图层是_____，该图层以_____命名。

5. 在图层样式中，可以在图像内容的背后添加阴影，以产生立体感的是_____，在图层内容边缘以内添加发光效果的是_____；能将图案叠加到图层内容上

的是 _____。

二、上机实训

1. 综合运用选区工具、渐变工具、变换命令，完成如图 2-165 所示的几何体效果图。

图 2-165　几何体效果图

2. 利用"图层"面板的功能，通过设置图层蒙版，完成牛皮纸上的图像效果。借助文字工具、添加图层样式等功能最终完成图 2-166 所示的地产海报效果。

3. 借助"图层"面板组合素材，运用所学的有关图层操作的知识，完成如图 2-167 所示的旅游海报效果。

图 2-166　地产海报效果图

图 2-167　旅游海报效果图

项目3 数码照片处理

随着数码相机、计算机和智能手机的普及,一幅好的数码作品,不仅依赖于摄影器材及拍摄技术,往往还要考虑后期处理,可以为照片修补缺陷、弥补不足,也可以增加特效,使原本普通的照片变得熠熠生辉或富有个性。

案例5 霓裳——数码照片的修复与润饰

案例描述

对图3-1所示素材中的人物进行修饰、美化,得到如图3-2所示的效果。

图3-1 原图

图3-2 效果图

案例解析

本案例中,需要完成以下操作:
- 使用修复类工具对图像中的缺陷进行修复。
- 使用"曲线""可选颜色"等命令,调整图像色彩色调。
- 使用"表面模糊"滤镜美白皮肤,利用"液化"滤镜对脸部进行整形。
- 使用"模糊工具""加深工具""减淡工具""海绵工具"等对图像进行润饰。
- 使用图层蒙版与素材背景合成,添加文字,使用"照片滤镜"调整图层,完成最终效果。

案例实施

① 打开素材图片"霓裳.jpg",如图3-1所示;拖动"背景"图层至"图层"面板底部的"创建新图层"按钮 上,复制"背景"图层作为备份;再次单击"创建新图层"按钮 ,新建图层并命名为"祛痘"。

② 选择工具箱中的"污点修复画笔工具" ,在选项栏中选择"内容识别"类型,勾选"对所有图层取样"复选框,在人物面部的痘痕上单击或拖曳鼠标将其去除;选择工具箱中的"修补工具" ,在选项栏中的"修补"下拉列表框中选择"内容识别"选项,勾选"对所有图层取样"复选框,设置如图3-3所示,在鼻翼的痣周围拖曳鼠标,将其选取,将鼠标指针移至选区内,向左上方邻近区域拖曳,释放鼠标,即可将其去除,按Ctrl+D组合键取消选区,其效果如图3-4所示。

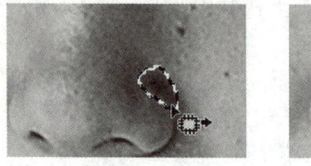

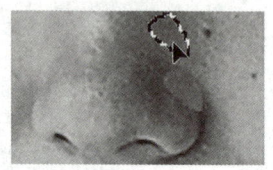

图3-3 "修补工具"选项栏

图3-4 使用"修补工具"去痣

③ 选择工具箱中的"修复画笔工具" ,"源"设置为"取样",不勾选"对齐"复选框,样本设置为"当前和下方图层",按住Alt键的同时在皮肤光洁处单击取样,在邻近的斑点上单击或拖曳鼠标,将脸部边缘等处瑕疵消除。

④ 单击"祛痘"图层前的"指示图层可见性"按钮 ,切换其可见性,会发现修补的内容都存放在此图层中。对比修复前后的效果,继续对图像进行处理;若效果不理想,也可使用"橡皮擦工具" 将修复的内容局部擦除。

⑤ 按Ctrl+Shitf+Alt+E组合键,盖印生成新图层并命名为"调整";选择"图像→调整→曲线"命令,弹出"曲线"对话框,向左上方拖动曲线,使图像变亮,参数设置如图3-5所示,此时图像效果如图3-6所示。

⑥ 选择工具箱中的"快速选择工具" ,在人物的面部、耳朵及手部拖曳鼠标,将其选中;单击"图层"面板底部的"创建新的填充或调整图层"按钮 ,从弹出的菜单中选择"可选颜色"命令,自动打开其"属性"面板,设置如图3-7所示,调整后的图像效果如图3-8所示。

⑦ 按Ctrl+Shift+Alt+E组合键,盖印生成新图层并命名为"模糊";选择"滤镜→模糊→表面模糊"命令,弹出"表面模糊"对话框,按图3-9所示进行设置后单击"确定"按钮;在"图

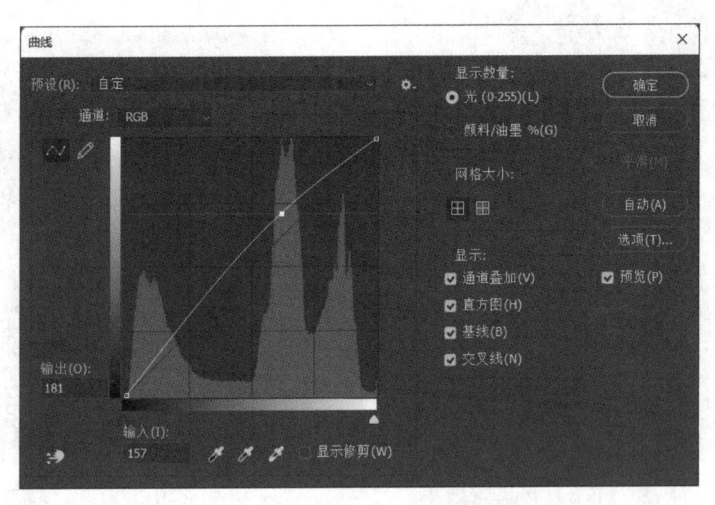

图 3-5 "曲线"参数设置

图 3-6 调整曲线后提亮效果

图 3-7 "可选颜色"设置

层"面板中将图层的"不透明度"设置为70%;按住Ctrl键并单击"选取颜色"调整图层的蒙版缩览图,再次获得头部的选区,单击"图层"面板底部的"添加图层蒙版"按钮,为"模糊"图层添加图层蒙版。

⑧ 再次盖印可见图层生成新图层并命名为"液化";选择工具箱中的"矩形选框工具",绘制选区将人物头部框选;选择"滤镜→液化"命令,打开"液化"对话框,如图3-10所示;选择"脸部工具",将鼠标指针移至预览区的脸部,出现白色的控制线,将鼠标指针置于侧边线控点上,出现提示"脸部宽度",向内微微拖动,使脸部宽度变小;用同样的方法拉高前额、减小下颌;同时右侧边栏各选项的参数随之发生变化,加大微笑并分别调整眼睛、鼻子等参数;选择左侧边栏"向前变形工具"按钮,沿左颧骨轮廓拖动微调左侧脸弧线;若局部效果不理想,可用"重建工具"恢复;完成后单击"确定"按钮。

图 3-8 调整"可选颜色"后效果　　　　图 3-9 "表面模糊"设置

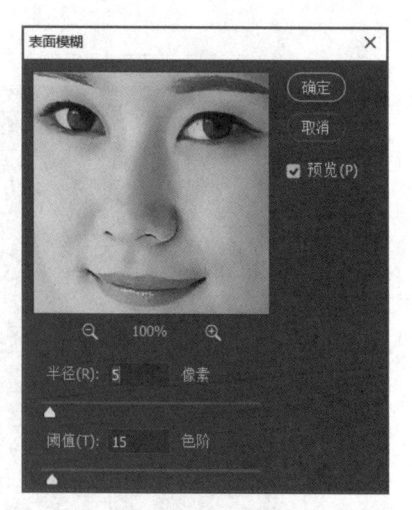

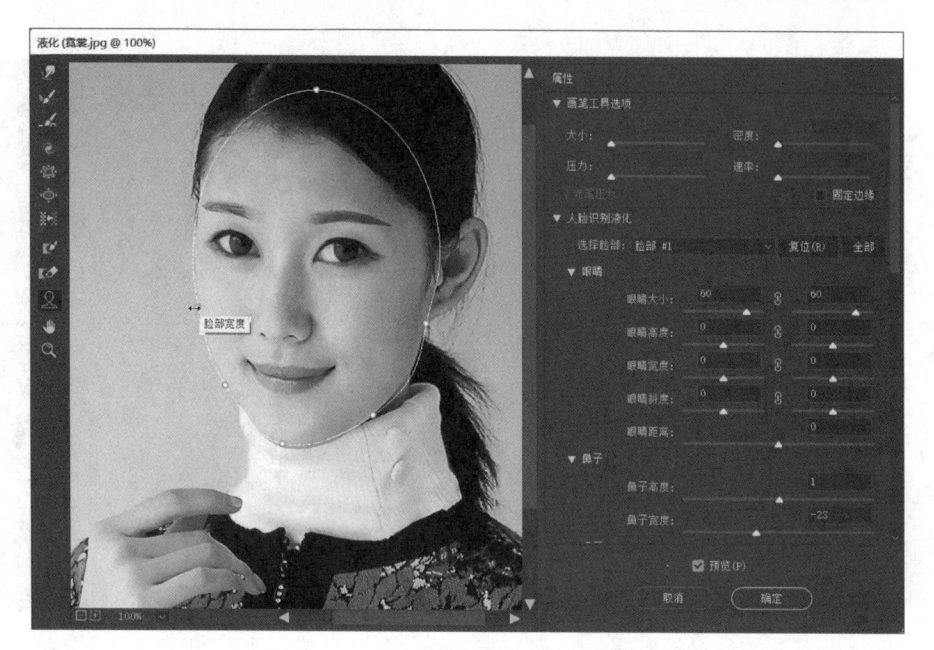

图 3-10 "液化"对话框及参数设置

⑨ 选择工具箱中的"对象选择工具"，绘制矩形选区框选左右两眉，系统自动生成两个眉毛的选区，如图 3-11 所示；按 Ctrl+J 组合键复制选区生成新图层并命名为"两眉"，按住 Ctrl 键并单击该图层缩览图再次获得两眉毛的选区，设置前景色为 #5e5a5b，按 Alt+Delete 组合键用前景色填充选区；"图层"面板中设置图层混合模式为"颜色"，按 Ctrl+D 组合键取消选区。

图 3-11 眉毛选区

⑩ 盖印生成新图层并命名为"精修"；再次获得眉毛选区，选择工具箱中的"加深工具"，设置"范围"为"中间调"、"曝光度"为 22%，分别在左右两眉毛处拖曳鼠标，加深眉毛；选择工具箱中的"仿制图章工具"，在其选项栏中设置"不透明度"为"50%"，不勾选"对齐"复选框，按住 Alt 键在左眉处单击取样，在需修补处单击或拖动，以完善左眉形态；同样方法处理右眉；按 Ctrl+D 组合键取消选区。

⑪ 选择"加深工具"，设置"范围"为"中间调"，在上眼睑处沿眼睛边缘精细绘制；设置"范围"为"阴影"，在黑眼球的暗处单击，使之加深。选择"减淡工具"，设置"范围"为"高光"，在眼白、黑眼球的高光处单击，使之更亮；设置"范围"为"中间调"，沿下眼睑拖曳鼠标，使其减淡。选择"锐化工具"，在黑白交界处及黑眼球内拖曳鼠标，增加其对比度。选择"模糊工具"，在耳朵、额头、脖子等局部粗糙的皮肤处拖曳，使之平滑。选择"涂抹工具"，沿鼻梁拖曳鼠标，修饰鼻型。

⑫ 新建图层命名为"眼影"；选择"套索工具"，设置"羽化"为5，在人物右眼部绘制眼影轮廓；选择"渐变工具"，单击选项栏中的"点按可编辑渐变"按钮，打开"渐变拾色器"对话框，选取"预设"列表下"Pink"类别中的Pink_06，在选区内从左至右拖曳鼠标填充渐变。选择"滤镜→杂色→添加杂色"命令，弹出"添加杂色"对话框，选中"高斯分布"单选按钮，调整数量，为眼影添加杂色，相关设置及图像效果如图3-12所示。

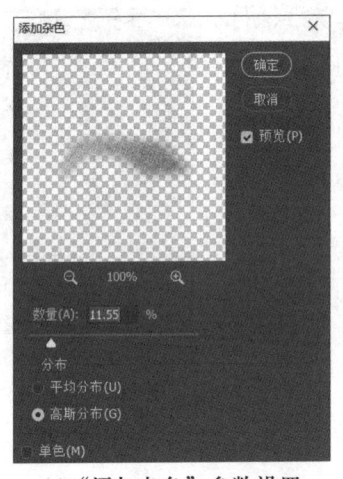

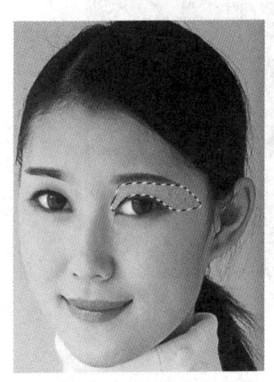

(a) "添加杂色"参数设置　　(b) 为眼影添加杂色效果

图3-12　"添加杂色"参数设置及效果

⑬ 按Ctrl+D组合键取消选区；复制"眼影"图层得到"眼影 拷贝"图层，选择"编辑→变换→水平翻转"命令，将其水平翻转；利用"移动工具"，将"眼影 拷贝"移至左边；按Ctrl+T组合键进入自由变换状态，旋转并调整其位置；选择"橡皮擦工具"，在其选项栏中设置圆形柔边画笔、"不透明度"设置为50%，将多余的部分擦除；选中两图层，按Ctrl+E组合键合并为新图层"眼影"，设置图层混合模式为"柔光"，效果如图3-13所示。

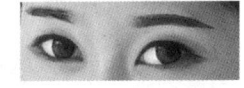

图3-13　眼影效果

⑭ 选择工具箱中的"快速选择工具"，选项栏中勾选"对所有图层取样"复选框，在面部拖曳选取两颊；新建图层"腮红"，设前景色为#da93ac，选择"画笔工具"，设置"流量"为40%，在两颊处轻轻绘制；在"图层"面板中设置混合模式为"柔光"；按Ctrl+Shift+Alt+E组合键盖印生成新图层并命名为"盖印"；选择"海绵工具"，设置"加色"模式、"流量"为20%，在唇上涂抹；此时的"图层"面板如图3-14所示；按Ctrl+S组合键打开"存储为"对话框，将

文件存储为"过程大图.PSD"。

⑮ 选择"图像→图像大小"命令，打开"图像大小"对话框，勾选"重新采样"复选框，将"分辨率"由300像素/英寸改为72像素/英寸；打开素材图片"花鸟背景.jpg"，将盖印的人物图层复制到"花鸟背景"窗口；选择"选择→主体"命令，得到人物选区；单击"图层"面板底部的"添加图层蒙版"按钮，添加图层蒙版；利用"移动工具"调整人物大小及位置；选择"直排文字工具"，输入文字"霓裳片片……"，设置字体为"华文隶书"，设置"图层样式"为"外发光"。

⑯ 单击"图层"面板底部的"创建新的填充或调整图层"按钮，从弹出的菜单中选择"照片滤镜"命令，按图 3-15 所示对"照片滤镜"属性进行设置，得到如图 3-2 所示的最终效果；保存各个过程文件及最终效果文件。

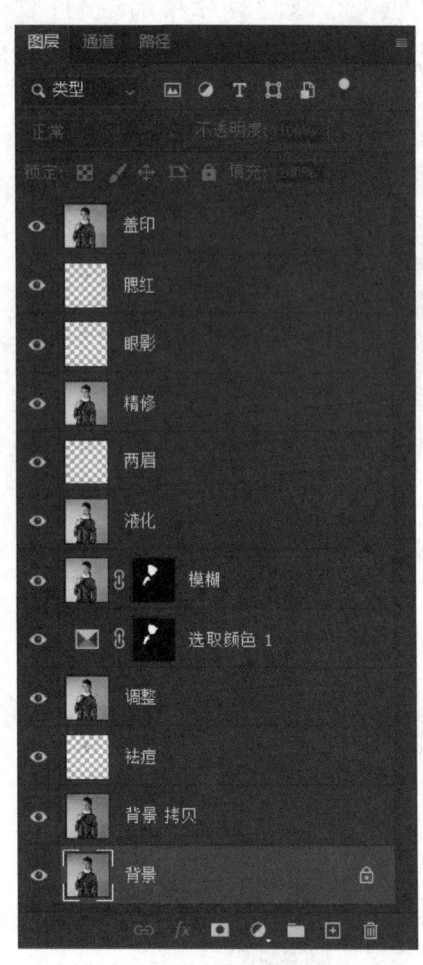

图 3-14　盖印后的"图层"面板

图 3-15　"照片滤镜"属性设置

任务 3.1　使用图像修复工具

通常情况下，拍摄出来的数码照片难免会存在一些缺陷，使用 Photoshop 的图像修复工具可以轻松地将有缺陷的照片修复成靓照。

常用的修复工具有修复画笔工具组和仿制图章工具组，如图 3-16 所示。

1."污点修复画笔工具"

使用"污点修复画笔工具"可以消除图像中的污点和某个对象。"污点修复画笔工具"不需要设置取样点，可以自动从所修饰区域的周围进行取样，其选项栏如图 3-17 所示。

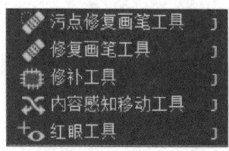

(a) 修复画笔工具组　　(b) 仿制图章工具组

图 3-16　常用图像修复工具

图 3-17　"污点修复画笔工具"选项栏

该工具提供了三种修复类型,分别是内容识别、创建纹理和近似匹配。

- 内容识别:使用选区周围的像素进行修复,该选项为智能修复。利用该选项,可非常方便地修复图像中小面积或线性区域的瑕疵。
- 创建纹理:使用选区内的像素创建一个用于修复该区域的纹理。
- 近似匹配:从选区边缘周围的像素取样,对选区内的图像进行修复。

利用"污点修复画笔工具"可轻松修复图像中的破损和细线,操作步骤如下:

① 选择"污点修复画笔工具" ,按图 3-17 所示,设置画笔直径略大于要修复的区域,选择"类型"为"内容识别",在目标处单击,即可将其修复。

② 将画笔直径减小,沿细线拖曳鼠标,即可将其轻松地去除,其效果对比如图 3-18 所示。

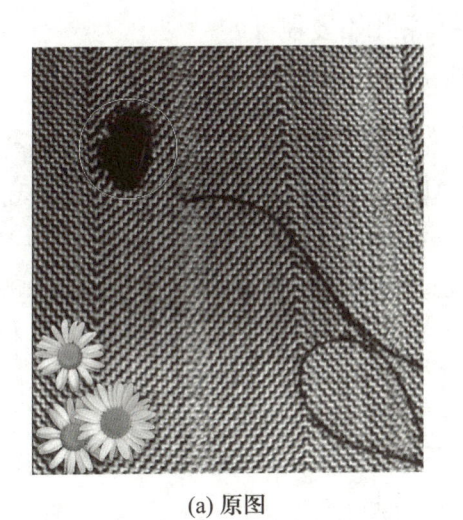

(a) 原图　　　　　　　　　　(b) "内容识别"修复效果

图 3-18　使用"内容识别"选项进行修复

使用"创建纹理"和"近似匹配"选项时,修复衣物的效果分别如图 3-19 所示。

(a) "创建纹理"修复效果　　　　　　　(b) "近似匹配"修复效果

图 3-19　"创建纹理"与"近似匹配"修复效果

2. "修复画笔工具"

"修复画笔工具"可以利用由初始取样点确定的图像或预定义的图案来修复图像中的缺陷,其选项栏如图3-20所示。

图3-20 "修复画笔工具"选项栏

- "源"选项:设置用于修复的像素的来源。选择"取样"选项时,可以使用当前图像的像素来修复图像;选择"图案"选项时,可以使用某个图案来修复图像。
- "对齐"复选框:若勾选该复选框,则采样区域仅应用一次,即使在复制的中途由于某种原因中止了操作,当再继续前面的复制操作时,仍可从中止的位置继续复制,直到再次采样。否则,每次中止操作后再继续复制时,又从初始采样点开始复制。

可利用"修复画笔工具"消除黑眼袋,具体操作方法如下:

① 选择"修复画笔工具",在选项栏中设置相应的圆形画笔,选择"取样"作为修复源,按住Alt键在相应位置单击取样,如图3-21(a)所示。

② 在要修复的位置单击并拖曳鼠标直至修复,效果如图3-21(b)所示。

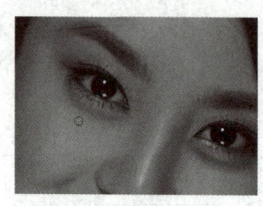

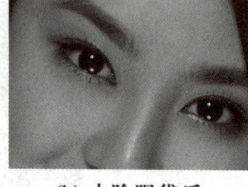

(a) 取样　　(b) 去除眼袋后

图3-21 "修复画笔工具"修复过程

3. "修补工具"

"修补工具"可以利用样本或图案修复所选图像区域中不理想的部分,与"修复画笔工具"类似,也会将样本像素的纹理、光照和阴影与源像素进行匹配,其选项栏如图3-22所示。

图3-22 "修补工具"选项栏

- 当"修补"模式设为"正常"时:若选择"源"选项,则创建的选区为需要修复的区域,会被替换掉;若选择"目标"选项,则选区内对象为取样样本,释放鼠标时的目标区域被替换掉。下面通过一个示例来说明。

① 打开素材图像,选择"修补工具",沿篮子周围拖曳鼠标绘制选区,如图3-23(a)所示。

② 选项栏中选择"修补"类型为"源";将鼠标指针置于选区内,向上方拖动,此时看到源选区的内容被替换,如图3-23(b)所示,至适当的位置释放鼠标,图像效果如图3-23(c)所示。

当选择"修补"类型为"目标"时的过程及图像效果如图3-24所示。

(a) 绘制选区　　　　　　　(b) 拖动选区　　　　　　　(c) 原选区被修补

图 3-23　"源"修补

(a) 拖动选区　　　　　　　　　　　(b) 目标选区被替换

图 3-24　"目标"修补

- 当"修补"设置为"内容识别"时：可合成附近的内容，以便与周围的内容无缝融合，其选项栏如图 3-3 所示，具体操作如图 3-4 所示。

4."内容感知移动工具"

使用"内容感知移动工具"可以选择或移动图像中的一部分，图像将重新组合，留下的空洞使用图像中的匹配元素填充，其选项栏如图 3-25 所示。

图 3-25　"内容感知移动工具"选项栏

其模式有"扩展"和"移动"两种：使用"移动"模式，可将对象置于不同的位置（在背景相似时最有效）；使用"扩展"模式，可以实现快速复制，复制后的边缘会自动柔化处理，跟周围环境融合。如果勾选"投影时变换"复选框，则选区周围会出现控点，可以进行缩放旋转，如图 3-26（a）所示。选择"移动"和"扩展"模式的效果对比如图 3-26（b）、图 3-26（c）所示。

5."红眼工具"

在光线暗淡的环境中拍照时，相机闪光灯在视网膜上会产生红色反光，俗称"红眼"现象，使用"红眼工具"可以将其轻松去除，其选项栏如图 3-27 所示。

(a) 选区的变换控点　　　　(b) "移动" 模式　　　　(c) "扩展" 模式

图 3-26　"内容感知移动工具" 的应用示例

图 3-27　"红眼工具" 选项栏

其中，"瞳孔大小" 用于设置增大或减小受 "红眼工具" 影响的区域；"变暗量" 用于设置校正的暗度。使用方法如下：

打开图像，选择 "红眼工具"，在选项栏中设置瞳孔大小、变暗量，如图 3-27 所示，在瞳孔上单击即可将红眼去除，如图 3-28 所示。

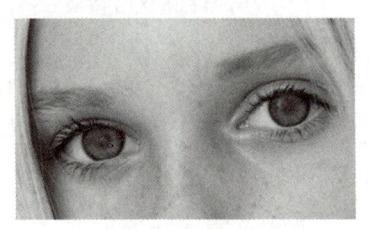

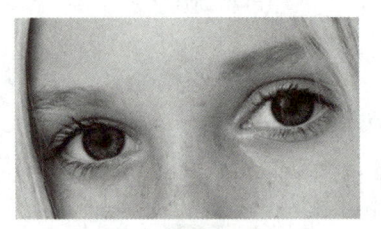

(a) 原图　　　　　　　　(b) 去除红眼后

图 3-28　使用 "红眼工具" 去除红眼

6. "仿制图章工具"

"仿制图章工具" 以初始取样点确定的图像为复制源对象，对于复制对象或修复图像中的缺陷也非常有用，其选项栏如图 3-29 所示。

图 3-29　"仿制图章工具" 选项栏

通过以下示例说明 "仿制图章工具" 的作用。

打开图像 "起点 .jpg"，选择 "仿制图章工具"，其选项栏设置如图 3-29 所示，按住 Alt 键的同时在文字左侧的地面上单击取样，然后在文字上绘制进行遮盖，可将文字去除，其过程如图 3-30 所示。

- "仿制图章工具" 是对采样点内容原样复制，不会将样本与所修复位置的纹理、光照和阴影进行匹配。

(a) 原图　　　　　　　　　(b) 中间效果　　　　　　　　(c) 修复效果

图 3-30 "仿制图章工具"修复图像的过程

在图像"起点 .jpg"中使用"修复画笔工具"去除文字后的效果如图 3-31 所示。

7. "图案图章工具"

"图案图章工具"可使用预设图案或自定义图案进行绘画，其选项栏如图 3-32 所示。下面通过一个示例来说明该工具的使用方法。

图 3-31 "修复画笔工具"修复后的效果

图 3-32 "图案图章工具"选项栏

① 打开图像"翠鸟 .png"，如图 3-33 所示；选择"编辑→定义图案"命令，弹出"图案名称"对话框，输入图案名称"翠鸟"。

② 打开图像"荷 .jpg"，选择工具箱中的"图案图章工具"，按图 3-32 所示在选项栏中选择图案为"翠鸟"，不勾选"对齐"复选框，在花朵左边拖曳鼠标绘制，释放鼠标左键并再次按下左键时，重新开始绘制第二只翠鸟，得到如图 3-34 所示的效果。

图 3-33 翠鸟　　　　　　　　图 3-34 "图案图章工具"绘制图案

任务 3.2　使用图像修饰工具

使用"模糊工具"、"锐化工具"和"涂抹工具"可以对图像进行模糊、锐化和涂抹处理；使用"减淡工具"、"加深工具"和"海绵工具"可以对图像局部的明暗、饱和度等进行处理。

1. "模糊工具"

使用"模糊工具"可以柔化硬边缘或减少图像中的细节,可使粗糙的皮肤变得细腻,也可制作景深效果,使背景变得模糊,突出主体。其选项栏如图 3-35 所示。

图 3-35 "模糊工具"选项栏

2. "锐化工具"

使用"锐化工具"可以增强相邻像素之间的对比,以提高图像的对比度,其选项栏如图 3-36 所示,只比"模糊工具"多了"保护细节"选项,勾选此复选框后,在进行锐化处理时,将对图像的细节进行保护。

图 3-36 "锐化工具"选项栏

3. "涂抹工具"

使用"涂抹工具"可以模拟手指划过湿油漆时所产生的效果,其选项栏如图 3-37 所示。若勾选"手指绘画"复选框,则使用前景色进行涂抹,否则以落点处的颜色进行涂抹。

图 3-37 "涂抹工具"选项栏

在图 3-38 所示的图像中,原图有噪点瑕疵,用"模糊工具"进行模糊,用"锐化工具"进行锐化,用"涂抹工具"进行涂抹处理,分别得到不同的效果。

4. "减淡工具"

使用"减淡工具"可对图像进行减淡处理,提高图像亮度,其选项栏如图 3-39 所示。

图 3-38 原图与模糊、锐化、涂抹处理后效果对比

图 3-39 "减淡工具"选项栏

- "范围":该下拉列表框中有三个选项,从中选择"阴影"时,加亮的范围只局限于图像的暗部;选择"中间调"时,加亮的范围局限于图像的中间调区域;选择"高光"时,加亮的范围局限于图像的亮部。
- "曝光度":曝光度的值决定一次操作对图像的亮化程度,值越大,加亮的效果越明显。
- "保护色调":选中该复选框后,对图像进行减淡操作时,可以对图像中的颜色进行保护。

5. "加深工具"

"加深工具"的作用与"减淡工具"相反,可对图像进行加深处理,使图像变暗,其选项栏与"减淡工具"相同。下面利用"减淡工具"与"加深工具"制作立体球效果,操作步骤如下:

① 新建背景内容为白色的图像,绘制圆形选区并填充红色。

② 选择工具箱中的"减淡工具",设置合适的画笔大小,在"范围"下拉列表框中选择"中间调",在圆形左上部单击,制作高光部分。

③ 选择工具箱中的"加深工具",在"范围"下拉列表框中选择"中间调",在圆形右下部拖曳鼠标绘制,制作阴影部分,得到如图 3-40 所示的立体球的效果。

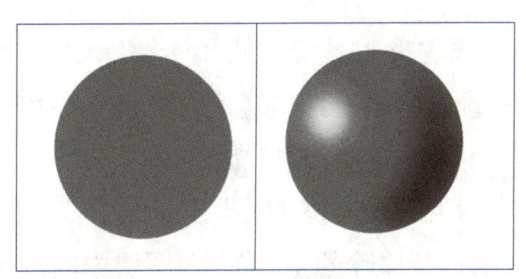

图 3-40 用"减淡工具""加深工具"制作立体球

6. "海绵工具"

使用"海绵工具"可以更改图像中某个区域的色彩饱和度,其选项栏如图 3-41 所示。

图 3-41 "海绵工具"选项栏

- "模式":在"模式"下拉列表框中选择"加色",可以增加色彩的饱和度,使图像变鲜艳;选择"去色",可以降低色彩的饱和度,使图像变灰。
- "自然饱和度":选中该复选框后,可在增加饱和度的同时防止过度饱和而产生溢色现象。

下面通过一个示例,介绍"海绵工具"的使用方法。

① 打开如图 3-42 所示的素材图像,选择"海绵工具",使用"加色"模式,在图像中近处的五颗荔枝、几片叶子和小鸡上进行绘制,使其更鲜艳,呈重彩效果。

② 在选项栏中选择"去色"模式,在图像中其余的果实、枝干上绘制,使其呈淡水墨效果,最终效果如图 3-43 所示。

图 3-42　原图　　　　　　　　　图 3-43　使用"海绵工具"处理后的效果

任务 3.3　使用橡皮擦工具组

橡皮擦工具组主要用于擦除图像中多余的像素,其中包含三个工具:"橡皮擦工具"、"背景橡皮擦工具"和"魔术橡皮擦工具"。

1. "橡皮擦工具"

使用"橡皮擦工具"在图像中拖曳鼠标,可将图像擦成透明或背景色,其选项栏如图 3-44 所示。若擦除的是"背景"图层中的图像,则擦除位置用背景色来填充;若擦除的是普通图层中的图像,则擦除位置变为透明。

图 3-44　"橡皮擦工具"选项栏

- "模式":选择橡皮擦的工作模式或种类。选择"画笔"模式,可创建柔边擦除效果;选择"铅笔"模式可创建硬边擦除效果;选择"块"模式,创建的擦除效果是具有硬边缘和固定大小的方块形状,利用该特点,可将图像放大到一定倍数,再对图像中的细微处进行修改。
- "抹到历史记录":选中该复选框后,在擦除图像时,可将擦除部位恢复到"历史记录画笔的源"的状态,与"历史记录画笔工具"相同。

2. "背景橡皮擦工具"

"背景橡皮擦工具"是一种智能化的橡皮擦,设置好前景色以后,使用该工具可以在抹除背景的同时保护前景对象的边缘,可用于抠图处理,其选项栏如图 3-45 所示。

图 3-45　"背景橡皮擦工具"选项栏

- "取样"：用于设置取样方式。选择"取样：连续" ，在拖曳鼠标时可对颜色进行连续取样，凡是出现在光标中心十字线以内的图像都将被擦除；选择"取样：一次" ，只擦除包含第 1 次单击处颜色的图像；选择"取样：背景色板" ，只擦除包含背景色的图像。
- "限制"：设置擦除图像时的限制模式。选择"不连续"时，可擦除出现在十字光标下任何位置的样本颜色；选择"连续"时，只擦除出现在十字光标下包含样本颜色并且相连的区域；选择"查找边缘"时，可擦除包含样本颜色的连续区域，同时更好地保留形状边缘的锐化程度。
- "保护前景色"：选中此复选框时，可以防止擦除与前景色匹配的区域。

例如，要将如图 3-46 所示的图像中鸟的背景去除，可使用如下的方法：

① 打开素材图像"bird.jpg"，选择工具箱中的"背景橡皮擦工具"，在选项栏中设置合适的画笔大小，硬度设置为 20%，选择"取样：一次" ，在"限制"下拉列表框中选择"不连续"，"容差"设置为 45%。在图像左上角灰色背景色处按住鼠标左键并向右拖动，如图 3-46 所示，擦除了拖动范围内且与取样色在容差范围内的像素，此时"背景"图层自动转换为普通图层，擦除部分变为透明；用同样的方法，在背景其他部位单击设置为新的取样色，拖动鼠标将鸟的头颈部周围背景擦除。

② 选择工具箱中的"吸管工具" ，按住 Alt 键在鸟的背羽旁的灰色背景处单击，设为背景色；在鸟的背羽处单击将其设为前景色。选择"背景橡皮擦工具"，在选项栏上选择"取样：背景色板" ，勾选"保护前景色"复选框，在图像中拖曳鼠标，将背景色擦除，如图 3-47 所示。灵活调整各选项，将尾羽、腹羽周围背景擦除。

③ 创建新图层并填充蓝色，置于当前图层的下方，会发现有残留的背景色。将图像放大，利用"橡皮擦工具" 进行擦除；在靠近边缘处，设模式为"块"，如图 3-48 所示，将残余背景仔细擦除。

图 3-46　取样：一次　　　图 3-47　取样：背景色板　　　图 3-48　模式：块

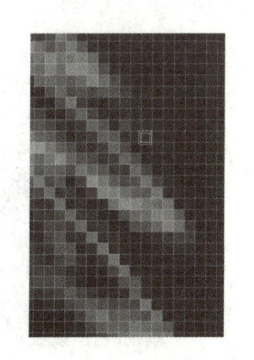

提示:

在整个过程中发现,某处擦过后不可通过"历史记录"面板撤销。选择"橡皮擦工具",在选项栏中勾选"抹到历史记录"复选框,在相应位置涂抹,可将其恢复。

3. "魔术橡皮擦工具"

使用"魔术橡皮擦工具"在图像中单击,可以将所有与落点处颜色在容差范围内的像素擦除,变为透明,使"背景"图层自动转换为普通图层,其选项栏如图3-49所示。与"魔棒工具"相似,只是"魔棒工具"用来选择图像中颜色相近的像素,而"魔术橡皮擦工具"是用来擦除图像中颜色相近的像素。

图 3-49 "魔术橡皮擦工具"选项栏

选择"魔术橡皮擦工具" ,设置如图3-49所示,在如图3-46所示的图像灰色背景上单击,也可将背景色轻松去除。

案例 6 风光无限——数码照片色彩色调的调整

案例描述

使用调整图层对如图3-50所示的风景照片进行调整,使之恢复大自然本来的色彩,效果如图3-51所示。

图 3-50 "风光"原图

图 3-51 "风光"效果图

案例解析

本案例中，需要完成以下操作：

- 使用"污点修复画笔工具"移去图像中的杂物。
- 使用图层混合模式"滤色"提亮色调；通过"色阶"调整图层增加画面的对比度。
- 通过"可选颜色"命令使山坡的黄色增强；借助图层蒙版再进一步加强山体的对比度。
- 通过"色彩平衡"命令结合图层蒙版加深青色；通过"亮度/对比度"命令并结合图层混合模式"柔光"调整画面。
- 通过"智能锐化"滤镜锐化边缘清晰度得到最终的效果。

案例实施

① 打开素材文件"风光.jpg"，选择工具箱中的"污点修复画笔工具" ，在选项栏中设置画笔大小为 19 像素、"类型"为"内容识别"，在画面下方中部的白色杂物上单击，将杂物去除；拖动"背景"图层至"图层"面板底部的"创建新图层" 按钮上，得到"背景 拷贝"图层，并设置其图层混合模式为"滤色"，图像整体亮度提高。

② 单击"图层"面板底部的"创建新的填充或调整图层"按钮 ，从弹出的菜单中选择"色阶"命令，"属性"面板中显示"色阶"命令的属性，如图 3-52 所示，分别拖动黑色、白色、灰色滑块或在其文本框内输入相应的数值（35，1.45，179），以加大画面的对比度。

③ 在"图层"面板中选中该调整图层的图层蒙版缩览图，选择工具箱中的"渐变工具" ，

设置为"Black, White"(黑, 白渐变),在窗口中部群山位置单击并向下垂直拖动,为图层蒙版填充渐变,遮盖天空部分的色阶效果,如图 3-53 所示,此时的"图层"面板如图 3-54 所示。

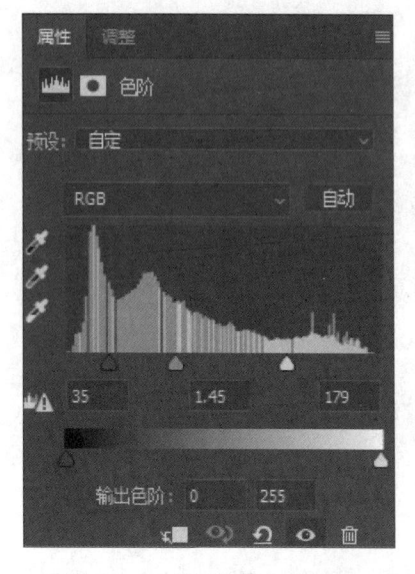

图 3-52 "色阶"命令属性

图 3-53 使"渐变工具"向下拖动

④ 在工具箱中选择"快速选择工具" ，在中部的梯田位置拖曳鼠标将其选取；单击"图层"面板底部的"创建新的填充或调整图层"按钮 ，从弹出的菜单中选择"可选颜色"命令,创建调整图层；在其"属性"面板的"颜色"下拉列表框中选择"黄色",拖动青色、洋红、黄色滑块进行设置,参数如图 3-55 所示,此时梯田红土地的颜色变得鲜亮,如图 3-56 所示。

图 3-54 "图层"面板

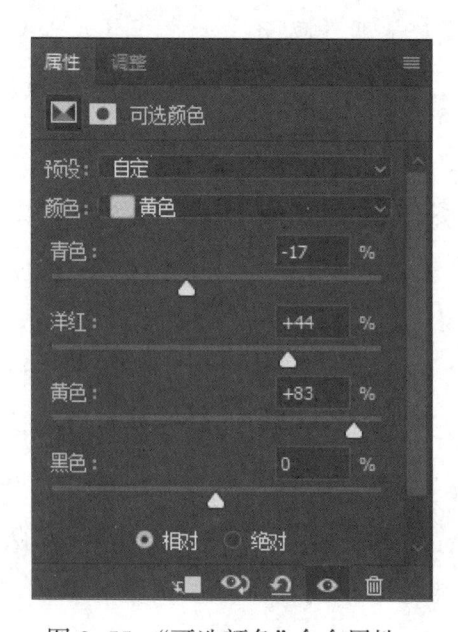

图 3-55 "可选颜色"命令属性

图 3-56 "可选颜色"效果

⑤ 选择"快速选择工具"，在画布中选取山峦及天空；在"调整"面板中单击"创建新的色彩平衡调整图层"按钮，创建调整图层"色彩平衡 1"；在"属性"面板中调整各参数，如图 3-57 所示，加强天空和远山的青蓝色效果。

⑥ 在"图层"面板中选中该调整图层的图层蒙版缩览图，设置前景色为黑色，选择"画笔工具"，选择圆形柔边画笔，降低不透明度和流量，在山峦适当位置涂抹，以呈现光照效果的立体感，此时的"图层"面板如图 3-58 所示。

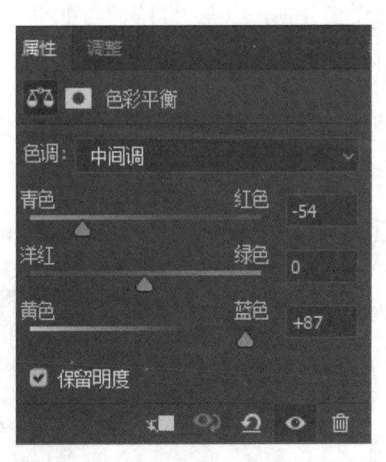

图 3-57 "色彩平衡"属性设置　　　　图 3-58 "图层"面板

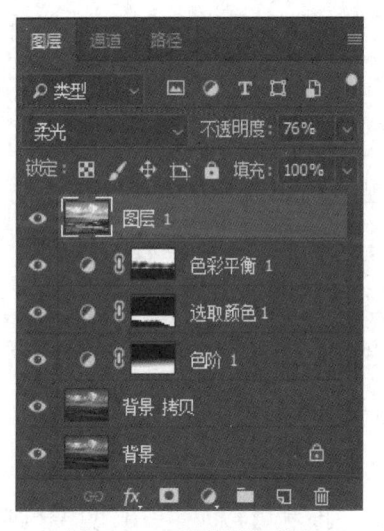

⑦ 按 Ctrl+Shift+Alt+E 组合键盖印所有可见图层，生成"图层 1"；选择"图像→调整→亮度/对比度"命令，在打开的对话框中设置"亮度"为 5、"对比度"为 22，然后单击"确定"按钮；在"图层"面板中设其图层混合模式为"柔光"，不透明度为 75%。

⑧ 按 Ctrl+Shift+Alt+E 组合键盖印所有可见图层,生成"图层 2",选择"滤镜→锐化→智能锐化"命令,打开"智能锐化"对话框,按图 3-59 所示进行设置,完成后单击"确定"按钮,得到如图 3-51 所示的最终效果,选择"文件→存储为"命令,将其存储。

图 3-59 "智能锐化"对话框

任务 3.4　数码照片调色基础

1. 认识颜色

为方便描述数字图像中的颜色,人们建立了不同的颜色模型,如 RGB、CMYK、HSB 等。其中 HSB 颜色模型以人类对颜色的感觉为基础,描述了颜色的 3 种基本特性,即色相(H)、饱和度(S)、明度(B),也称为颜色的三要素。HSB 颜色模型如图 3-60 所示。

色相:颜色的相貌,是反射自物体的光的颜色,用颜色名称标识,如红色、橙色、绿色等。

饱和度:又称纯度,指色彩的鲜艳程度。

明度:色彩的明暗程度,又称亮度。明度越高,色彩越亮;明度越低,色彩越暗。

2. 认识色调

色调指的是一幅作品中画面色彩的总体倾向,是大的色彩效果。通常可以从色相、明度、纯度、冷暖四个方面来定义一幅作品的色调。比如偏黄或偏蓝,偏冷或偏暖,偏明或偏暗等。

不同的光照和环境,拍摄的照片会产生某种偏色现象。例如,黄昏夕阳下会偏红,大海边会偏蓝。但有时

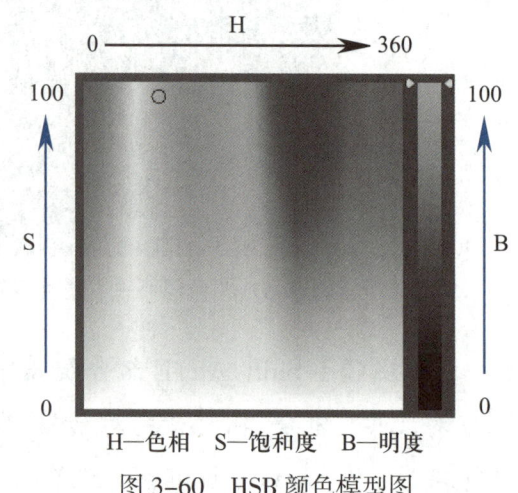

H—色相　S—饱和度　B—明度

图 3-60 HSB 颜色模型图

也会特意调成某种色调,如怀旧复古的暗色调、神秘的蓝紫色调、唯美的金秋黄色调、浪漫的粉色调等。

3. 直方图

直方图用图形表示图像中每个亮度级别的像素数量,为色调调整和颜色校正提供依据。在 Photoshop 中通过菜单"窗口→直方图"命令打开"直方图"面板,如图 3-61 所示,可以直观地查看图像的色调分布情况。

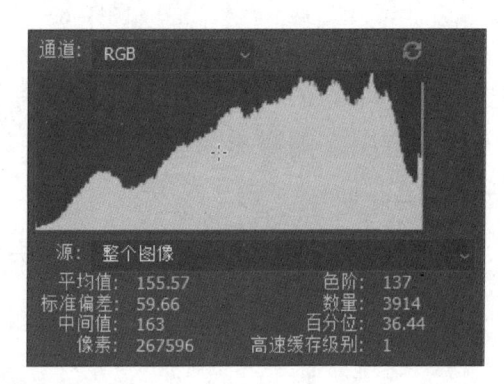

图 3-61　图像及其直方图

在直方图中,横坐标表示色阶,即亮度(最左边为 0,最暗,代表黑色;中间是各级灰色;最右边为 255,最亮)。纵坐标表示对应色阶处的像素数,取值越大表示在这个色阶的像素越多。将鼠标指针置于直方图上,会动态显示当前所处的色阶及对应的像素数量。

通过直方图,可以迅速掌握图像或选区的色调分布情况:若直方图的波峰在中部,表示照片的中间调像素较多,如图 3-61 所示;波峰偏左,表示图像暗部像素较多,图像偏暗,如图 3-62 所示;若波峰偏右,表示图像的高光部分像素较多,图像较亮,如图 3-63 所示。

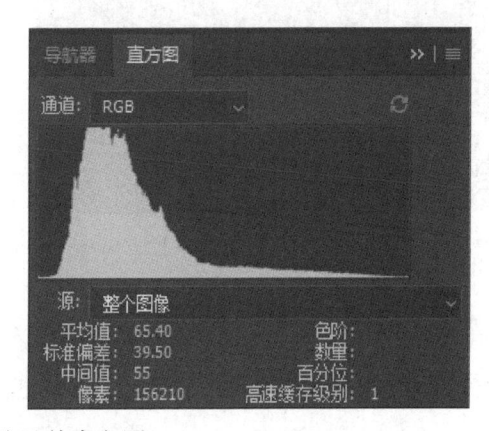

图 3-62　较暗照片及其直方图

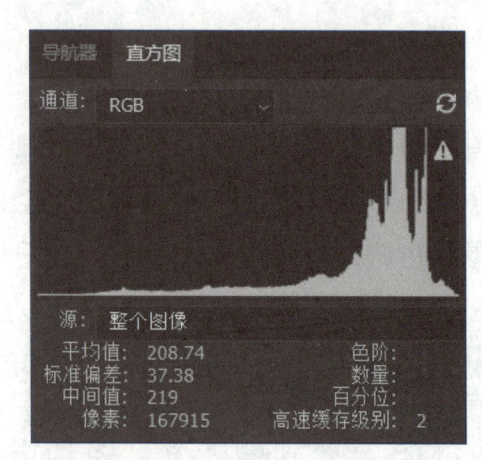

图 3-63　较亮照片及其直方图

通过直方图，还可以掌握照片存在的曝光问题：

- 若直方图左侧溢出，暗部细节丢失较多；右侧没有像素，说明亮度不足，一般属于曝光不足，如图 3-64 所示。
- 若直方图右侧溢出，亮度细节损失较多，而左侧像素较少，属于曝光过度，如图 3-65 所示。

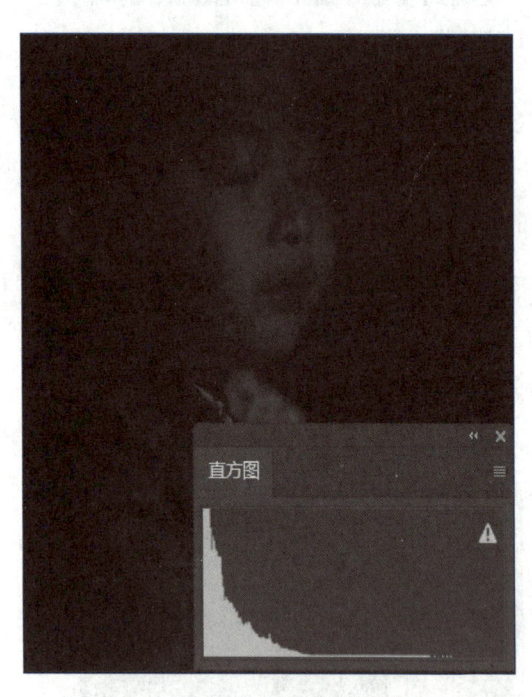

图 3-64　曝光不足的照片及其直方图 　　　　图 3-65　曝光过度的照片及其直方图

- 若直方图两侧较大范围内都没有像素，表示图像对比度低，如图 3-66 所示。
- 若直方图两侧都有溢出，表示照片对比度过高，也会损失暗部或亮部的细节，如图 3-67 所示。

图 3-66　低对比度图像及其直方图　　　　　　　图 3-67　高对比度图像及其直方图

4. 用图层混合模式调整图像

利用图层的混合模式,可实现图像色调的快速调整。例如,曝光不足或过暗的照片可采用"滤色"模式,曝光过度或过亮的照片可采用"正片叠底"模式,对比度较低的图像可采用"叠加"模式等。

任务 3.5　调整图像色调

要实现图像色调的精确调整,可使用"图像→调整"子菜单中的命令或调整图层来实现。添加调整图层后,自动打开相应的"属性"面板,面板组成如图 3-68 所示。

1. "亮度 / 对比度"命令

使用该命令可以很方便地调整图像的亮度和对比度。具体操作方法如下:

① 打开图像"蜂.jpg",通过直方图分析,暗部像素较多且对比度较大,调整时应降低对比度,适当提高亮度。

② 在图像窗口中绘制一个椭圆选区,大致选取图像中的蜜蜂,按 Ctrl+J 组合键复制生成新图层;单击"调整"面板上的"创建新的亮度 / 对比度调整图层"按钮　,"属性"面板中显示"亮度 / 对比度"命令的属性,单击"自动"按钮,系统自动进行设置;继续调整加大亮度,降低对比度,其参数如图 3-68 所示,查看此时图像的状态。

③ 单击"属性"面板底部的第一个按钮　(单击可剪切到图层,单击后该按钮图标变为　),设置后的图像效果如图 3-69 所示;分别单击面板中其余的按钮,体会每个按钮的作用。

114 项目 3 数码照片处理

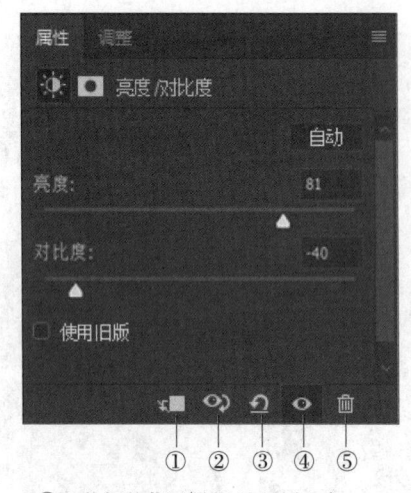

① 切换调整范围(此图层/所有层)
② 查看上一状态
③ 复位到调整默认值
④ 切换图层可见性
⑤ 删除此调整图层

图 3-68 "属性"面板

图 3-69 "亮度/对比度"调整后效果

注意：

该命令是对图像的每个像素都进行平均调整，对单个通道不起作用，所以会导致图像细节的丢失，高质量输出时应避免使用。

2. "色阶"命令

"色阶"命令是一个功能非常强大的颜色和色调调整命令，可以对图像的阴影、中间调和高光进行调整，从而校正图像的色调及色彩平衡；还可以对单个通道进行调整，以校正图像的色彩。具体操作方法如下：

① 打开素材图像"午后时光.jpg"，如图 3-70 所示，选择"图像→调整→色阶"命令（快捷键 Ctrl+L），弹出"色阶"对话框，如图 3-71 所示。

图 3-70 素材图像

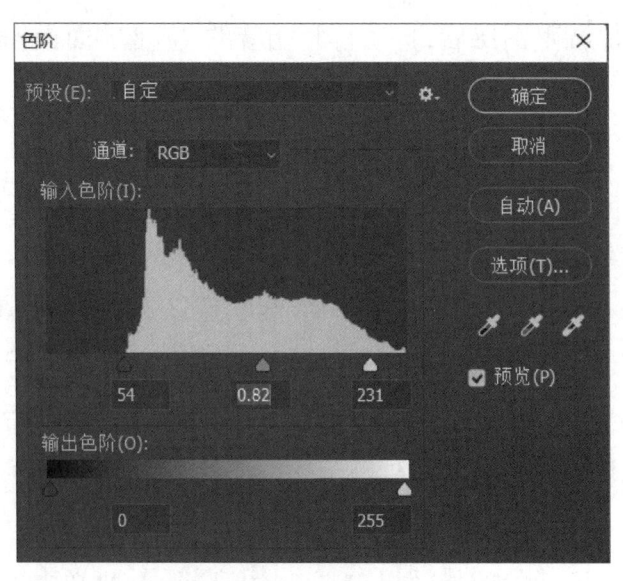

图 3-71 "色阶"对话框

② 方法一：利用三个滑块调整。拖动"输入色阶"的左侧黑色滑块 ▲ 至直方图波形左端，图像的暗部色调变暗；拖动白色滑块 △，高光区域发生变化；拖动中间的灰色滑块 △，中间亮度的区域发生变化，调整后的效果如图 3-72 所示。

方法二：利用三个吸管工具调整。选择对话框中的黑色吸管 ⚲，在图像中最暗的区域（如头发、铁门等处）单击，以确定黑场；选择白色吸管 ⚲，在图像中最亮的位置（如高反光的叶子）单击，以确定白场；选择灰色吸管 ⚲，在图像的中间亮度的位置单击，以确定灰场；用三个吸管分别进行调整，观察图像发生的色调或色彩的变化，至效果满意时单击"确定"按钮。

- "通道"：可以选择一个通道来对图像进行调整，以校正图像的颜色。

图 3-72　色阶调整后的效果

- "输入色阶"：可以通过拖动三个滑块来调整图像的阴影、中间调和高光，也可以在对应的文本框中输入数值。向左拖动，使图像变亮；向右拖动，可使图像变暗。
- "输出色阶"：设置图像的亮度范围，从而降低图像的对比度。
- 黑色吸管 ⚲：名为"在图像中取样以设置黑场"，使用该吸管工具在图像中单击取样，可以将单击处的像素调整为黑色，同时图像中比单击处暗的像素也会变成黑色。
- 灰色吸管 ⚲：名为"在图像中取样以设置灰场"，使用该吸管工具在图像中单击取样，可以根据该点的亮度来调整其他中间调的亮度，主要用于颜色校正，一般用于不需要大调整和具有可轻易识别的中性色的图像中。
- 白色吸管 ⚲：名为"在图像中取样以设置白场"，使用该吸管工具在图像中单击取样，可以将单击处的像素调整为白色，同时图像中比单击处亮的像素也会变成白色。

"自动"：单击该按钮，会自动调整图像色阶，使亮度分布更均匀。

3. "曲线"命令

该命令具备最强大的调整颜色和色调功能，是使用最频繁的调整命令之一，通过调整曲线的形状，可以对图像的色调进行精确的调整。

将如图 3-72 所示的色阶调整后的图像，利用"曲线"命令，将画面调整为如图 3-73 所示蓝色色调，具体操作方法如下：

① 打开色阶调整后的图像（图 3-72），单击"图层"面板底部的"创建新的填充或调整图层"按钮 ⚫，从弹出的菜单中选择"曲线"命令，"属性"面板中显示"曲线"命令的属性。

② 从"预设"下拉列表框中选择"中对比度（RGB）"选项，增大图像的对比度；从"通

道"列表中选择"红"通道,在"属性"面板左侧工具栏中单击"编辑点以修改曲线"按钮 ，在曲线上单击并向下拖动,使之向右下方弯曲,使红色变暗;选择"蓝"通道,在曲线上单击,然后在"输入"文本框中输入132,在"输出"文本框中输入181,使蓝色变亮,如图3-74所示。

在"曲线"调整中,图形的水平轴表示输入色阶(初始图像值);垂直轴表示输出色阶(调整后的新值)。在向线条添加控制点并移动或在文本框中输入数值时,曲线的形状会发生更改,图像的色调也随之改变。对于RGB图像,向左向上拖动,会使图像变亮;向右向下方拖动,会使图像变暗。曲线中较陡的区域,表示对比度较强。

三个吸管工具的使用方法与"色阶"命令中的吸管工具相同。

图3-73 "曲线"调整后

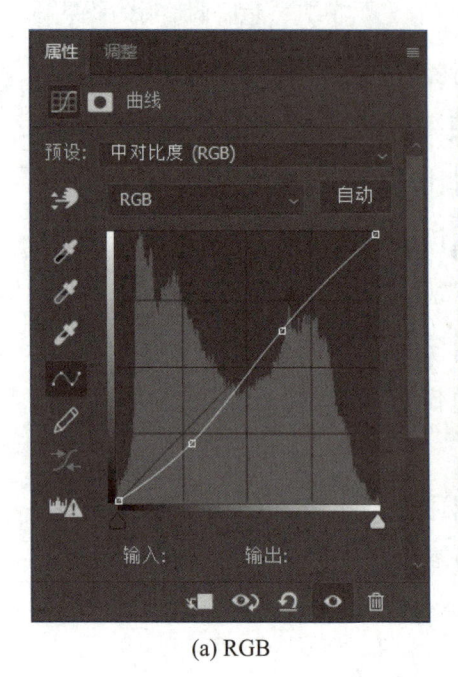

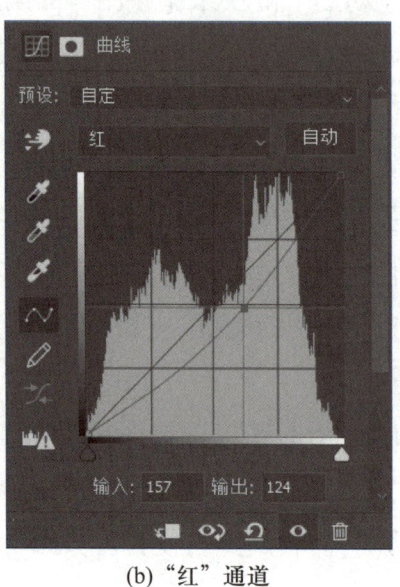

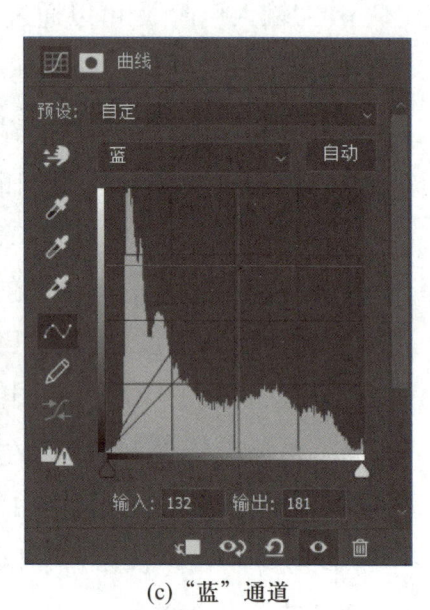

(a) RGB   (b) "红"通道   (c) "蓝"通道

图3-74 调整"属性"面板中的曲线属性

注意:

吸管工具会还原之前的设置,因此,如果打算使用吸管工具,应先使用它们,然后再用色阶滑块或曲线点进行微调。

4. "阴影/高光"命令

使用该命令可基于阴影和高光区域的局部相邻像素来校正每个像素。在调整阴影区时,对高光影响很小;而调整高光区时,对阴影影响很小,可快速调整图像曝光过度或曝光不足的区域的对比度,同时保持照片色彩的平衡。具体的操作方法如下:

① 打开图像"舞.jpg"（见图 3-67），选择"图像→调整→阴影/高光"命令，打开"阴影/高光"对话框。

② 分别调整"阴影"和"高光"的"数量"滑块，设置如图 3-75 所示，得到如图 3-76 所示的图像效果，原来阴影处的人物依稀可见。

- "阴影"："数量"选项用来控制阴影区域的亮度，值越大，阴影区域就越亮。
- "高光"："数量"选项用来控制高光区域的亮度，值越大，高光区域就越暗。

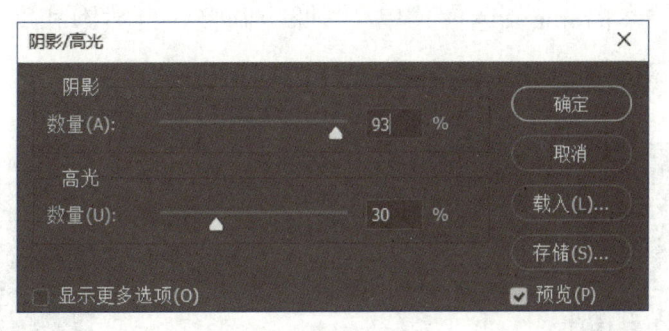

图 3-75 "阴影/高光"对话框

图 3-76 "阴影/高光"调整后

任务 3.6　调整图像色彩

1. "自然饱和度"命令

使用该命令可快速调整图像饱和度,并且可以在增加饱和度的同时有效地控制颜色过于饱和而溢色,对于调整人像非常有用,可防止肤色过度饱和。具体的操作方法如下:

① 打开素材图像"幸福.jpg",选择菜单"图像→调整→自然饱和度"命令,打开如图 3-77 所示的"自然饱和度"对话框。

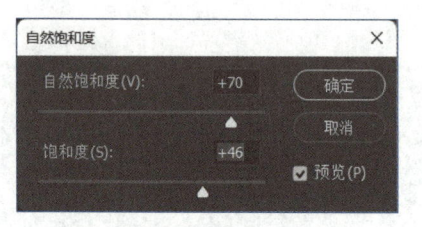

(a)"幸福"图像原图　　　(b)"自然饱和度"对话框　　　(c)"幸福"调整后效果图

图 3-77　"自然饱和度"命令调整前后效果对比

② 分别拖动"自然饱和度"和"饱和度"的滑块,发现男孩的衣物、竹林等的颜色变得鲜艳,而没有改变为其他颜色。

2. "色相/饱和度"命令

使用该命令可以调整整个图像或单个颜色分量的色相、饱和度和亮度值。具体操作方法如下:

① 打开图像"风车.jpg",选择菜单"图像→调整→色相饱和度"命令(快捷键 Ctrl+U),打开"色相/饱和度"对话框;或者单击"调整"面板的"创建新的色相/饱和度调整图层" 按钮,在"属性"面板中显示"色相/饱和度"选项,分别拖动色相、饱和度、明度滑块,调至风车颜色变为淡粉色,设置如图 3-78(a)所示。

② 单击"属性"面板的 按钮,在天空处单击并向右拖动,增加天空颜色范围的饱和度,此时"属性"面板中自动由"全图"改为"蓝色",其各参数如图 3-78(b)所示,调整前后的图像效果如图 3-79 所示。

- "通道":在"通道"下拉列表框中,可以选择"全图",也可选择"红色""黄色""绿色""青色""蓝色"或"洋红",分别进行调整。

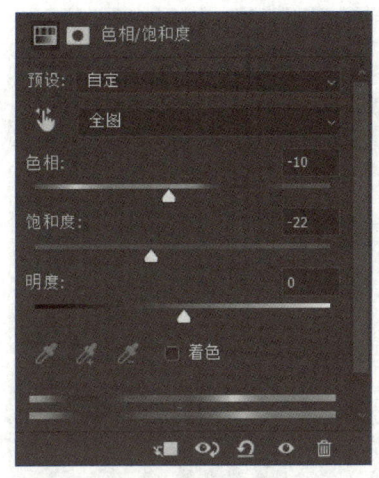

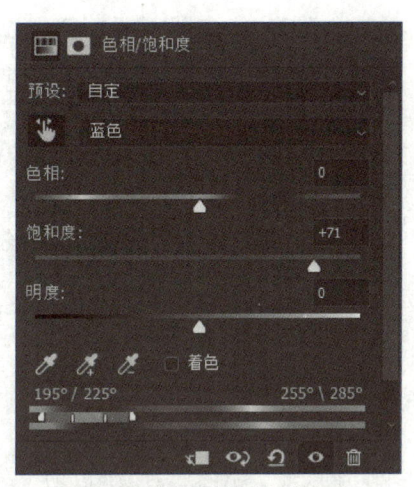

(a) 拖动滑块调整　　　　　　　　　　(b) 拖动按钮调整天空饱和度

图 3-78 "色相/饱和度"属性设置

图 3-79 "色相/饱和度"调整前后效果对比

- **"着色"**：选中此复选框，可对彩色图像创建单色调效果，也可用于对灰度图着色。
- ：在图像上单击并拖动以改变饱和度，按住 Ctrl 键单击可改变色相。

3. "色彩平衡"命令

使用该命令可以对图像的阴影、中间调或高光区域单独进行色彩调整，从而改变图像的整体色彩，可用于偏色校正。具体的操作方法如下：

① 打开素材图像"秋.jpg"，如图 3-80 所示，添加"色彩平衡"调整图层。

② 在"色调"下拉列表框中选择"中间调"选项，将滑块拖向要在图像中增加的红色和黄色，如图 3-81 所示。

图3-80 "秋"素材图像

③ 在"色调"下拉列表框中选择"阴影"选项,按图3-82所示再次拖动滑块增加红色和黄色。此时的图像中原来黄绿色的枫叶变成绚丽的金黄色,效果如图3-83所示。

图3-81 "色彩平衡"中间调参数　　　图3-82 "色彩平衡"阴影参数

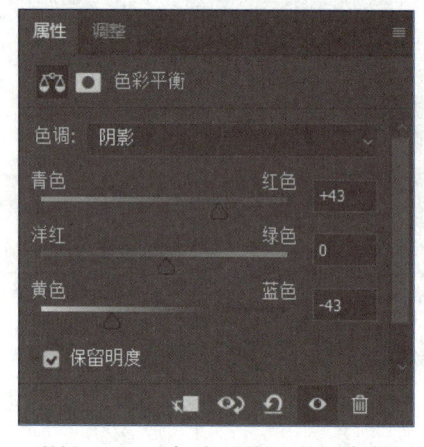

提示:

选中"保留明度"复选框,可保持图像色调不变,防止亮度值随颜色的改变而改变。

4. "照片滤镜"命令

该命令通过模拟传统光学滤镜特效,使照片呈现暖色调、冷色调或其他色调。具体操作方法如下:

① 打开素材图像,选择菜单"图像→调整→照片滤镜"命令,弹出"照片滤镜"对话框。

② 从"滤镜"下拉列表框中选择一种预设,调整"密度",参数及效果如图3-84所示。

图 3-83 "色彩平衡"调整后效果

图 3-84 "照片滤镜"应用前后效果对比

5. "替换颜色"命令

使用该命令,通过更改颜色的色相、饱和度和明度,可将图像中指定的颜色替换为新的颜色。具体操作方法如下:

① 打开素材图像"花朵.jpg",选择"图像→调整→替换颜色"命令,弹出"替换颜色"对话框。

② 用"吸管工具" 在图像中的花瓣上单击,在选区缩略图中会显示出选中的颜色区域(白色表示选中,黑色表示未选中),并用"加色吸管" 和"减色吸管" 进行调整,直至要调整的颜色全部被选中。

③ 在对话框下方拖动各滑块,调整色相、饱和度、明度,完成后单击"确定"按钮,此时花瓣和花蕊替换成蓝紫色,原图、参数设置及效果如图 3-85 所示。

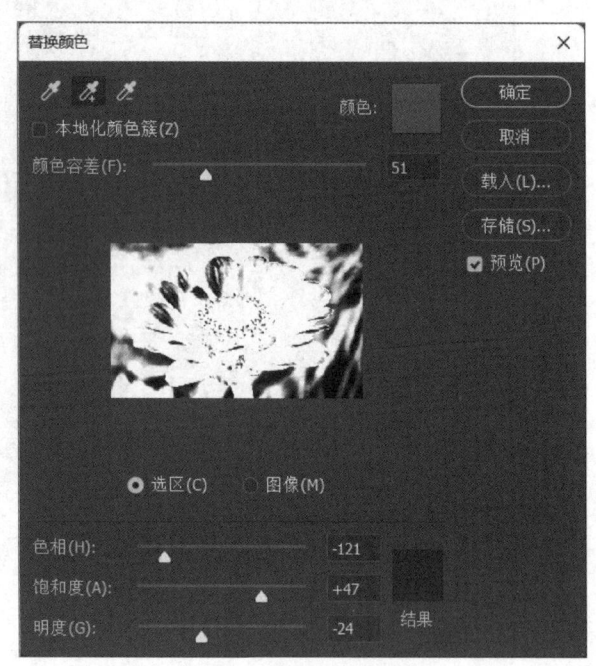

图 3-85　原图、"替换颜色"对话框参数设置及调整后效果

提示：

该命令使用较为方便，但不够精确，若要实现颜色的精准替换可配合选区或蒙版。

6."可选颜色"命令

使用该命令可以有选择地调整单个颜色分量的数量，且不会影响到其他主要颜色。具体操作方法如下：

① 打开素材图像"秋 .jpg"，添加"可选颜色"调整图层。

② 在"颜色"下拉列表框中选择"黄色"，向左拖动"青色"滑块，绿色的枫叶变黄，而其他颜色没有发生变化；再向右拖动"洋红"滑块，枫叶呈现金黄色，如图 3-86 所示。

图 3-86　"可选颜色"参数设置及效果

7. "通道混合器"命令

使用该命令可以对图像的各单色通道分别进行调整，并混合到复合通道中，以创建出各种不同色调的图像；也可以用来创建高品质的灰度图像。具体操作方法如下：

① 打开素材图像"秋.jpg"，添加"通道混合器"调整图层。

② 在其"属性"面板中，在"输出通道"下拉列表框中选择"红"，向右拖动"绿色"滑块增加绿色，向左拖动"蓝色"减少蓝色；也可以得到枫叶正红的效果，如图 3-87 所示。

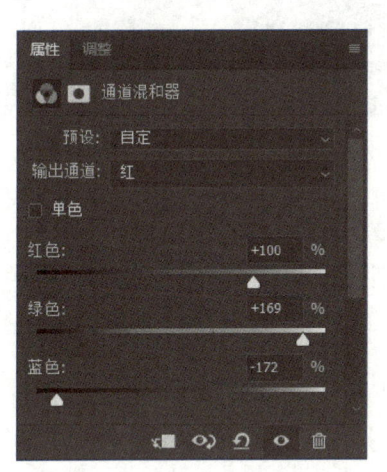

图 3-87 "通道混合器"参数设置及效果

- "输出通道"：在此下拉列表框中选择要调整的颜色通道，在通道区域调整各种颜色值，图像颜色会发生相应的变化。
- "常数"：用于调整输出通道的灰度值。正值可以在通道中增加白色，负值可在通道中增加黑色。
- "单色"：勾选该复选框后，彩色图像将变成灰度图像。注意，图像的颜色模式并未改变，只是"输出通道"中只有一个"灰色"通道。

任务 3.7　特殊色调调整命令

在"图像"菜单下，还有一部分命令能够调整出特殊的色调，主要有"去色""黑白""反相""色调分离""阈值""渐变映射"等命令。

1. "去色"命令

使用该命令可以将图像中的颜色去掉，使其成为灰度图。该命令无须设置，具体操作方法如下：

① 打开素材图像"伞.jpg"，如图 3-88 所示。

② 选择菜单"图像→调整→去色"命令（快捷键 Shift+Ctrl+U），即可将图像调整为如图 3-89 所示的灰度图。

图 3-88　原图　　　　　　　　　　　　　　图 3-89　去色效果

2. "黑白"命令

使用"黑白"命令可以将彩色图像转化为灰度图像，也可将图像调整为单一色彩的彩色图像。具体操作方法如下：

① 打开图像"伞.jpg"，选择"图像→调整→黑白"命令，打开"黑白"对话框。

② 单击"自动"按钮，查看图像变化；然后拖动各颜色滑块按图 3-90 所示进行设置，可得到如图 3-91 所示的效果。

- "预设"：该下拉列表框用于选择预定义的灰度混合模式，若选择"默认值"，则图像效果与执行"去色"命令相同。

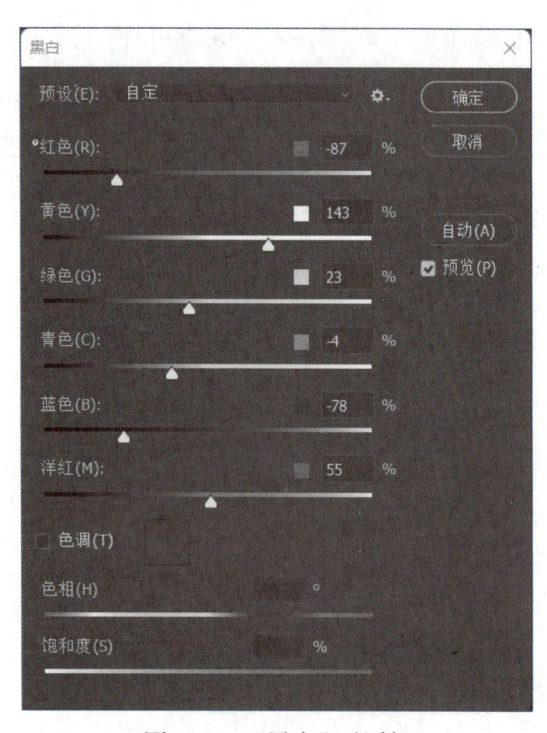

图 3-90　"黑白"对话框　　　　　　　　　图 3-91　黑白效果

- "自动"：单击该按钮后一般会产生极佳的效果，并可以此作为使用颜色滑块调整灰度值的起点。
- 各颜色滑块：用于调整图像中特定颜色的灰度级。
- "色调"：若勾选该复选框，则其右侧的"色板"按钮会被激活，单击此按钮可打开"拾色器"对话框，选择某种颜色，将图像调整为具有单一色彩的彩色图像。

3. "反相"命令

使用该命令可以将图像中所有像素的颜色变成其互补色，产生照相底片的效果。连续执行两次"反相"命令，图像将还原。

对图3-88所示的图像执行"图像→调整→反相"命令（快捷键Ctrl+I）后，图像即转变成负片效果，如图3-92所示。

图3-92 反相效果

4. "色调分离"命令

使用该命令可以减少图像色彩的色调数，产生色调分离的特殊效果。具体操作方法如下：

① 打开素材图像"伞.jpg"，选择"图像→调整→色调分离"命令，打开如图3-93所示的"色调分离"对话框。

② 设置"色阶"的值后可得到色调分离的效果，如图3-94所示。

图像的色调数由"色阶"值控制，"色阶"值越小，图像变化越剧烈，图像中的色块效应越明显。

5. "阈值"命令

使用该命令可以将灰度图像或彩色图像变成只有黑、白两种色调的图像。具体操作方法如下：

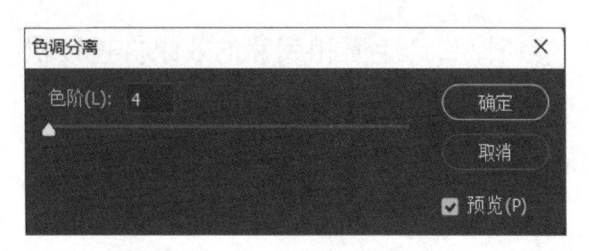

图 3-93 "色调分离"对话框　　　　　　　图 3-94　色调分离效果

① 打开素材图像"伞 .jpg";选择"图像→调整→阈值"命令后,打开"阈值"对话框,如图 3-95 所示。

② 设置"阈值色阶"的值,得到只有黑白两种色调的图像,如图 3-96 所示。

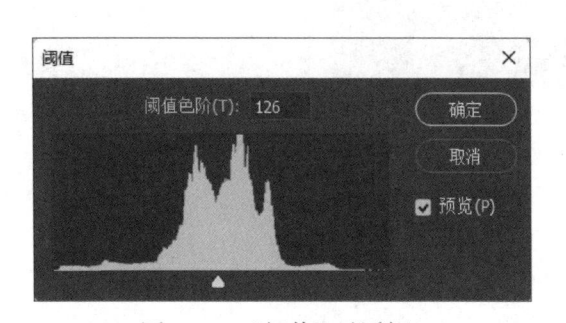

图 3-95　"阈值"对话框　　　　　　　图 3-96　"阈值"命令效果

该命令根据图像像素的亮度值把它们一分为二,一部分用白色来表示,另一部分用黑色来表示。"阈值色阶"的值越大,黑色像素分布越广;反之,白色像素分布越广。

6. "渐变映射"命令

使用该命令可以将渐变色映射到图像上,在映射过程中,先将图像转换为灰度图,然后将相等的灰度范围映射到指定的渐变色。具体操作方法如下:

① 打开素材图像"伞 .jpg";选择"图像→调整→渐变映射"命令,打开"渐变映射"对话框,如图 3-97 所示。

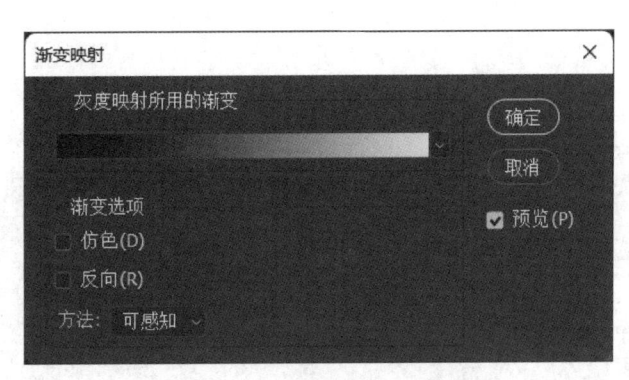

图 3-97 "渐变映射"对话框

② 单击"灰度映射所用的渐变"色条,在打开的"渐变编辑器"窗口中设置两个渐变色标,从左到右分别是 RGB（66, 6, 125）和 RGB（236, 233, 244）,设置完成后,原图变为紫色调,如图 3-98 所示。

图 3-98 "渐变映射"效果

如果指定双色渐变填充,图像中的暗调像素会映射到渐变填充的一个端点颜色,高光像素会映射到渐变填充的另一个端点颜色,而中间调会映射为两个端点颜色之间的过渡。

7. "HDR 色调"命令

HDR（High Dynamic Range,高动态范围）是一种可以提高亮度和对比度的成像技术。使用该命令可使亮的地方非常亮,暗的地方非常暗,且细节清晰,可以用来修补过亮或过暗的图像,在处理风景图像时非常有用。具体操作方法如下：

① 打开素材图像"水乡 .jpg",选择"图像→调整→ HDR 色调"命令,打开"HDR 色调"对话框。

② 设置"边缘光""高级"等选项,会发现图像变得非常清晰,水更清,天更蓝,参数及效果如图 3-99 所示。

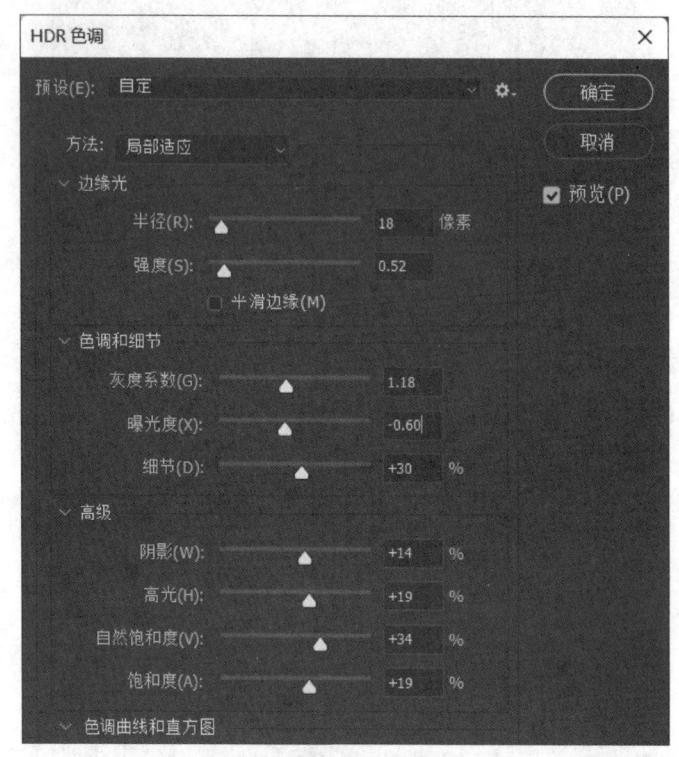

(a)"HDR色调"对话框

(b)"HDR色调"效果

图 3-99 "HDR 色调"参数设置及图像处理效果

案例 7　舞动青春——通道的使用

案例描述

利用通道抠取人物、绘制光斑，利用滤镜制作青色火焰及艺术边框，将如图 3-100 所示的素材图像处理得到如图 3-101 所示的效果。

案例解析

本案例中，需要完成以下操作：

- 利用"绿"通道、"色阶"命令及"减淡工具""加深工具"提取人物的透明纱及头发。
- 利用"火焰"滤镜添加青色火焰。
- 利用动态画笔在各颜色通道中绘制圆点，生成彩色光斑效果。
- 在 Alpha 通道中利用滤镜获得边框选区，然后添加图层样式实现边框的艺术效果。
- 利用"色彩平衡"命令调整图像整体色调。

图 3-100　素材图像

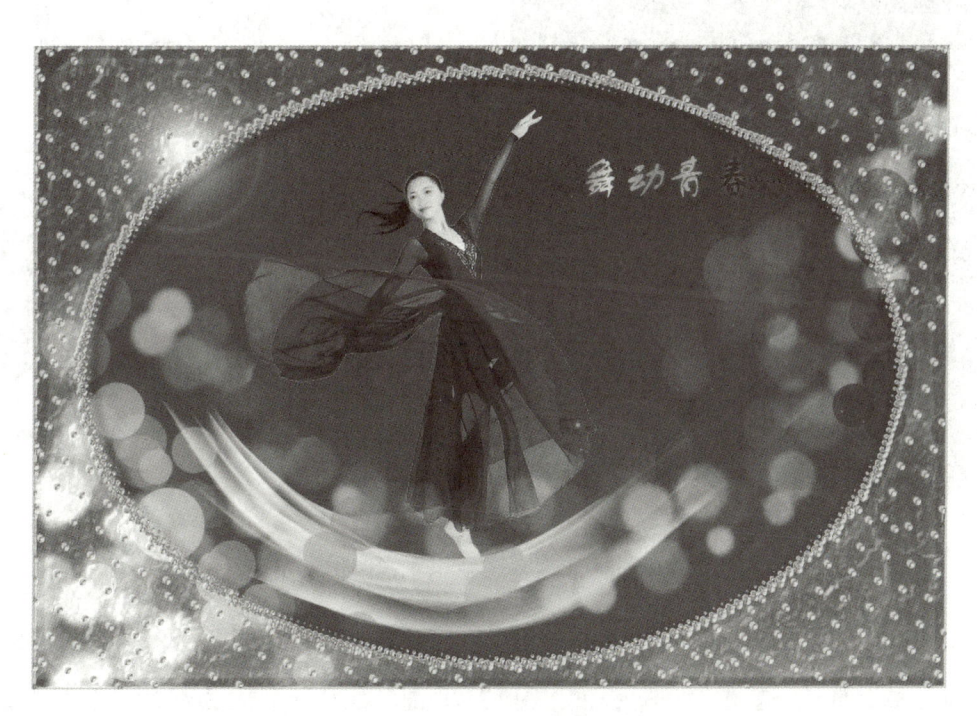

图 3-101　效果图

130　项目3　数码照片处理

🔧 **案例实施**

① 打开如图3-100所示的素材图像"青春.jpg"。按Ctrl+J组合键复制"背景"图层并命名为"纱&头发";打开"通道"面板,选择与背景对比度强的"绿"通道,将其拖动到"创建新通道"按钮 ➕ 上,复制生成"绿拷贝"通道,"通道"面板如图3-102所示。

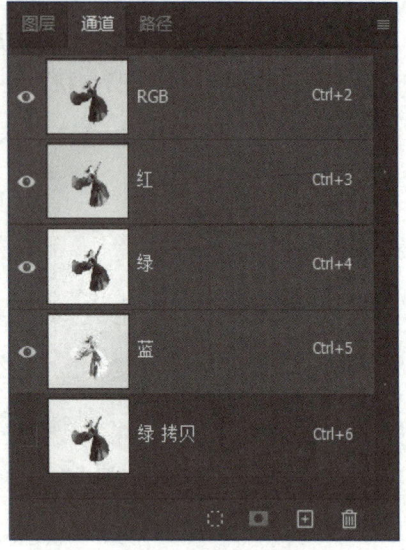

② 选中"绿 拷贝"通道,选择"图像→调整→色阶"命令,在"色阶"对话框中调整输入色阶各滑块位置(74,0.66,212),参数设置及图像效果如图3-103所示。

③ 选择"减淡工具" 🔍,设置"范围"为"高光",降低曝光度,在背景的白色区域涂抹使其变亮。选择工具箱中的"加深工具" 👁,设置"范围"为"阴影"、"曝光度"为30%,在人物主体内较暗部位及不透明部分涂抹,使其变黑;将"范围"设置为"中间调",在透明纱区域绘制,使之变暗;在头发区域用"加深工具"沿发丝绘制,使之变暗,用"减淡工具"在发丝周围绘制,使其变亮;按Ctrl+I组合键执行"反相"命令;此时的效果如图3-104所示。

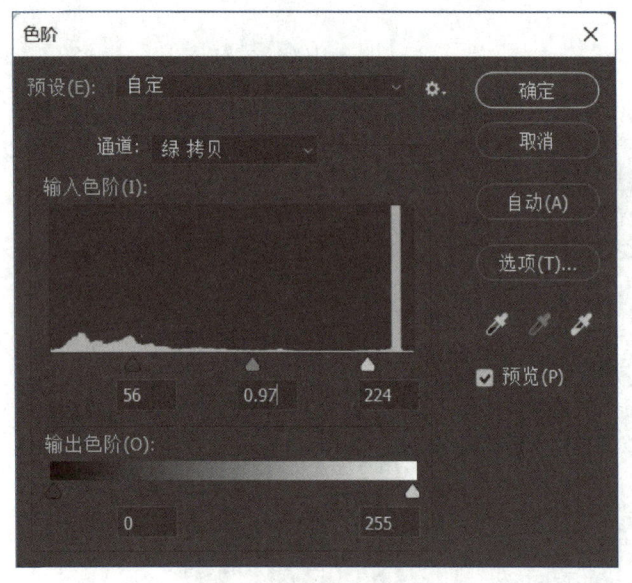

图3-102　复制"绿"通道

(a)"色阶"对话框　　　　　　　　　　(b)"色阶"效果

图3-103　"色阶"参数设置及图像效果

④ 单击"通道"面板底部的"将通道作为选区载入"按钮 ⬚,载入选区;选中"RGB"通道;切换至"图层"面板,选中"纱&头发"图层,单击"图层"面板底部的"添加图层蒙版"按钮 ⬚,为其添加图层蒙版,查看其效果,并将"纱&头发"图层隐藏。

⑤ 复制"背景"图层并命名为"主体";选择工具箱中的"快速选择工具" 🖌,单击其选项

栏中的"选择主体"按钮,建立人物选区;单击工具选项栏中的"从选区减去"按钮 ![],在图像中头发区域拖曳鼠标,将其从选区中减去;单击"图层"面板底部的"添加图层蒙版"按钮 ![],为其添加图层蒙版。

⑥ 选中"背景"图层,单击"图层"面板底部的"创建新的填充或调整图层"按钮 ![],从弹出的菜单中选择"渐变"命令,设置"渐变"为"紫色"类别中"紫色_07","样式"为线性,"角度"为150°,添加渐变填充调整图层。

⑦ 选择工具箱中的"画笔工具" ![],降低"不透明度"和"流量";将前景色设置为黑色;选择"主体"图层的图层蒙版缩览图,在图像中透明纱对应区域绘制,使其隐藏;显示"纱&头发"图层,选中其图层蒙版缩览图,用黑白画笔微调发丝的细节,此时的图像效果如图3-105所示。

图 3-104　反相处理后图像效果　　　　　　图 3-105　图层蒙版精修后效果

⑧ "图层"面板中新建图层"火焰";选择工具箱中的"钢笔工具" ![],在工具选项栏中选择"路径"模式,在人物左侧单击并向右下方拖曳,创建第一个带有方向线的锚点;松开鼠标,在人物下方单击并向右拖曳,创建第二个锚点;然后在人物右侧单击创建第三个锚点,完成路径的绘制,如图3-106所示。

⑨ 选择"滤镜→渲染→火焰"命令,打开"火焰"对话框,按如图3-107所示进行设置:"火焰类型"选择第1项,调整"宽度"值,勾选"为火焰使用自定颜色"复选框,单击其下方的色块,在打开的"颜色"对话框中选择青色,设置完成后单击"确定"按钮,添加青色火焰;在"路径"面板空白处单击,取消对绘制路径的选择。

图 3-106　路径绘制效果

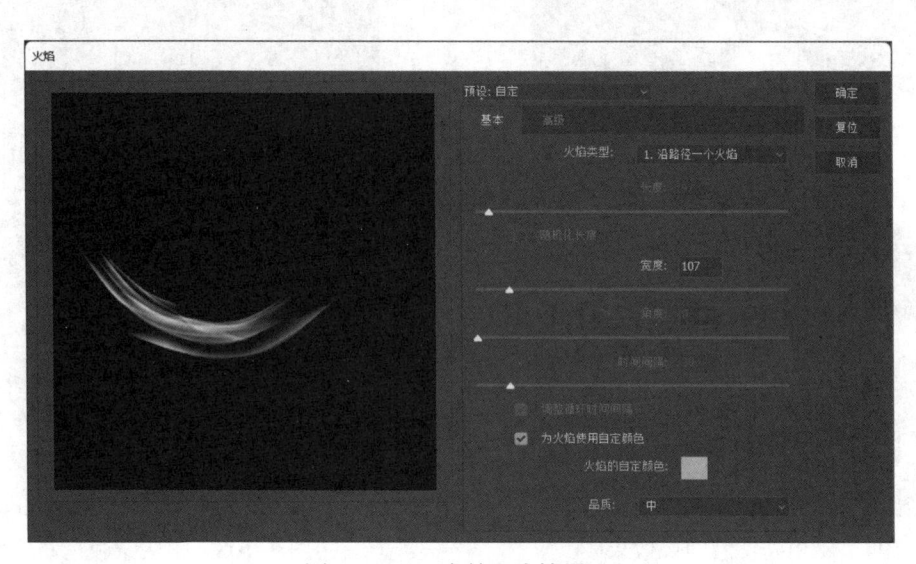

图 3-107　"火焰"滤镜设置

⑩ 在"图层"面板中新建图层"镜头光晕",填充为黑色;选择"滤镜→渲染→镜头光晕"命令,打开"镜头光晕"对话框,参照如图 3-108 所示,在其预览区内左上角单击,确定光晕中心的位置,在下方设置"镜头类型"与"亮度"值,完成后单击"确定"按钮;设置其图层混合模式为"滤色"。

⑪ 在"图层"面板的最顶层新建图层"光斑",填充为黑色;选择工具箱中的"画笔工具",设置"不透明度"100%,按 F5 键打开"画笔设置"面板,进行动态画笔的设置(画笔笔尖形状:圆形,"硬度"为 100%,"直径"为 110,"间距"为 150;形状动态:"大小抖动"为 50%;散布:勾选"两轴"复选框,散布随机性为 252%,"数量"为 3,"数量抖动"为 12%;传递:"不透明度抖动"为 80%,"流量抖动"为 60%)。

⑫ 切换至"通道"面板,选择"红"通道,此时画布窗口中为全黑的状态;设前景色为白色,保持画笔的动态参数不变,在画布中沿火焰的方向拖曳鼠标进行绘制,此时的画布窗口如图3-109所示。在"通道"面板中依次单击"RGB""红""绿""蓝"通道,查看各自的变化:发现"RGB"复合通道呈现的是红色圆点,"红"通道中呈现的是白色圆点,其余两通道均呈现全黑的状态。

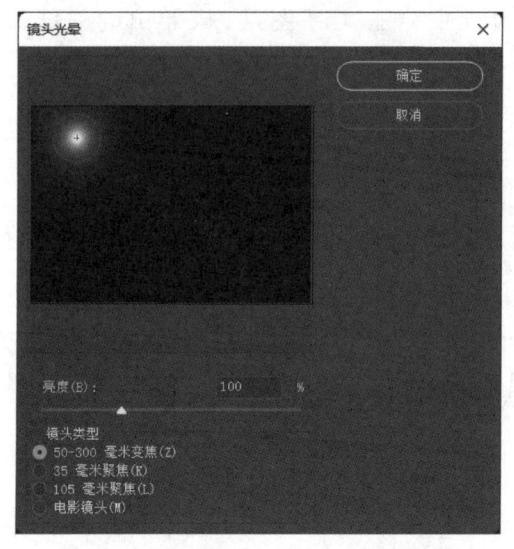

图3-108 "镜头光晕"滤镜设置 　　　图3-109 "红"通道中的绘制效果

⑬ 选中"绿"通道,沿火焰的方向再次绘制白色斑点;再依次查看各通道的变化;按照同样的方法在"蓝"通道中进行绘制。

⑭ 选中"RGB"复合通道,切换至"图层"面板,设置"光斑"图层的混合模式为"滤色";调整画笔设置,在画布左下角和右上角再分别绘制几个白色的圆点,此时的图像效果如图3-110所示。选择"滤镜→模糊→高斯模糊"命令,打开"高斯模糊"对话框,设置"半径"为5像素,如图3-111所示。

图3-110 添加火焰、镜头光晕和圆点光斑

⑮ 选择工具箱中的"横排文字工具" T，设置字体为"方正舒体"、大小为 16 点，输入文字"舞动青春"，添加图层样式"渐变叠加"：彩虹渐变（导入"彩虹.grd"素材样式文件后添加），设置为线性、角度为 –15 度、缩放为 150%；然后添加"外发光"效果。在"图层"面板新建空白图层并命名为"圆点"，设前景色为白色，选择"画笔工具"，设置流量为 70%，用设置的动态画笔在画布适当位置绘制圆点；在"图层"面板中右击文字图层，从弹出的快捷菜单中选择"拷贝图层样式"命令，右击"圆点"图层，从弹出的快捷菜单中选择"粘贴图层样式"命令。

⑯ 在"图层"面板中选中最上方的图层，按 Alt+Shift+Ctrl+E 组合键盖印所有可见图层生成新图层并命名为"合成"；选择工具箱中的"椭圆选框工具" ，设"羽化"值为 0 像素，在画布中绘制一个略小于画布的选区；切换至"通道"面板，单击面板底部的"将选区存储为通道"按钮 ，将选区存储为通道"Alpha1"；选中 Alpha1 通道，按 Ctrl+D 组合键取消选区；选择菜单"滤镜→像素化→彩色半调"命令，弹出"彩色半调"对话框，按默认值设置后单击"确定"按钮；按 Ctrl+I 组合键执行"反相"命令，此时的图像效果如图 3-112 所示，"通道"面板如图 3-113 所示。

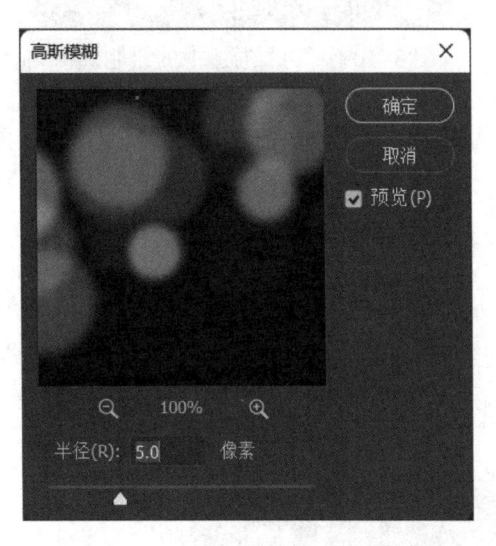

图 3-111 "高斯模糊"滤镜设置　　　　图 3-112 "彩色半调"反相后效果

⑰ 单击"通道"面板底部的"将通道作为选区载入"按钮 ；选中 RGB 通道，切换至"图层"面板，选择图层"合成"，按 Ctrl+J 组合键生成新的拷贝图层；打开"样式"面板，通过面板菜单将"旧版样式及其他"类别追加至面板，选择"2019 样式"→"玻璃"→"破裂的"样式 ，为边框添加该图层样式。

⑱ 单击"调整"面板中的"创建新的色彩平衡调整图层"按钮 ，在如图 3-114 所示的面板中进行设置，得到如图 3-101 所示的最终效果。

⑲ 选择"文件→存储"命令，弹出"存储为"对话框，文件名输入"舞动青春"，格式为"PSD"，单击"存储"按钮。

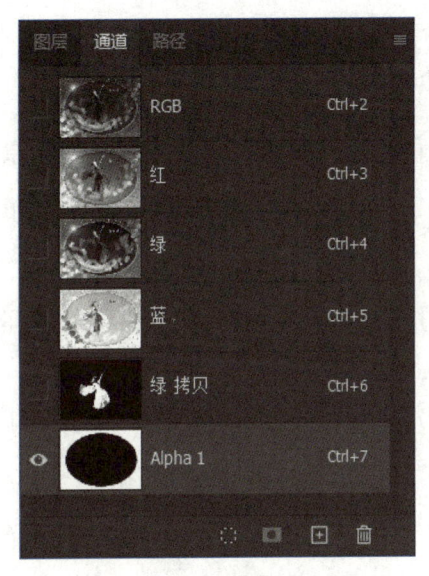

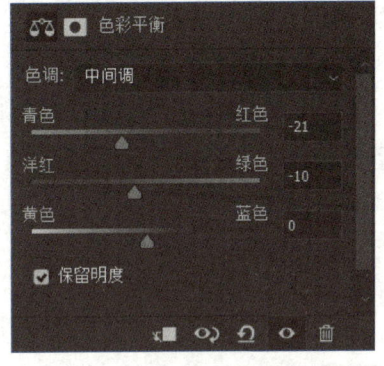

图 3-113 "通道"面板　　　　图 3-114 "色彩平衡"选项设置

任务 3.8　了解通道的基础知识

通道是用于存储图像颜色信息和选区等不同类型信息的灰度图像,可以针对每个通道进行色彩调整、应用各种滤镜等处理,从而制作出特殊的效果。

1. 通道的类型

通道主要有三类,分别是颜色通道、专色通道和 Alpha 通道,如图 3-115 所示。

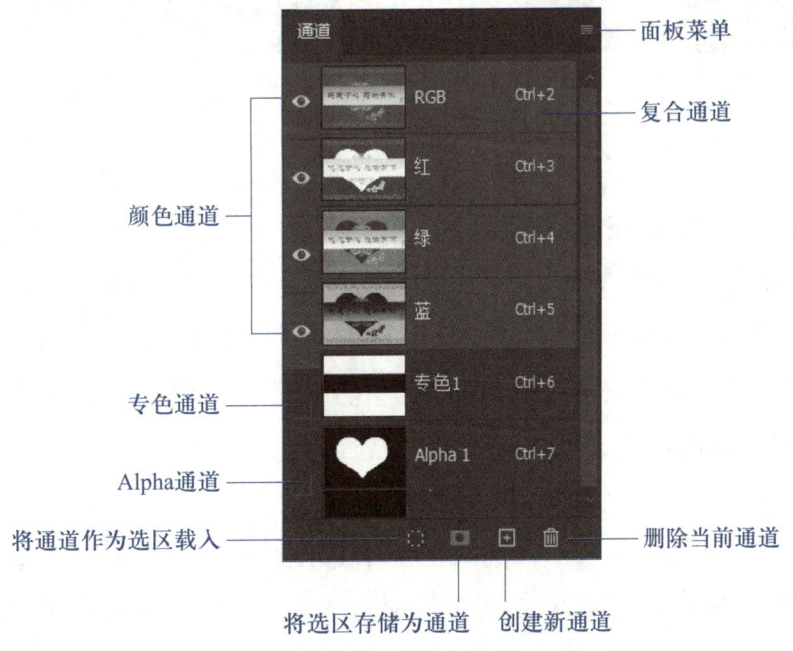

图 3-115　"通道"的种类及面板组成

（1）颜色通道

颜色通道的数量由颜色模式决定。如图 3-115 所示，RGB 颜色模式的图像有四个颜色通道，分别是红、绿、蓝三个原色通道和一个 RGB 复合通道。

其中，最上方的是复合通道，用于查看图像综合颜色信息；复合通道的下面是各原色通道，用于保存各种单色信息。每个原色通道都是一幅 8 位灰度图像，每个通道只有黑白灰三种颜色。

对于 RGB 图像，用黑白灰来表示颜色的有无：白表示有，灰表示部分有，黑表示没有。所有原色通道混合在一起时，便可形成图像的彩色效果，也就构成了彩色的复合通道。

可以单独对某一原色通道进行色调的调整或应用滤镜，以实现色彩色调的调整或制作特效。

① 打开素材图像；选择"红"通道，选择工具箱中的"移动工具"，在画布中向左移动约 40 像素；选择"绿"通道，向左移动约 80 像素。

② 选择"蓝"通道，选择"滤镜→风格化→拼贴"命令，按默认设置添加拼贴滤镜；按 Ctrl+I 组合键将其反相；选择"图像→调整→亮度/对比度"命令加大对比度、降低亮度，得到带有重影的拼贴效果。原图及效果如图 3-116 所示。

图 3-116　原图及通道处理后效果

（2）专色通道

专色通道主要用于印刷，在使用青、洋红、黄、黑 4 种原色油墨以外的其他颜色或进行 UV、烫金、烫银等特殊印刷工艺时，要使用专色通道，制作相应的专色色版。

打开图像"感恩.jpg"，如图 3-117 所示，选择中间的矩形区域；切换至"通道"面板，选择面板菜单的"新建专色通道"命令，弹出"新建专色通道"对话框，如图 3-118 所示，设置后单击"确定"按钮，即可创建如图 3-115 所示的专色通道。

（3）Alpha 通道

用来建立、保存与编辑选区。在 Alpha 通道中，选区被作为 8 位灰度图像保存，其中的黑白灰代表是否被选取。在默认情况下，白色表示被完全选中，灰色表示被不同程度选中，而黑色表示未被选中。

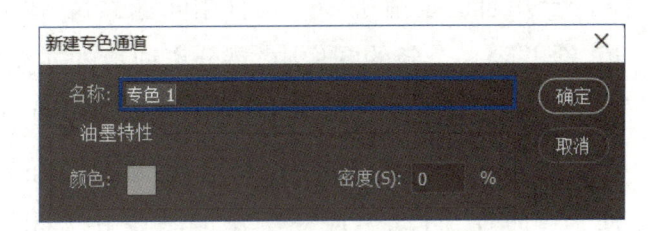

图 3-117　图像"感恩.jpg"　　　　　图 3-118　"新建专色通道"对话框

2. "通道"面板

利用"通道"面板可以新建、存储、编辑通道等基本操作，其组成如图 3-115 所示。

- "将通道作为选区载入"：将通道中颜色较亮的区域作为选区加载到图像中，相当于按 Ctrl 键的同时单击通道。
- "将选区存储为通道"：将当前选区存储为 Alpha 通道。
- "创建新通道"：创建一个新的 Alpha 通道。
- "删除当前通道"：可以删除当前选择的通道。

3. 通道的基本操作

（1）创建新的 Alpha 通道

单击"通道"面板底部的"创建新通道"按钮，即可在"通道"面板中以默认设置创建一个新的 Alpha 通道，该通道在面板中显示为黑色。

（2）将选区存储为 Alpha 通道

打开图 3-117 所示的图像"感恩.jpg"，用"快速选择工具"选取心形，切换至"通道"面板，单击底部的"将选区存储为通道"按钮，即可将选区存储为"Alpha1"通道，如图 3-115 所示，白色对应选区内部，黑色对应选区外。

（3）复制通道

- 拖动某通道至"通道"面板底部的"创建新通道"按钮上，即可复制该通道。
- 选中某一通道，选择"通道"面板菜单中的"复制通道"命令，弹出如图 3-119 所示的"复制通道"对话框，可以设置通道名称和复制通道的目标图像。选中"反相"复选框，则复制的新通道与原通道相比是反相的。

（4）分离通道

分离通道是指将图像中每个通道分离为一个

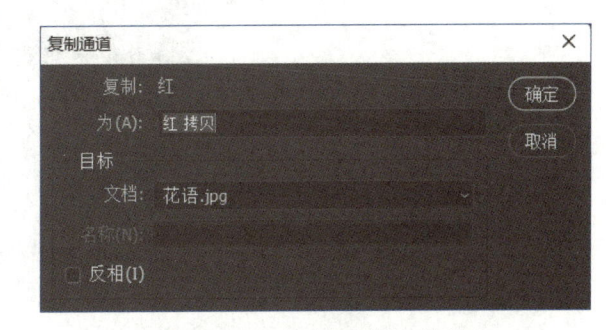

图 3-119　"复制通道"对话框

个大小相等且独立的灰度图像,对图像进行分离通道后,原文件被关闭。

选择"通道"面板菜单中的"分离通道"命令,即可将通道分离。

(5)合并通道

合并通道是指将多个具有相同像素尺寸、处于打开状态的灰度模式的图像作为不同的通道,合并到一个新的图像中,是分离通道的逆操作。

通过以下操作,来说明分离通道与合并通道的使用方法:

① 打开图像"花语.jpg",选择"通道"面板,从如图 3-120 所示的面板菜单中选择"分离通道"命令,自动生成三个灰度图像并关闭原文件;生成的图像文件处于打开状态,文件名分别为"花语.jpg_红""花语.jpg_绿""花语.jpg_蓝"。

② 打开图像"感恩.jpg",选择"图像→模式→灰度"命令,将其转换为灰度图。

③ 选择"感恩.jpg"作为当前图像,选择其"通道"面板菜单的"合并通道"命令,打开"合并通道"对话框,在"模式"列表框中选择"RGB 颜色","通道"文本框中输入与选取的模式相兼容的通道数值"3",单击"确定"按钮;弹出"合并 RGB 通道"对话框,依次指定合并图像的各通道对应的灰度图,如图 3-121 所示,完成设置后单击"确定"按钮。

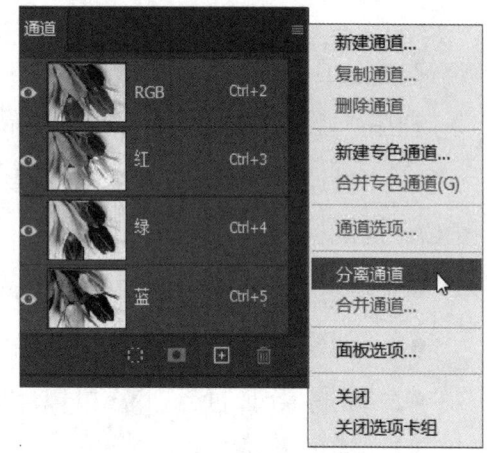

图 3-120　"通道"面板菜单

此时来自两个文件的三个灰度图像合并为新图像,制作出了特效,如图 3-122 所示,所用到的三个灰度文件自动关闭。

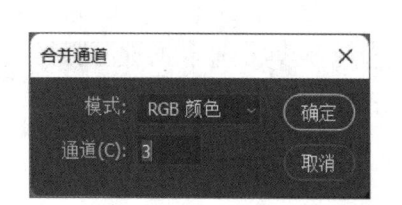

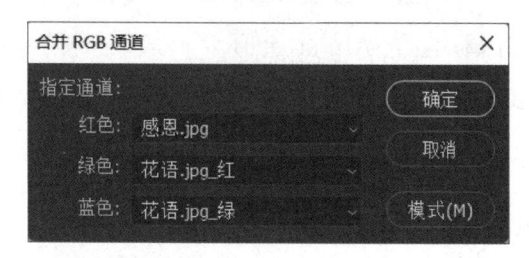

图 3-121　合并通道

图 3-122　合并通道图像效果

案例 8　无惧风雪——滤镜的使用

案例描述

利用智能滤镜为如图 3-123 所示的素材图像添加漫天飞雪的效果,利用通道及滤镜制作积雪文字,效果如图 3-124 所示。

图 3-123　素材图像

图 3-124　效果图

案例解析

本案例中,需要完成以下操作:
- 将图像转换为智能对象,以添加智能滤镜。

- 利用"点状化""动感模糊""形状模糊"滤镜,结合"阈值""色阶"命令、"滤色"图层混合模式制作下雪效果。
- 借助黑白文字图层的错位,在通道中利用"滤镜库"中的滤镜,结合"风""特殊模糊"滤镜,制作积雪文字的特效。

案例实施

① 打开如图 3-123 所示的素材"无惧.jpg";单击"图层"面板上的"创建新图层"按钮,新建图层并命名为"下雪",将其填充为黑色。

② 选中"下雪"图层,选择"滤镜→转换为智能滤镜"命令,弹出提示信息框,如图 3-125 所示,单击"确定"按钮。图层自动转换为智能对象,以添加智能滤镜。

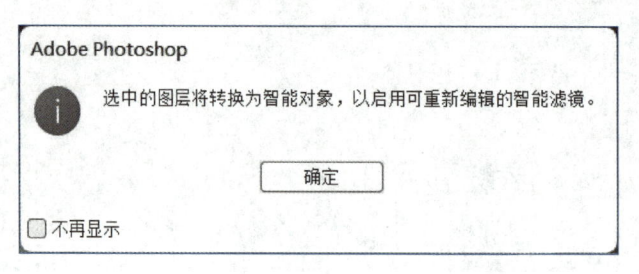

图 3-125 "智能滤镜"提示框

③ 选择"滤镜→像素化→点状化"命令,弹出"点状化"对话框,如图 3-126 所示,设置"单元格大小"为 6,单击"确定"按钮;选择"图像→调整→阈值"命令,弹出"阈值"对话框,设置"阈值色阶"为 255,单击"确定"按钮。

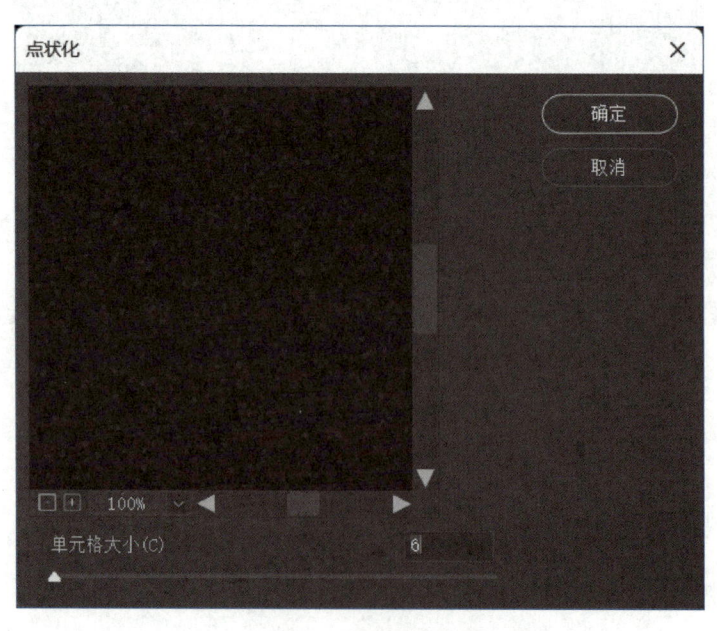

图 3-126 "点状化"设置

④ 选择"滤镜→模糊→动感模糊"命令,弹出"动感模糊"对话框,如图3-127所示,设置"角度"为60度,"距离"为9像素,单击"确定"按钮;按Ctrl+L组合键,打开"色阶"对话框,如图3-128所示,分别拖动黑灰白三个滑块位置至42、1.24、252,完成后单击"确定"按钮,增加对比度。

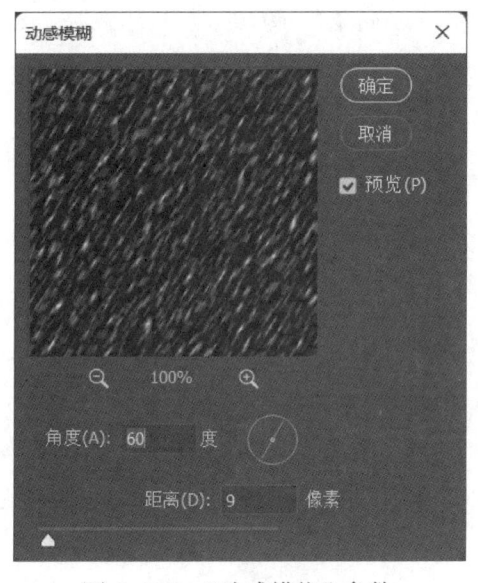

图3-127 "动感模糊"参数

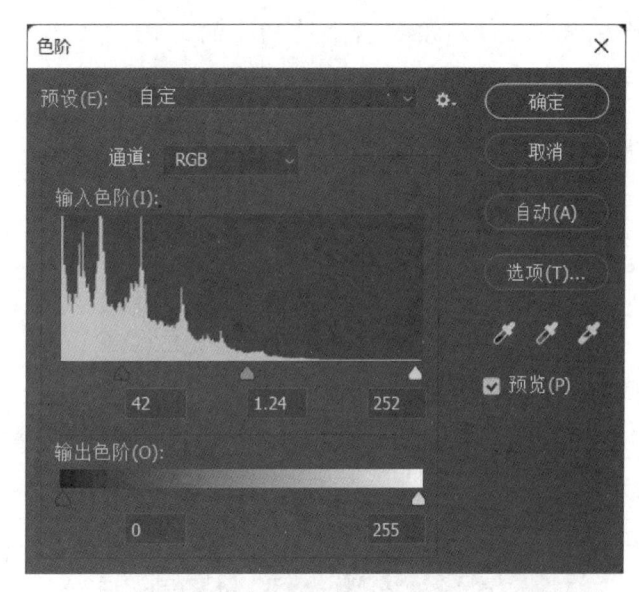

图3-128 "色阶"参数

⑤ 在"图层"面板中设置图层的混合模式为"滤色",此时的图像添加了下雪的效果,效果及"图层"面板如图3-129所示;按Ctrl+J组合键复制"下雪"图层,命名为"下雪2"并将其选中,选择"滤镜→模糊→形状模糊"命令,打开"形状模糊"对话框,单击列表框右上角的 ✦ 按钮,从弹出的菜单中选择"导入形状"命令,导入素材形状"雪花",导入的形状自动出现在左下方的形状列表框中,选择"雪花"❄,设"半径"为5像素,如图3-130所示,完成后单击"确定"按钮。

图3-129 下雪效果及"图层"面板

⑥ 在"图层"面板中选最上方的图层，选择工具箱中的"横排文字工具"，设置字体为隶书、大小为100点、颜色为黑色，在画布中雪山的左侧输入文字"无惧风雪"；按Ctrl+J组合键两次，复制得到三个文字图层，将中间文字图层改为白色，最下方的文字图层更改为红色，隐藏红色文字图层；选择工具箱中的"移动工具"，在"图层"面板中选择上方的黑色文字图层设为当前图层，分别按键盘上的向下的方向键↓五次和向右的方向键→两次，使黑色文字与白色文字错开；新建图层"黑底"，将其填充为黑色，置于红色文字图层的下方，此时局部图像效果如图3-131所示。

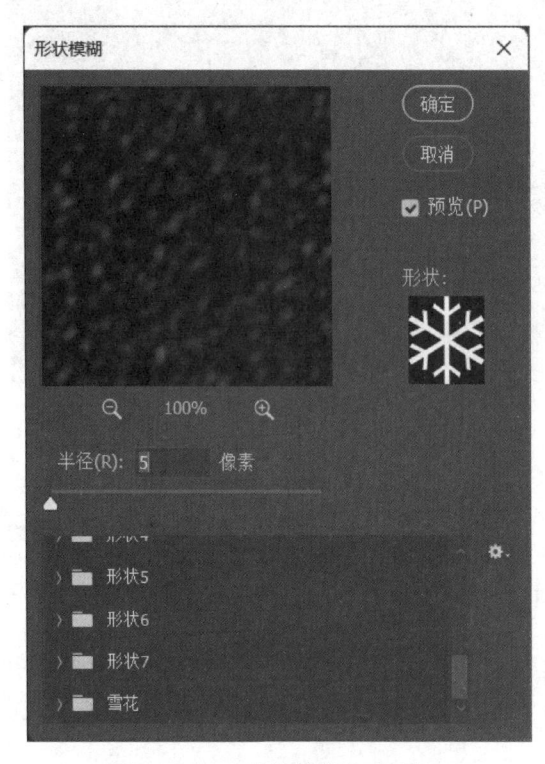

图3-130 "形状模糊"对话框　　　　图3-131 文字的错位效果

⑦ 在"图层"面板中选中"黑底"图层；切换至"通道"面板，拖动"蓝"通道至"通道"面板的"创建新通道"按钮上，复制得到"蓝 拷贝"通道；选择"滤镜→滤镜库"命令，打开"滤镜库"对话框，如图3-132所示，从中间的"画笔描边"类别中选择"喷色描边"，在右侧的选项区中设置"描边长度"为12、"喷色半径"为5，"喷色描边"效果行出现在对话框右下方的滤镜效果列表中；单击滤镜效果区底部的"新建效果图层"按钮，再从"素描"类别中选择"图章"，按如图3-132（b）所示进行设置，完成后单击"确定"按钮。

⑧ 始终保持当前图层为"黑底"且当前通道为"蓝 拷贝"；选择"图像→图像旋转→顺时针90度"命令，将画布旋转；选择"滤镜→风格化→风"命令，打开"风"对话框，按如图3-133所示进行设置，完成后单击"确定"按钮；选择"图像→图像旋转→逆时针90度"命令，将画布复位。

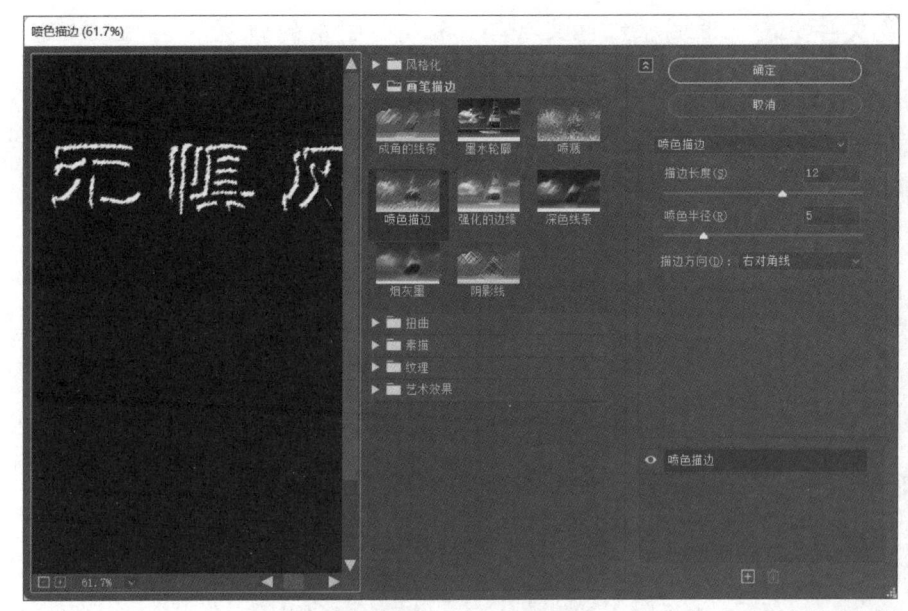

(a)"喷色描边"参数设置 (b)"图章"参数设置

图 3-132 "滤镜库"对话框

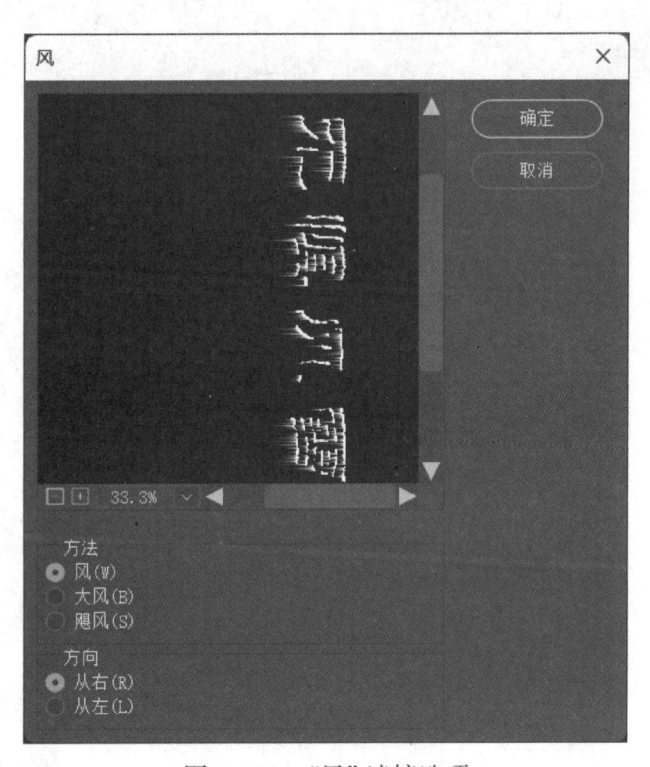

图 3-133 "风"滤镜选项

⑨ 选择"滤镜→模糊→特殊模糊"命令,打开"特殊模糊"对话框,设置:"半径"为 13.6、"阈值"为 100、"品质"为高,完成后单击"确定"按钮。

⑩ 单击"通道"面板底部的"将通道作为选区载入"按钮，获得其选区,选中"RGB"通道,切换回"图层"面板,在"图层"面板的顶层新建空白图层"积雪",设前景色为白色,按 Alt+Delete 组合键将获得的选区填充为白色,按 Ctrl+D 组合键取消选区;隐藏黑色文字、白色

文字和"黑底"图层,显示红色文字;进一步调整红色文字与"积雪"图层的位置。

⑪ 选中红色文字图层,打开"图层样式"对话框,按图 3-134 所示设置,"斜面和浮雕"样式为"内斜面";添加"渐变叠加"效果,两个渐变色标分别为 #780606,#c0041a,"角度"为 -90 度,完成后单击"确定"按钮。

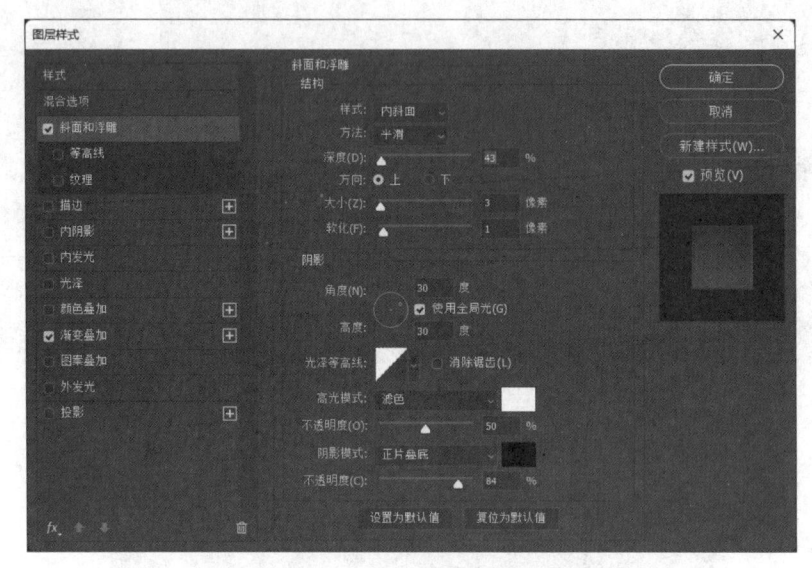

图 3-134 "斜面浮雕"效果设置

⑫ 在"图层"面板中按 Shift 键,将图层"黑底"至"积雪"图层全部选取,单击"图层"面板底部的"创建新组"按钮,创建新图层组并命名为"文字",并使其置于"下雪"图层的下方。

⑬ 在"图层"面板中选中"下雪"图层的滤镜效果蒙版缩览图,设置前景色为"黑色",选择工具箱中的"画笔工具",选择圆形柔边画笔,降低"流量"和"不透明度",在人物的面部拖曳鼠标,将对应处的雪花隐藏;同样的方法调整"下雪 2"图层的隐藏效果。

⑭ 在"下雪 2"图层"智能滤镜"效果列表中的"色阶"上双击,再次打开"色阶"对话框,修改黑灰白三个滑块的位置(48,1.11,142),使对比度进一步加大;根据需要微调其他效果参数,得到如图 3-124 的最终效果,此时"图层"面板如图 3-135 所示。

⑮ 选择"文件→存储",弹出"存储为"对话框,输入文件名"无惧风雪",格式为"PSD",单击"保存"按钮。

图 3-135 "图层"面板

任务 3.9　使用滤镜

滤镜是 Photoshop 的最重要的功能之一，充分而适度地应用滤镜，不仅可以改善图像效果、消除瑕疵，还可以在原有图像的基础上产生特效。

1. 认识滤镜、智能滤镜和滤镜库

（1）滤镜

滤镜的使用非常简单，只需从"滤镜"菜单中选择所需的滤镜，如图 3-136 所示，然后适当地调节参数即可。

（2）智能滤镜

应用于智能对象的任何滤镜都是智能滤镜，智能滤镜属于"非破坏性滤镜"，而且可以随时调整参数。

智能滤镜包含一个类似图层样式的列表，存储在"图层"面板中，如图 3-135 所示，可以将其隐藏、停用或删除，另外还可以设置智能滤镜与图像的混合模式、不透明度。

（3）滤镜库

滤镜库是集合了大部分常用滤镜的特殊的对话框，以折叠菜单的方式显示，并为每个滤镜提供了直观的效果预览。

选择"滤镜→滤镜库"命令会打开"滤镜库"对话框，如图 3-132 所示。在对话框的中部为滤镜列表，每个滤镜组下面包含了多种特色滤镜，单击需要的滤镜组，可以预览其中各个滤镜和其相应的滤镜效果。

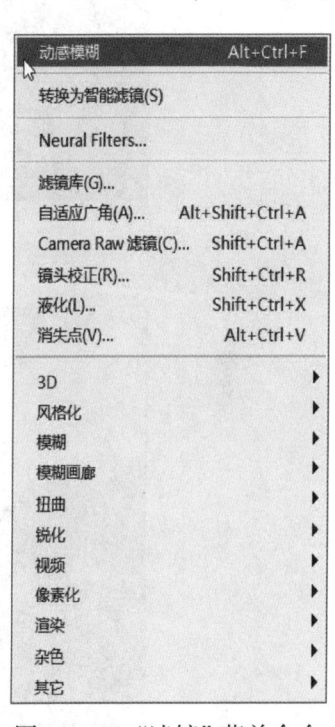

图 3-136　"滤镜"菜单命令

在滤镜库中，可以对一张图像应用一种或多种滤镜，或对同一图像多次应用同一滤镜，可以使用其他的滤镜替换原来的滤镜，可以调整滤镜在滤镜库的执行顺序，也可以停用或删除某一滤镜效果。

2. "液化"滤镜

"液化"滤镜可以对图像的任何区域创建推、拉、旋转、扭曲、收缩等变形效果，其中"脸部识别"液化功能，可用于修饰人像、照片或创建漫画等。

利用"液化"滤镜对图 3-137 所示的图像进行处理，可得到图 3-138 所示的效果。具体操作方法如下：

① 打开素材图像"山林.jpg"，选择"滤镜→液化"命令，打开"液化"对话框，选择左侧的"冻结蒙版工具"，在画面的底部及左右两侧边缘绘制，将其冻结保护。选择"膨胀工具"，设置画笔直径、画笔压力，将鼠标指针置于左下方两个树丛阴影处，按下鼠标左键使之膨胀放大。选择"褶皱工具"，在左侧沿山体走势向上绘制，使之凹陷。

图 3-137 原图

图 3-138 特效图

② 选择"顺时针旋转扭曲工具" ，将鼠标指针置于树枝上，按住鼠标左键不放，卷曲到适当程度时抬起鼠标；按 Alt 键，处理上面一段枝干。选择"左推工具" ，在右边树丛处斜向上、向下推动鼠标指针进行处理。选择"向前变形工具" ，将山峰进行变形。如果效果不理想，可使用"重建工具" 进行局部恢复，完成后单击"确定"按钮，得到如图 3-138 所示的效果。

"液化"滤镜的主要工具有以下几个：

- "向前变形工具" ：可以向前推动像素，产生变形效果。
- "重建工具" ：用于局部或全部恢复变形的图像。

- "顺时针旋转扭曲工具"：用于顺时针旋转扭曲,按住 Alt 键进行操作,可产生逆时针旋转扭曲效果。
- "褶皱工具"：使像素向画笔中心的方向移动,产生内缩效果。
- "膨胀工具"：使像素向远离画笔中心的方向移动,产生膨胀效果。
- "左推工具"：使像素垂直移向绘制方向。当向上拖曳鼠标时,像素会向左移动;向下拖曳鼠标时,像素向右移动。按住 Alt 键的同时拖曳鼠标,像素移动方向相反。
- "冻结蒙版工具"：使用该工具涂抹,可使涂抹的区域不产生变形。
- "解冻蒙版工具"：用来使被冻结的区域解冻。
- "脸部工具"：适合处理面朝相机的面部特征,会自动识别眼睛、鼻子、嘴唇、脸部形状等面部特征,可通过拖动控点或调整滑块来分别调整各部位的形状。

3. "模糊"滤镜组

"模糊"滤镜组可以柔化选区或图像,产生模糊的效果,它不仅能起到修饰的作用,还可以模拟物体运动。

(1) "径向模糊"滤镜

"径向模糊"滤镜用于旋转相机或模拟缩放时所产生的模糊,产生的是一种柔化的效果,其参数如图 3-139 所示。

"模糊方法"：选择"旋转"选项时,产生沿同心圆旋转的模糊效果,如图 3-140 所示;选择"缩放"选项时,产生从中心向外辐射的模糊效果,如图 3-141 所示。

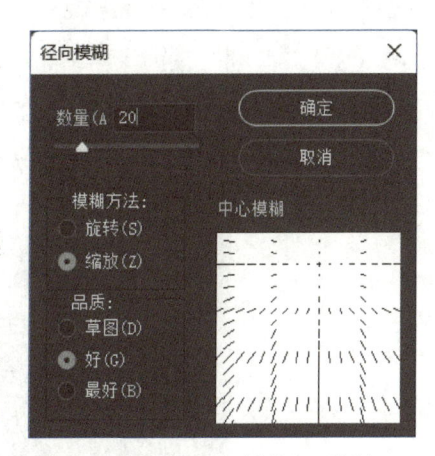

图 3-139 "径向模糊"对话框

图 3-140 "旋转"效果　　　　图 3-141 "缩放"效果

(2) "高斯模糊"滤镜

"高斯模糊"滤镜可以向图像中添加低频细节,使图像产生一种朦胧的模糊效果,是常用的一种模糊滤镜,其参数"半径"用来设置模糊程度,数值越大,模糊效果越明显。

（3）"表面模糊"滤镜

"表面模糊"滤镜可以在保留图像边缘的同时模糊图像，可以用来创建特殊效果并消除杂色或粒度。

"阈值"：控制相邻像素色调值与中心像素相差多大时才能成为模糊的一部分。色调值差小于阈值的像素被排除在模糊之外。

（4）"动感模糊"滤镜

"动感模糊"滤镜可使图像产生动态模糊的效果，它模仿拍照曝光过程中运动或未拿稳相机的效果，其参数如图 3-127 所示。

4. "艺术效果"滤镜组

使用该类滤镜，可以为美术或商业项目制作绘画效果或艺术效果。可以通过"滤镜库"来应用所有"艺术效果"滤镜。

（1）"木刻"滤镜

"木刻"滤镜对图像中的颜色进行色调分离处理，得到几乎不带渐变的简化图像，表现出类似于木刻画的效果，其参数及效果如图 3-142 所示。

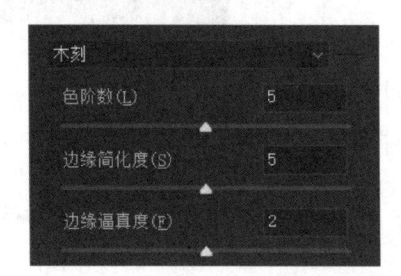

图 3-142 "木刻"滤镜参数及效果

"色阶数"：值越大，表现的图像颜色越多，显示效果越细腻。

（2）"绘画涂抹"滤镜

可以用不同类型的画笔来创建不同的绘画效果，其参数及效果如图 3-143 所示。

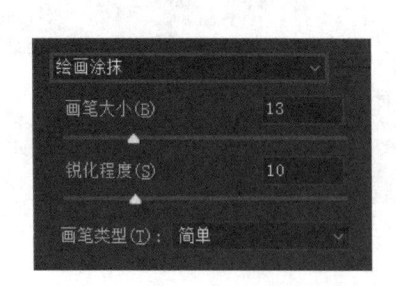

图 3-143 "绘画涂抹"滤镜参数及效果

（3）"海报边缘"滤镜

根据设置的"海报化"选项值减少图像中的颜色数量（对其进行色调分离），并查找图像的边缘,在边缘上绘制黑色线条。大而宽的区域有简单的阴影,而细小的深色细节遍布图像,其参数及效果如图 3-144 所示。

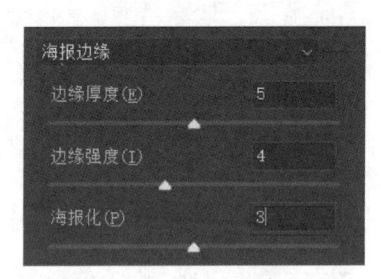

图 3-144 "海报边缘"滤镜参数及效果

5. "扭曲"滤镜组

"扭曲"滤镜组可将图像进行几何扭曲,创建波纹、球面化、波浪等 3D 或变形效果,适用于制作水面波纹或破坏图像形状。其中,"扩散亮光""玻璃"和"海洋波纹"通过"滤镜库"来实现。

(1)"玻璃"滤镜

"玻璃"滤镜可以使图像显得像是透过不同类玻璃看到的效果,其参数及效果如图 3-145 所示。

图 3-145 "玻璃"滤镜参数及效果

"纹理":用于选择扭曲时产生的纹理类型,包含"块状""画布""磨砂"和"小镜头"。

(2)"极坐标"滤镜

"极坐标"滤镜可以将平面坐标转换为极坐标,或从极坐标转换为平面坐标,其选项如图 3-146 所示,可以使用此滤镜创建圆柱变体。

打开如图 3-147 所示的素材图像"欢呼雀跃.jpg",选择"滤镜→扭曲→极坐标"命令,打开"极坐标"对话框,选择"平面坐标到极坐标"选项,扭曲后得到圆柱体效果,如图 3-148 所示。当再次执行"极坐标"命令,选择"极坐标到平面坐标"选项,可恢复至如图 3-147 所示的平面效果。

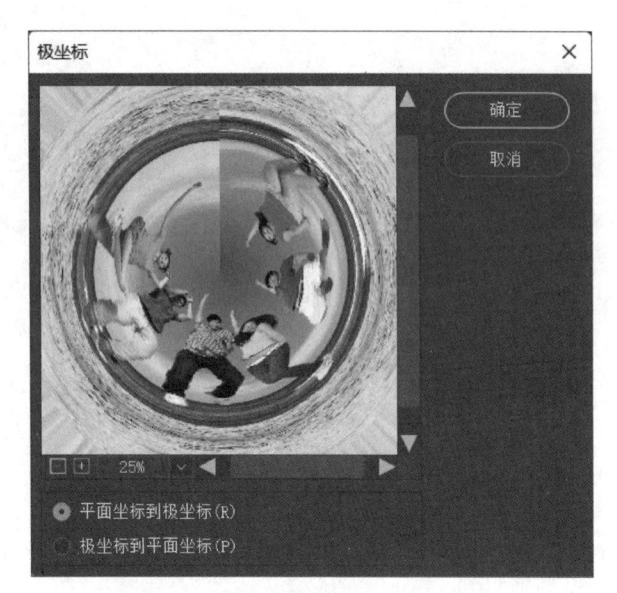

图 3-146 "平面坐标到极坐标"选项 　　　　　　图 3-147 原图

(3) "海洋波纹"滤镜

"海洋波纹"滤镜将随机分隔的波纹添加到图像表面,使图像看上去像是在水中,其选项如图 3-149 所示。

图 3-148 从平面坐标到极坐标的效果图 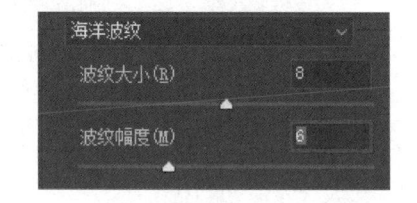　　　　图 3-149 "海洋波纹"滤镜选项

打开如图 3-150 所示的素材图像"帆船.jpg",选取帆船主体,制作倒影层;对倒影层应用"海洋波纹"滤镜;再进行相应的模糊和色调处理,得到如图 3-151 所示的效果。

6. "风格化"滤镜组

"风格化"滤镜组通过置换像素、查找并增加图像的对比度,从而产生绘画或印象派等效果。

图 3-150 原图　　　　　　　　　　图 3-151 倒影效果

（1）"浮雕效果"滤镜

"浮雕效果"滤镜通过勾勒图像或选区的轮廓和降低周围颜色值来生成凹陷或凸起的浮雕效果。其选项及效果如图 3-152 所示。

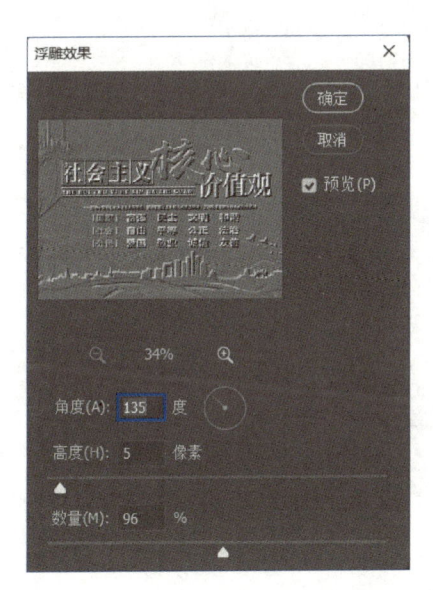

图 3-152 "浮雕"滤镜选项及效果

- "角度"：用于设置光线的方向，光线方向会影响浮雕的凸起位置。
- "数量"：决定原图像细节和颜色的保留程度，数值越大，边界越清晰（小于 40%，图像会变灰）。

（2）"风"滤镜

"风"滤镜可根据图像边缘中的像素颜色增加一些细小的水平线条来模拟风吹的效果。该滤镜不具有模糊图像的效果，它只影响图像的边缘。"风"滤镜选项如图 3-133 所示。

(3)"拼贴"滤镜

"拼贴"滤镜可以将图像分解为一系列块状并使其偏离原来的位置,以产生不规则拼砖的图像效果,其参数设置及效果如图 3-153 所示。

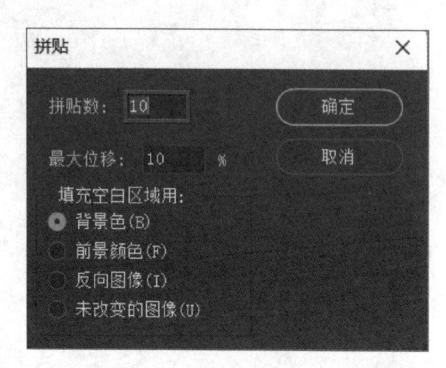

图 3-153　"拼贴"滤镜参数设置及效果

7. "纹理"滤镜组

"纹理"滤镜组可以向图像中添加纹理质感,产生一种将图像制作在某种材质上的质感变化。

(1)"纹理化"滤镜

该滤镜可以将选定的或外部的纹理应用于图像,其选项如图 3-154 所示。

"纹理":用来选择纹理的类型,包括"砖形""粗麻布""画布""砂岩"4 种,不同的纹理效果如图 3-155 所示。

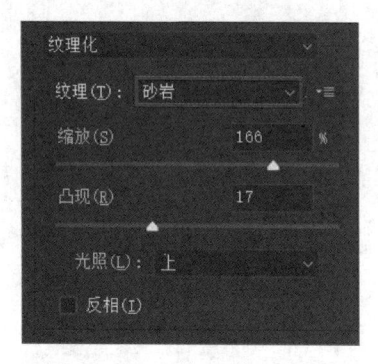

图 3-154　"纹理化"选项　　　　图 3-155　"砖形""粗麻布""画布""砂岩"纹理

(2)"染色玻璃"滤镜

"染色玻璃"滤镜可以将图像重新绘制成用前景色勾勒的单色的相邻单元格块,其参数如图 3-156 所示。

将前景色设为黑色,对图像应用"染色玻璃"滤镜的效果如图 3-157 所示。

(3)"马赛克拼贴"滤镜

"马赛克拼贴"滤镜可以模拟将图像用马赛克碎片拼贴起来的效果,其参数及图像效果如图 3-158 所示。"加亮缝隙"选项用来设置马赛克拼贴缝隙的亮度。

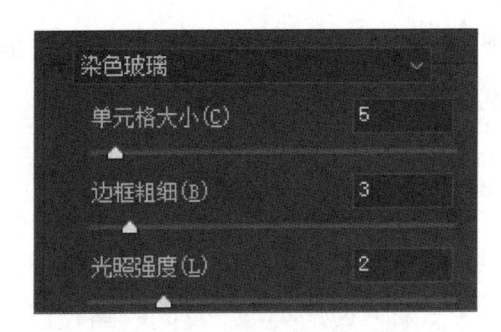

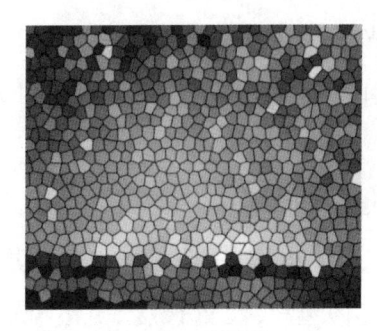

图 3-156 "染色玻璃"选项　　图 3-157 "染色玻璃"滤镜效果

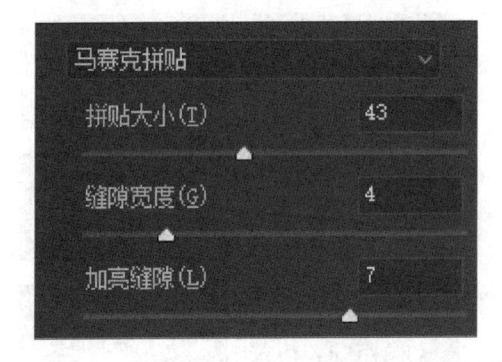

图 3-158 "马赛克拼贴"滤镜参数及效果

8. "渲染"滤镜组

"渲染"滤镜组可以产生云彩、火焰以及特殊的纹理效果,选择"滤镜→渲染"命令,在如图 3-159 所示的子菜单选择即可。

（1）"云彩"滤镜

"云彩"滤镜可根据当前的前景色和背景色之间的变化随机生成柔和的云纹图案,并将原稿内容全部覆盖,通常用来产生一些背景纹路。

将前景色设为白色,背景色设为蓝色,选择"滤镜→渲染→云彩"命令后得到蓝天白云的效果;按 Alt+Ctrl+F 组合键,重复执行"云彩"滤镜,得到不同的随机效果,如图 3-160 所示。

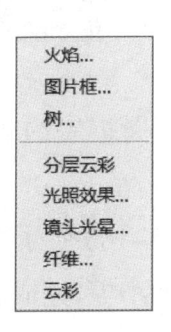

图 3-159 "渲染"滤镜子菜单　　图 3-160 执行两次"云彩"滤镜的随机效果对比

（2）"镜头光晕"滤镜

"镜头光晕"滤镜可以模拟亮光照射到相机镜头所产生的折射效果，其参数如图3-108所示。在对话框中单击图像缩览图的任一位置或拖动其十字线，可以指定光晕中心的位置。

（3）"火焰"滤镜

"火焰"滤镜可以模拟生成火焰，使用很方便，其参数设置如图3-107所示，在对话框中可以选择"火焰类型"，设置长度、宽度、火焰颜色等。6种"火焰类型"及同一路径下6种火焰效果如图3-161所示。

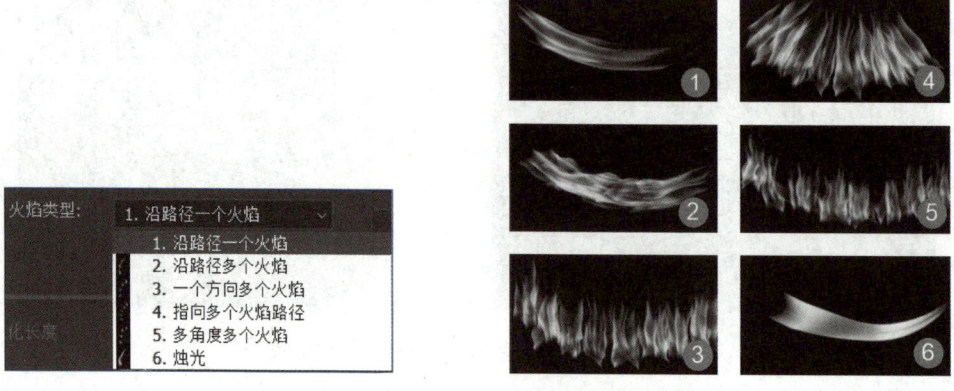

图3-161　6种"火焰"类型及对应效果

利用火焰滤镜可以快速制作火焰文字，具体操作如下：

① 新建背景为黑色的文档，输入字母"A"；按Ctrl+T组合键将其放大；右击字母"A"图层，从弹出的快捷菜单中选择"创建工作路径"命令；隐藏图层"A"，新建空白图层。

② 选择"滤镜→渲染→火焰"命令，打开"火焰"对话框，"火焰类型"选择第2种，设置长度、宽度，单击"确定"按钮，得到如图3-162所示的效果。

提示：

"火焰"滤镜是一种基于路径的滤镜，如果没有选中路径，该命令呈灰色不可用的状态。

（4）"图片框"滤镜

"图片框"滤镜可以模拟制作修饰边框、相框等。为案例8的效果图添加画框的具体操作方法如下：

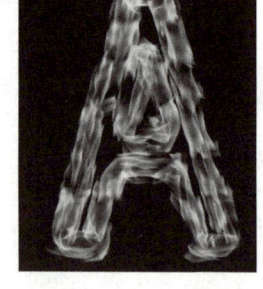

图3-162　火焰字

① 打开图像文件，利用"画布大小"命令或"裁剪工具"将画布四周扩展约2厘米宽的白边。

② 选择"滤镜→渲染→图片框"命令，打开"图案"对话框，如图3-163所示，在"基本"选项卡的"图案"下拉列表框中选择"42：画框"，设置藤饰颜色、边距、大小等，完成后单击"确定"按钮。添加画框后的效果如图3-164所示。

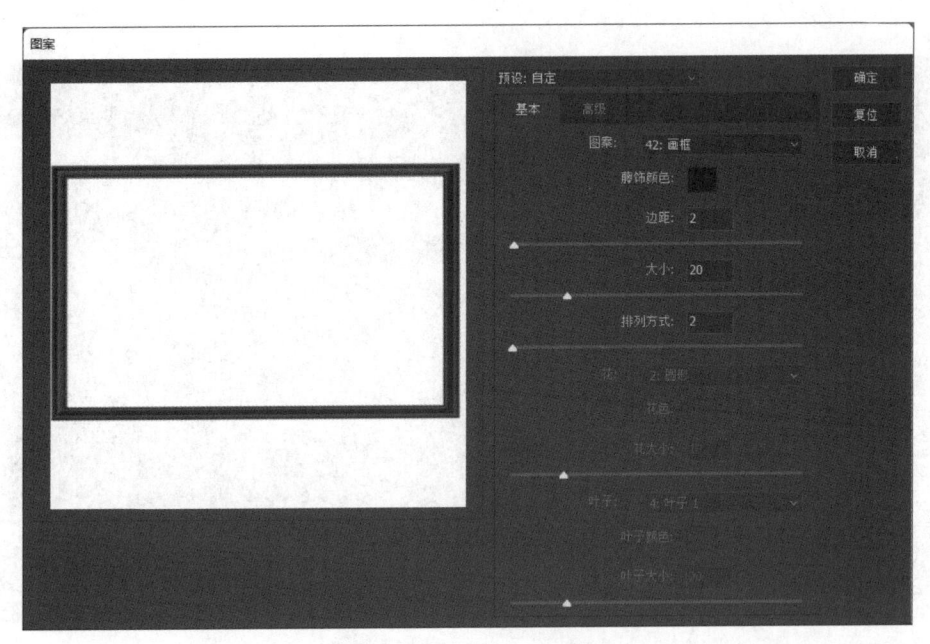

图 3-163 "图案"对话框

图 3-164 添加画框的图像效果

(5) "树"滤镜

"树"滤镜可以模拟生成各种树,其参数设置如图 3-165 所示,在"基本"选项卡中,可以选择"基本树类型"、设置"光照方向""叶子数量""叶子大小""树枝高度""树枝粗细""叶子类型"等参数。

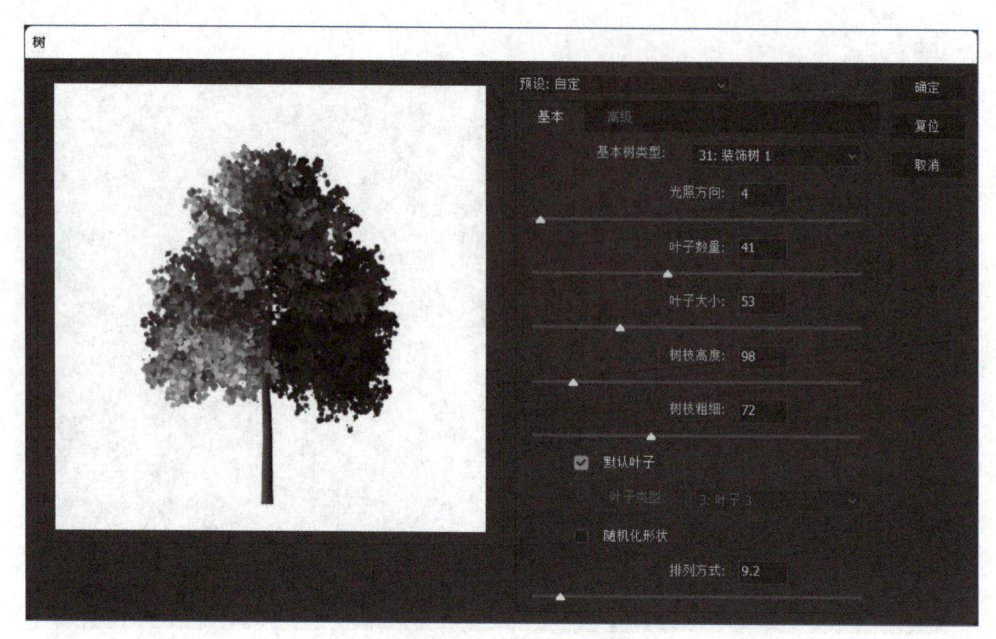

图 3-165 "树"滤镜参数

思考与实训

一、填空题

1. 使用修复工具修复图像时,需要按 Alt 键取样的工具是_____、_____。

2. _____工具组用于擦除多余的像素;其中使用"橡皮擦工具"时,若擦除的是背景层中的图像,则擦除位置_____。

3. 当图像中的颜色不够鲜艳时,可使用工具箱中的_____来增加饱和度,在选项栏中设置模式为_____。

4. 为描述数字图像中的颜色,建立的常用颜色模式有 RGB、_____、HSB。其中_____模型以人类对颜色的感觉为基础,描述了颜色的 3 种基本特性,分别是:色相、_____、明度,其中颜色的相貌是指_____。

5. 调整图像中颜色的饱和度,可使用菜单命令有_____、_____。

6. 当图像中局部区域较暗时,可使用工具箱中的_____来增加亮度,或者使用菜单命令_____或_____提高亮度。

7. 用图形表示图像中每个亮度级别的像素数量的是_____面板,可以通过菜单_____命令来打开该面板,从而可以迅速掌握图像或选区的色调分布情况。

8. 打开"色阶"对话框中的快捷键是_____,打开"曲线"对话框的快捷键是_____。

9. 在"曲线"调整中,默认情况下图形的水平轴代表_____色阶,垂直轴代表_____色阶;若调整的曲线形状向右下方弯曲,会使图像的色调_____。

10. 在色调调整命令中,一般用于偏色校正的是_____,打开该对话框的菜单命令是_____。

11. 要把彩色图像变成灰度图,可以使用的方法有_____、_____、_____等。

12. 要存储、编辑选区应使用_____通道,在这种通道里,默认情况下,黑色表示_____的区域,而白色表示_____的区域。

13. 通道主要有三类,分别是_____、_____、Alpha通道;其中用于存储颜色信息的通道是_____,其数量由_____来决定的。

14. 合并通道的逆操作是_____,可以进行合并通道的条件是灰度、_____、打开状态。

15. 将图像中的选区存储为Alpha通道的菜单命令是_____,也可以单击"通道"面板底部的"_____"按钮。

16. 智能滤镜属于"非破坏性滤镜",对滤镜效果可以进行隐藏、_____、_____等操作,另外还可以设置智能滤镜与图像的不透明度、_____等。

17. 要打开"滤镜库",应使用菜单命令_____,它集合了大部分滤镜,常用的有"纹理"中的_____、"艺术效果"中的_____、"扭曲"中的_____等。

18. 在保留图像边缘的同时模糊图像的滤镜是_____;在"液化"滤镜中,如果要局部恢复变形,可使用的液化工具是_____。

19. 可能产生云彩、光照、火焰效果的滤镜可在_____滤镜组中选择;重复执行上次滤镜操作的快捷键是_____。

二、上机实训

1. 根据提示,对素材图像(smile.jpg)进行修复,效果如图3-166所示。

图3-166 原图与效果图

提示:

修复红眼、斑点、眼袋,美白,柔肤,去除拍摄日期。

2. 图 3-167 所示是手机拍摄的旅游风景照片,近景较暗。请用所学的色调调整知识,分别用几种方法进行处理,将暗部提亮,效果参考如图 3-167 所示。

图 3-167　原图及"阴影/高光""亮度/对比度""HDR 色调"命令调整效果对比

提示:

分别使用"阴影/高光""亮度/对比度""HDR 色调""曝光度"等命令实现。

3. 参考以下操作步骤,利用提供的素材制作多彩玫瑰插花效果。

(1)新建空白文档(800 像素 ×800 像素);打开素材文件,将素材 1、素材 2 加入到主窗口;利用橡皮擦工具组中的工具将素材 1、素材 2 的白色背景去除。

(2)复制玫瑰花图层多次;分别使用不同的方法改变花朵色相,如蓝色、绿色、粉色、洋红、黄色等(建立花朵选区,再分别使用"替换颜色""曲线""通道混合器"等命令实现)。

(3)变换调整各花朵的方向、位置、大小,制作花束插入花篮的效果,如图 3-168 所示。

图 3-168　素材 1、素材 2 与最终效果

4. 将如图 3-169 所示的灰蒙蒙的照片（雨 .jpg）进行调整，并添加下雨的效果。

图 3-169　原图、调整色调效果、下雨效果

提示：

与下雪效果相比，需加大动感模糊的距离。

5. 利用所学的色调、通道知识，抠取素材 1 中的小狗，并与素材 2 合成，得到如图 3-170 所示的效果。

图 3-170　素材及合成后效果

提示：

利用"模糊"滤镜制作投影效果，利用"色彩平衡"命令进行调整，使合成的图像色调一致。

6. 帮助亲人、朋友，扫描或翻拍旧照片，综合利用修复工具、修饰工具、色调调整命令、"液化"滤镜等进行修复，原图与参考修复效果如图 3-171 所示。

7. 参考以下操作步骤，将素材图像进行处理并合成，如图 3-172 所示。

图 3-171 原图与修复效果图

图 3-172 素材 1、素材 2 与合成效果

（1）利用通道提取素材 1 中的透明杯子,结合图层蒙版进一步调整细节;利用通道调色,使杯子呈蓝色玻璃效果。

（2）将素材 2 的绿色背景调整为灰蓝色;将提取的杯子与素材 2 合成,并制作杯子的倒影。添加第 3 题制作的花篮,完成最终效果。

8. 参考以下操作步骤,综合运用所学的滤镜知识制作装饰画效果,如图 3-173 所示。

图 3-173 彩色泡泡、样图 1 及样图 2 效果

（1）利用"云彩"滤镜,借助图层蒙版制作蓝天白云。

（2）利用"树"滤镜生成"树"（样图中树的"基本树类型"分别为31、3、21和24）；利用"液化"滤镜对个别枝条进行处理。

（3）利用"添加杂色""高斯模糊""纹理化"滤镜制作砂岩地面效果。

（4）利用"火焰"滤镜生成黄绿色火焰文字"green"。

（5）利用"镜头光晕""极坐标"滤镜制作并添加彩色的透明泡泡。

（6）利用滤镜添加油画及画布底纹效果。

（7）边框处理。样图1：利用滤镜添加画框（"图片框"滤镜："图案类型"为"聚会"）；样图2：利用通道和滤镜获得选区,并添加图层样式,制作艺术边框。

提示：

新建图层填充黑色,添加"镜头光晕"滤镜、使用"极坐标"滤镜（极坐标到平面坐标）后旋转180度,再次应用"极坐标"滤镜（平面坐标到极坐标）,借助图层混合模式"滤色"得到彩色泡泡效果。

项目4　VI图形设计

Photoshop作为功能强大的平面设计软件，不仅可以处理图像，同时具有强大的矢量图形制作功能：可以快速绘制出所需路径并对路径进行编辑、修改；利用路径抠取复杂对象；还可以应用绘图工具绘制出各种图形。

VI的全称是Visual Identity，即视觉识别，是企业形象设计的重要组成部分，也是近年来平面设计与制作的新领域。

案例9　VI基本要素——企业标志设计

在VI视觉要素中，标志是核心要素，具有象征和识别功能，是企业形象、特征、信誉和文化的浓缩。本案例设计的企业标志，造型源于四方鼎，象征企业强盛的实力及一言九鼎、诚信经营的理念。

案例描述

利用"钢笔工具"、形状工具及路径编辑工具完成如图4-1所示的企业标志的制作。

案例解析

本案例中，需要完成以下操作：
- 借助网格及参考线来绘制图形。
- 利用"椭圆工具"绘制椭圆形状。
- 利用"矩形工具""钢笔工具"及路径编辑工具绘制并调整形状。

图4-1　企业标志

案例实施

① 执行"文件→新建"菜单命令，新建名称为"企业标志"的文件，"新建文档"对话框设置如图4-2所示。

② 选择"视图→显示→网格"菜单命令，显示网格线；选择"视图→对齐到→网格"菜单命令，开启"对齐到网格"功能。

③ 选择"视图→新建参考线"菜单命令,弹出"新建参考线"对话框,设置"取向"为"水平"、"位置"为 10 cm,创建一条参考线。再次打开"新建参考线"对话框,创建一条位置为 10 cm 的垂直参考线,添加后的效果如图 4-3 所示。

图 4-2　"新建文档"对话框设置

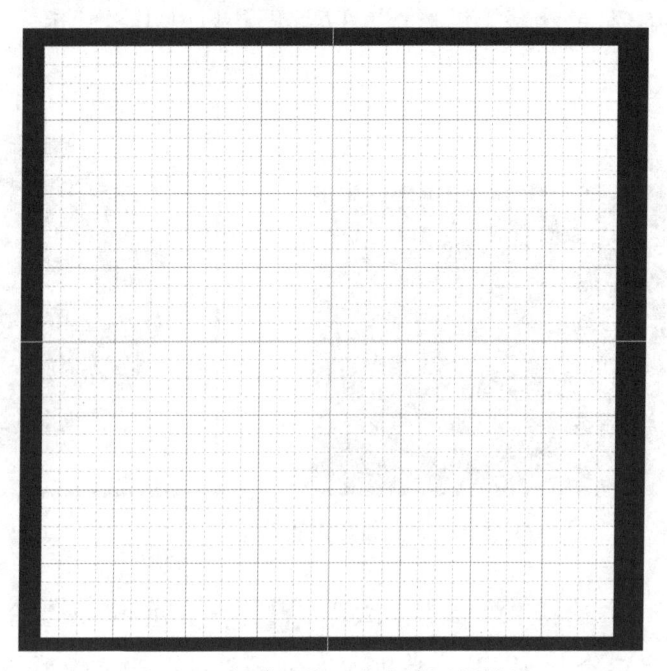

图 4-3　创建网格及参考线后的效果

④ 选择"椭圆工具"，选项栏如图 4-4 所示,设置工具模式为"形状",填充颜色为 #c30202,在文档的中心点单击,弹出"创建椭圆"对话框,参数设置如图 4-5 所示。单击"确定"按钮,自动绘制一个正圆形状,并生成"椭圆 1"图层,效果如图 4-6 所示。

图 4-4　"椭圆工具"选项栏

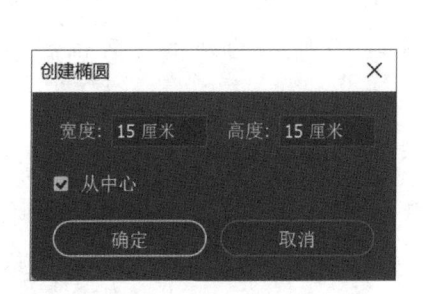

图 4-5　"创建椭圆"对话框

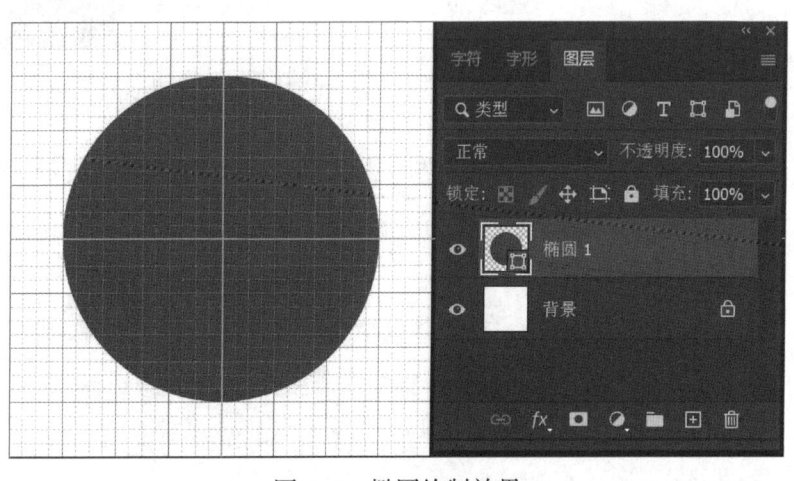

图 4-6　椭圆绘制效果

164 项目 4　VI 图形设计

⑤ 在"图层"面板空白处单击,不选中任何图层;选择"矩形工具"，在选项栏中设置工具模式为"形状"、形状填充类型为"纯色"、填充颜色为白色、"描边"为"无颜色",在文档中心点单击,弹出"创建矩形"对话框,参数设置如图 4-7 所示。单击"确定"按钮,自动绘制一个矩形,并生成"矩形 1"图层,效果如图 4-8 所示。

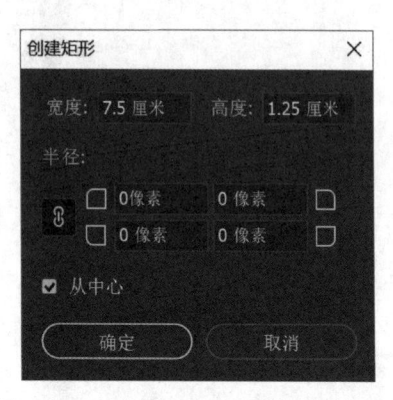

图 4-7　"创建矩形"对话框参数设置　　　　图 4-8　矩形绘制效果

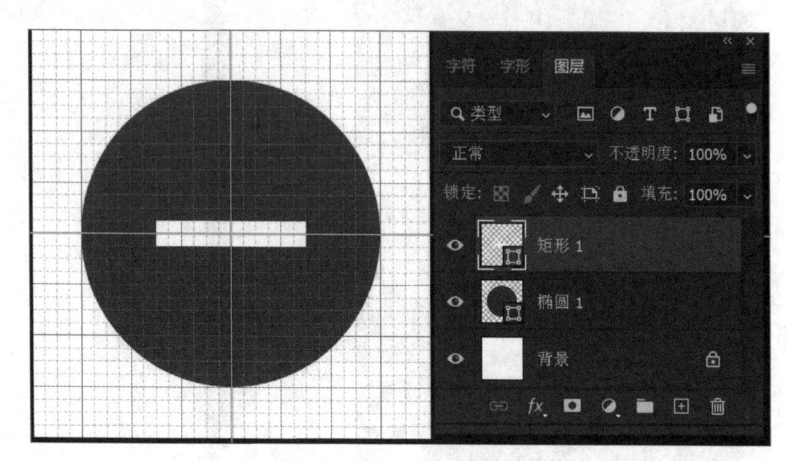

⑥ 选择"路径选择工具"，按住 Alt+Shift 组合键并向上移动矩形,在隔两格的位置复制出第二个矩形,用同样的方法向下复制第三个矩形,效果如图 4-9 所示。

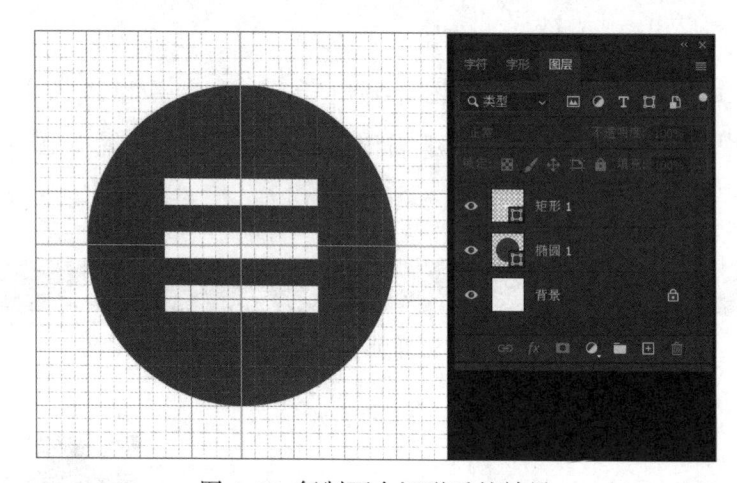

图 4-9　复制两个矩形后的效果

⑦ 在"图层"面板空白处单击,不选中任何图层;选择"钢笔工具"，此时鼠标指针变为钢笔状，选择工具模式为"形状",填充颜色为白色,在如图 4-10 所示的网格交叉位置单击,确定第一个锚点。

⑧ 按住 Shift 键,向下方移动鼠标,在图 4-10 第二张图所示的位置单击确定第二个锚点;向右移动两格、向上移动三格,确定第三个锚点;继续按住 Shift 键向上移动鼠标,在第四张图所示的位置单击确定第四个锚点;向上移动回到起点,指针变为 形状时单击,形成闭合路径。此时"图层"面板中自动生成新图层"形状 1",将其重命名为"左侧"。

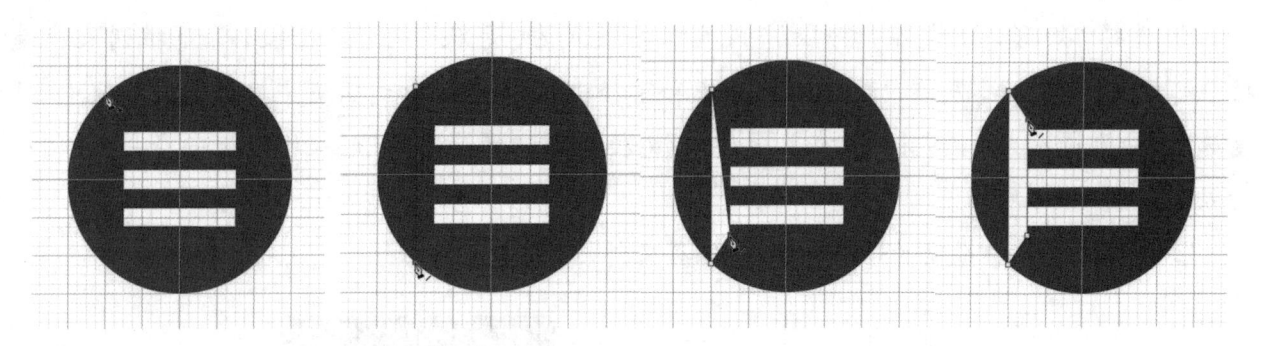

图 4-10 "钢笔工具"绘制的第一、二、三、四个锚点位置

⑨ 选择"转换点工具" ，单击刚绘制的第三个锚点并按住鼠标左键拖动，将角点转化为平滑点，效果如图 4-11 所示；用同样的方法调整第四个锚点，调整后的效果如图 4-12 所示。

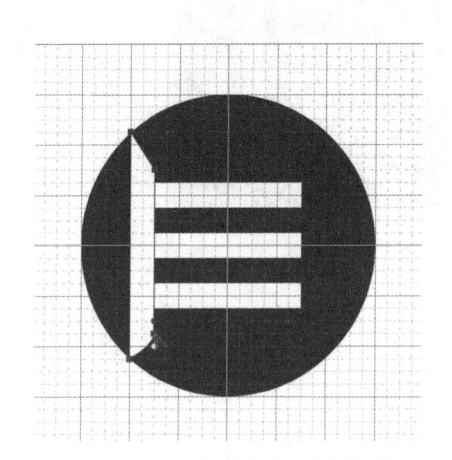

图 4-11 调整第三个锚点效果 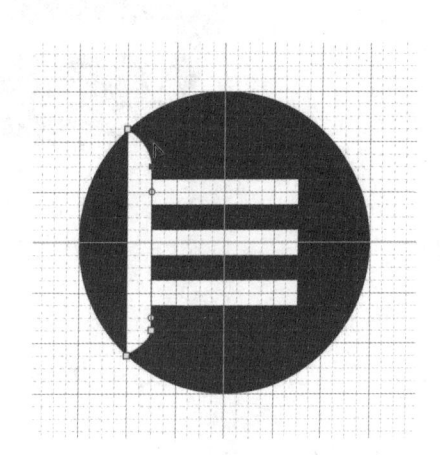　　　　图 4-12 调整第四个锚点效果

⑩ 在"图层"面板中拖动图层"左侧"至"创建新图层"按钮 ，复制该图层并命名为"右侧"；选择"编辑→变换路径→水平翻转"菜单命令，将其水平翻转；利用"路径选择工具" ，单击选中该形状并向右平移至如图 4-13 所示的位置。

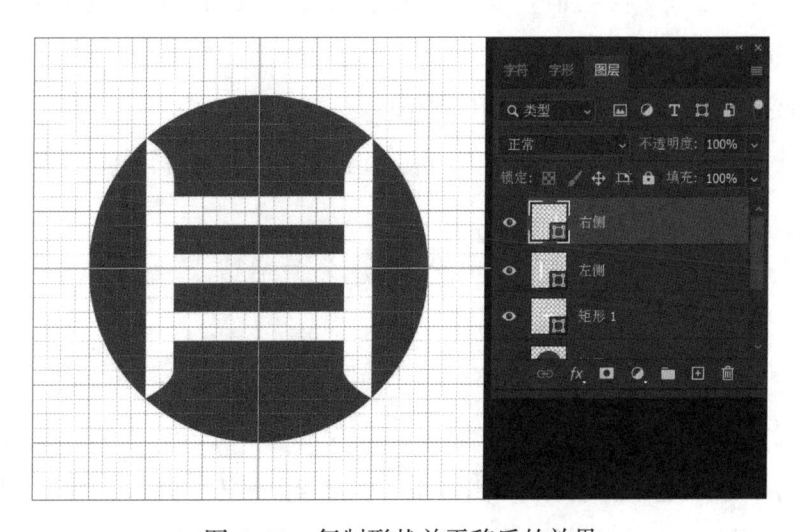

图 4-13 复制形状并平移后的效果

⑪ 选择"矩形工具",在选项栏中设置工具模式为"形状",在"路径操作"下拉列表中选择"减去顶层形状"■,在"设置其他形状和路径选项"✱弹出式面板中取消选中"从中心"复选框,分别选择"左侧"和"右侧"图层,在文档适当位置绘制矩形,从原形状中减去,绘制后的效果如图4-14所示。

⑫ 选择"文件→存储为"菜单命令,保存文件。

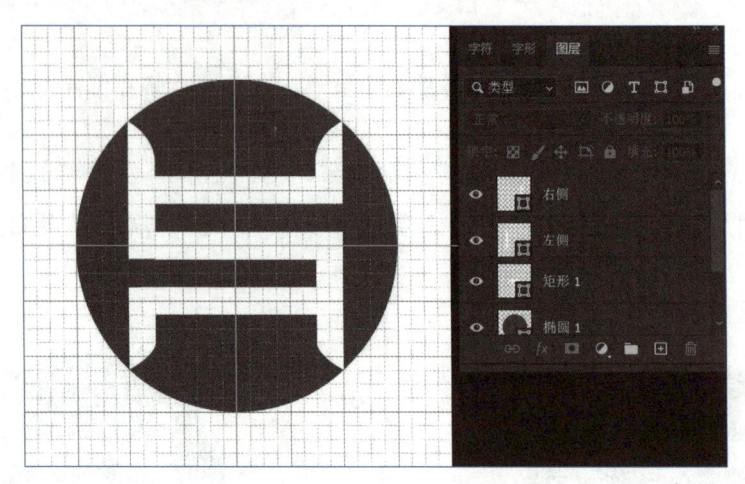

图 4-14　减去矩形后的效果

任务 4.1　VI 设计及图形基础

在注重品牌营销的今天,没有 VI 设计对于一个现代企业来说,就意味着它的形象将淹没于商海之中,意味着企业没有灵魂,团队缺乏战斗力。

1. 什么是 VI 设计

VI 是以标志、标准字、标准色为核心展开的完整的、系统的视觉表达体系,通过 VI 设计,将企业的理念、企业文化、服务内容、企业规范等抽象概念转换为具体记忆和可识别的形象符号,从而塑造出排他性的企业形象。

VI 一般包括两部分:基础要素设计和应用设计。

基础要素设计一般包括:企业的名称、标志、标准字体、标准色、辅助图形、标准印刷字体等。

应用设计包括:产品造型、办公用品、办公服装、公关用品、阵列展示以及印刷出版物等,如图 4-15 所示。

2. VI 设计的原则

在进行 VI 设计时,需要遵循以下三大原则:

- 统一性:为了达成企业形象对外传播的一致性与一贯性,应进行统一设计和统一传播,运用完美的视觉一体化设计将信息与认识个性化和明确化。

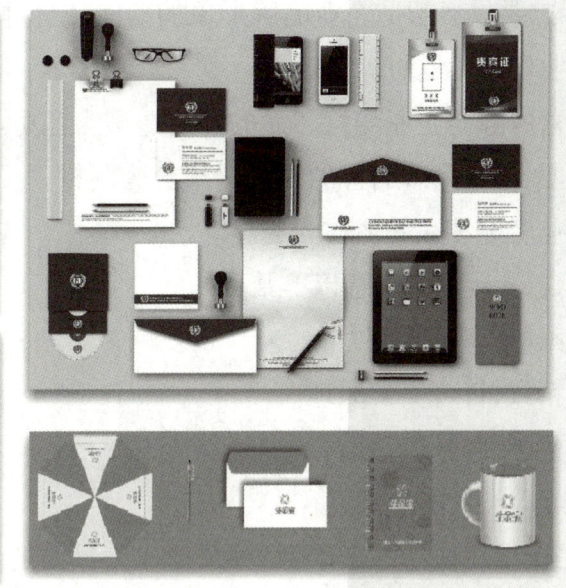

图 4-15　VI 设计的内容

- 差异性：首先表现在不同行业的区分上，在设计时必须突出行业特点才能与其他行业有所区别；其次必须突出与同行中其他企业的差别，这样才能独具风采，脱颖而出。
- 民族性：企业形象的塑造与传播应依据民族文化的不同而有所不同。

3. VI 设计的基本程序

VI 设计的基本程序大致可分为四个阶段：准备、设计开发、反馈修正、编制 VI 手册。

在设计开发阶段，首先设计基本要素系统：企业名称、企业标志、标准色、标准字等。在诸多要素中，企业名称占据首要地位，企业标志是核心要素。

4. 企业标志的定位

设计企业标志（Logo）前，首先要了解标志的类型。在一般情况下，标志可分为几何型、自然型、动物型、人物型、汉字型、字母型、花木型和多元化型等类型，如图 4-16 所示。

图 4-16　Logo 的类型

成功的标志要具备塑造企业品牌形象的功能,定位标志时可从以下几点入手:
- 以企业理念为题材。
- 以经营内容与企业经营产品的外观造型为题材。
- 以企业名称、品牌名称的首字母组合为题材。
- 以企业名称和品牌名称为题材。

在企业标志设计中要注意以下几点:
- 简洁鲜明,富有感染力。
- 优美精致,符合美学原理。
- 确保清晰性与可辨性。

5. Photoshop 矢量图基础

矢量图是根据几何特性来绘制图形,构成矢量图的元素可以是点、线、矩形、多边形、圆、弧线等几何元素。矢量图放大时不会失真,因而常用于图形设计、文字设计、标志设计和版式设计等领域。

在 Photoshop 中,绘制矢量图包括创建矢量形状和路径。可以使用任何形状工具、"钢笔工具"或"自由钢笔工具"绘制矢量图;利用路径编辑工具和"路径"面板可实现路径的编辑与应用。

(1) 了解形状和路径
- 矢量形状:是使用形状工具或"钢笔工具"绘制的直线和曲线。矢量形状与分辨率无关,因此,它们在调整大小、打印、存储为 PDF 文件或导入到基于矢量的图形应用程序时,会保持清晰的边缘。其轮廓由路径来定义,可以编辑形状的轮廓,也可以进行描边、填充、添加样式等。

若要用绘画工具编辑矢量形状或执行滤镜命令,必须先将矢量形状栅格化。

- 路径:是由若干锚点、直线段、曲线段构成的矢量线条,它是一种轮廓,只能存放于"路径"面板中。

路径由锚点、路径线段和方向线组成,如图 4-17 所示,其中 A 为曲线段,B 为方向点,C 为方向线,D 为选中的锚点,E 为未选中的锚点。

路径可以是开放的,也可以是闭合的;可以是一条连续的路径,也可以是多个子路径,如图 4-18 所示。

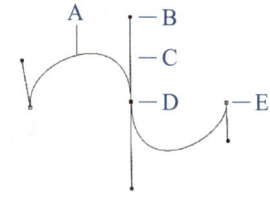

图 4-17 路径的组成

(2) 三种绘图模式

在 Photoshop 中使用形状工具或"钢笔工具"绘图前,首先要在选项栏中选取一种绘图模式。绘图模式有三种:形状、路径和像素,分别用于创建形状图层、工作路径和栅格化的像素对象。利用这三种模式绘制的效果如图 4-19 所示。

- 形状:会自动创建新的形状图层。形状轮廓是路径,在"路径"面板中会出现对应的形状路径。

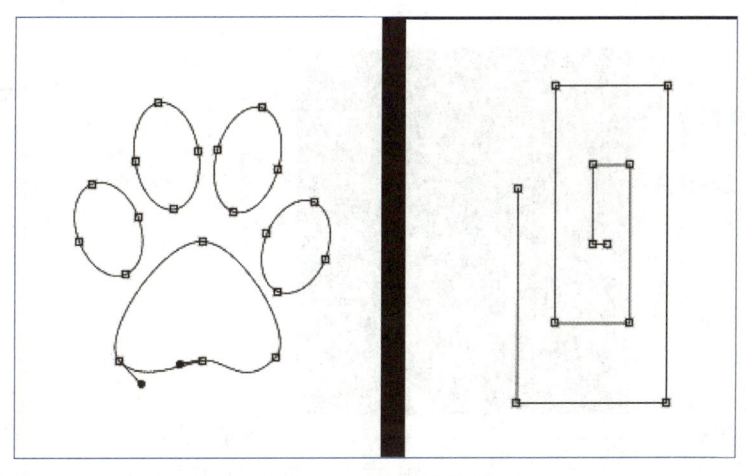

图 4-18　路径的种类

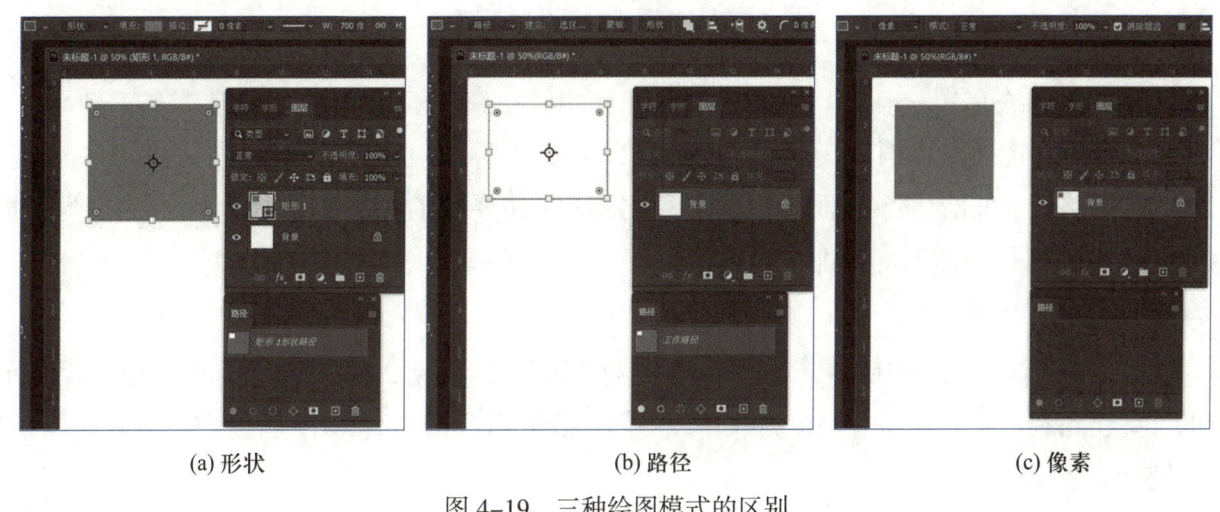

(a) 形状　　　　(b) 路径　　　　(c) 像素

图 4-19　三种绘图模式的区别

- 路径：会创建一个临时的工作路径，出现在"路径"面板中，而不是在"图层"面板中。
- 像素：会创建栅格图像，而不是矢量图形。在选项栏中可以设置模式和不透明度；可以像处理任何栅格图像一样来处理绘制的形状；"钢笔工具"不能使用该模式。

任务 4.2　掌握路径的基本操作

在 Photoshop 中，可以利用"路径"面板来管理路径以及进行路径的基本操作：路径可以与选区相互转换，可以进行填充与描边；可以通过路径创建矢量蒙版、凸出为 3D。

1."路径"面板

"路径"面板主要用来保存和管理路径。在面板中显示了存储的所有路径、工作路径和矢量蒙版路径的名称和缩览图。

选择菜单"窗口→路径"命令，打开"路径"面板，其面板及面板菜单如图 4-20 所示。

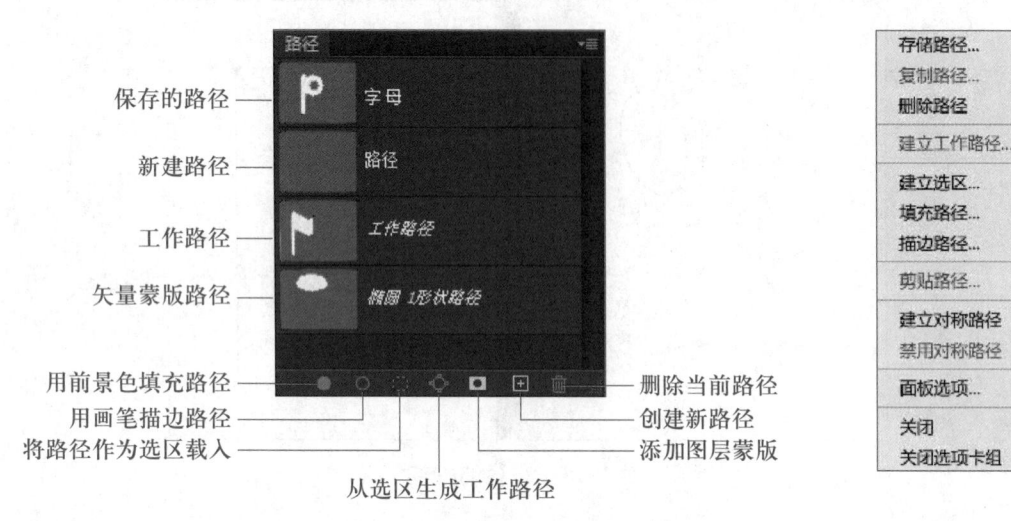

图 4-20 "路径"面板及面板菜单

2. 路径的基本操作

（1）路径的选择与取消

要选择路径，单击"路径"面板中的路径名即可；如要取消路径的选择，单击"路径"面板中的灰色空白区域或按 Esc 键即可。

（2）创建新路径

单击"创建新路径"按钮，会以默认名称"路径1,路径2…"新建路径；选择面板菜单中的"新建路径"命令或按住 Alt 键并单击"创建新路径"按钮，弹出"新建路径"对话框，可输入路径名称。

（3）将工作路径存储为永久路径

工作路径为临时的路径，一旦重新绘制，原工作路径会被当前路径所替代。如果想保存工作路径不被替代，可双击路径缩览图，弹出"存储路径"对话框，将其存储或拖至"创建新路径"按钮上以默认名称存储。

（4）复制路径

在"路径"面板中选择要复制的路径（临时的工作路径除外），拖至"创建新路径"按钮上或选择"路径"面板菜单中的"复制路径"命令即可。

（5）删除路径

若要删除某个不需要的路径，可将其拖至"删除当前路径"按钮上或直接按 Delete 键删除。

任务 4.3 使用钢笔工具组

钢笔工具组包括"钢笔工具""自由钢笔工具""弯度钢笔工具""添加锚点工具""删除锚点工具"和"转换点工具"，如图 4-21 所示，组合使用这些工具，可以绘制各种形状的矢量图形和复杂的路径。

1. "钢笔工具"

"钢笔工具"是最基本、最常用的路径绘制工具,使用该工具可以绘制任意形状的直线或曲线路径,可绘制闭合或开放的路径。

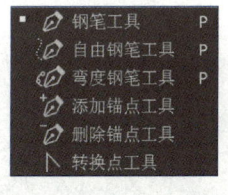

图 4-21　钢笔工具组

选择该工具,直接单击,可创建直线段路径;单击并拖曳鼠标可绘制曲线路径;当回到起点时单击可绘制闭合路径;未回到起点时,按住 Ctrl 键在线段外单击可创建非闭合路径;借助 Shift 键可创建 45°角倍数的直线段路径。

"钢笔工具"选项栏包括"路径"和"形状"两种模式,选项栏分别如图 4-22 和图 4-23 所示。

图 4-22　"钢笔工具"的"路径"模式选项栏

图 4-23　"钢笔工具"的"形状"模式选项栏

(1)工具模式为"路径"

● "建立" ：绘制完路径后单击相应的按钮,即可将路径转换为选区、矢量蒙版或形状图层。

● "路径操作" ：下拉菜单如图 4-24 所示,通过这些命令可以实现新绘制的路径与图像中原路径的相加、相减或相交等运算(新建图层仅在"形状"模式时可用)。

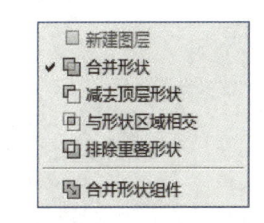

图 4-24　"路径操作"下拉菜单

● "设置其他钢笔和路径选项" ：可以设置绘制路径的颜色、样式、粗细。选中"橡皮带"复选框,可在绘制路径的同时观察路径的走向。

(2)工具模式为"形状"

● "填充"：类型包括"无颜色""纯色""渐变"和"图案",单击"设置填充类型"按钮,从弹出的选项面板中可以选择填充的类型,如图 4-25 所示。

● "描边" ：分别设置描边类型、描边宽度和描边线型。描边类型与填充类型设置相同,也包括"无颜色""纯色""渐变"和"图案"。

● 宽和高 ：其文本框可显示或更改形状的宽度(W)和高度(H)。

● "对齐边缘" ：若选中此复选框,绘制形状时可自动对齐网格,常用于比例路径的绘制。

(a) 纯色　　　　　　　　　(b) 渐变　　　　　　　　　(c) 图案

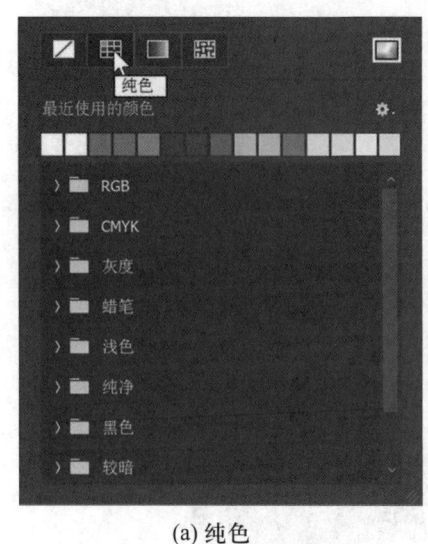

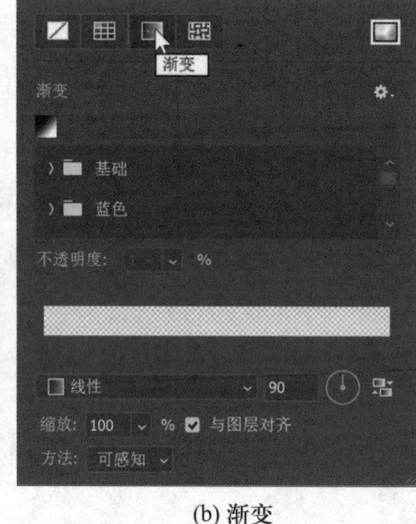

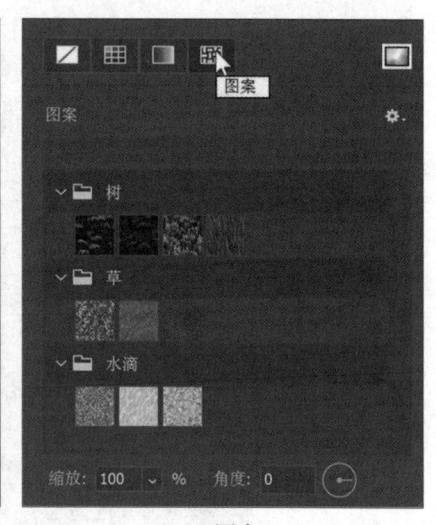

图 4-25　三种填充类型的选项面板

"钢笔工具"的应用方法：

① 分别打开图像"小猫.jpg"和"T恤女孩.jpg"，将"小猫.jpg"拖至"T恤女孩.jpg"文档中，调整至合适的位置。选择工具箱中的"钢笔工具"，设工具模式为"路径"，单击"设置其他钢笔和路径选项"按钮，在选项面板中勾选"橡皮带"复选框，在图像中相应位置单击确定锚点，在图像中单击并向左上方拖动，确定第二个锚点；将指针移至第二个锚点处并拖曳鼠标，得到第一段曲线路径；用相同的方法确定第三个锚点后，按住 Alt 键并单击，取消一侧方向线；然后确定第四个锚点后向右上方拖曳鼠标，得到第四段路径；回到第一个锚点处单击并向左下方拖曳鼠标，闭合路径并得到第五段曲线路径，如图 4-26 所示，绘制出心形路径效果。

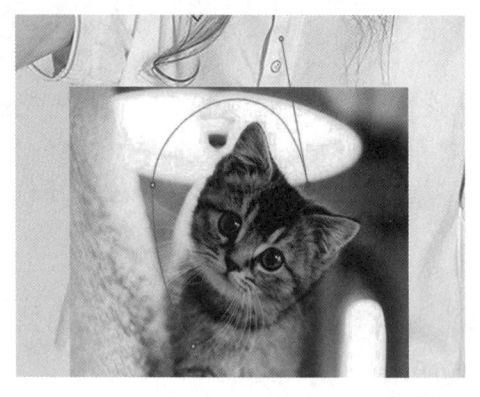

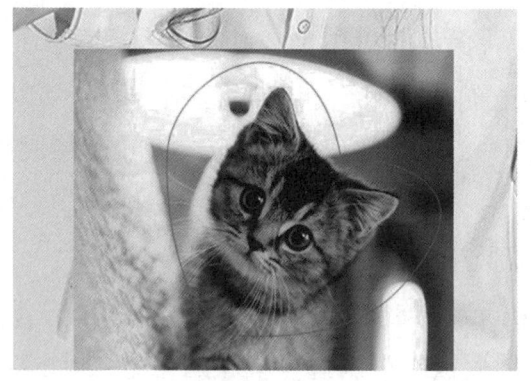

图 4-26　"钢笔工具"创建锚点及闭合路径

② 单击"钢笔工具"选项栏中的 选区… 按钮，弹出如图 4-27 所示的"建立选区"对话框，设置"羽化半径"为 5 像素，单击"确定"按钮，将路径转换为选区；反向选择，取消多余的选区。在"图层"面板中将图层混合模式设置为"溶解"。

③ 选择"钢笔工具",工具模式设置为"形状",填充类型设置为"无颜色",描边颜色设置为#f05a42,描边宽度设置为3像素,描边线型设置为虚线,路径操作设置为"新建图层",与步骤①相同,在"图层1"外侧绘制一圈虚线心形,如图4-28所示。在"图层"面板生成"形状1"图层。

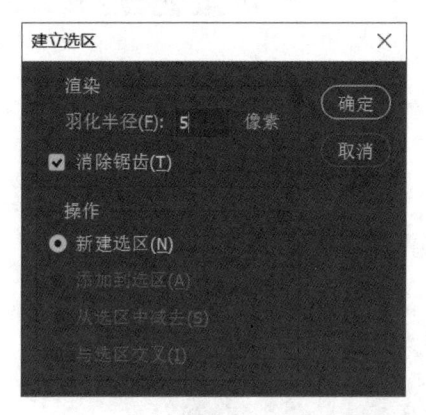

图4-27 "建立选区"对话框

图4-28 绘制心形虚线效果

④ 按Esc键,取消任何路径的选择。再次选择"钢笔工具",工具模式设置为"形状",填充颜色设置为#ffff00,描边设置同步骤③,绘制第三个心形,将生成的"形状2"图层置于"形状1"图层下方,最终效果如图4-29所示。

图4-29 最终效果

2. "自由钢笔工具"

使用"自由钢笔工具"绘制路径时,系统会根据鼠标指针的轨迹自动生成锚点和路径,其选项栏与"钢笔工具"相比,增加了"磁性的"复选框,单击"设置其他钢笔和路径选项"按

钮 ![], 其选项面板如图 4-30 所示。

"磁性的": 勾选此复选框, 该工具将变为 "磁性钢笔工具" ![], 可以像使用 "磁性套索工具" ![] 一样, 使用 "磁性钢笔工具" 沿图像中颜色对比度强的边缘自动铺设锚点, 快速勾勒出对象的轮廓。

下图中利用 "磁性钢笔工具" 绘制对象路径, 单击选项栏中的按钮 ![选区], 将路径转换为选区, 复制到目标图像中, 其过程如图 4-31 所示。

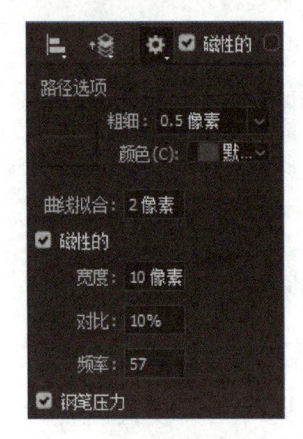

图 4-30 "磁性钢笔工具" 选项

图 4-31 利用 "磁性钢笔工具" 绘制路径 – 转换为选区 – 复制到目标图像中

3. "添加锚点工具" ![] 和 "删除锚点工具" ![]

选择 "添加锚点工具", 将鼠标指针移至路径上, 变为 ![]形状时单击可添加锚点; 选择 "删除锚点工具", 将鼠标指针移至锚点上, 变为 ![]形状时单击可删除锚点。

4. "转换点工具" ![]

锚点可以分为角点和平滑点两种, 如图 4-32 所示, 其中 A 点为平滑点; 其余三点均为角点, C 点是没有方向线的角点。使用 "转换点工具" 可以实现平滑点与角点的相互转换。

（1）角点转换为平滑点

在角点上单击并拖曳鼠标, 可以将角点转为平滑点, 如图 4-33 所示。

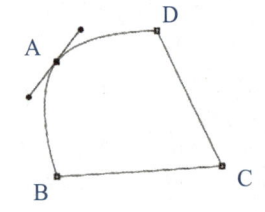

图 4-32 路径中的锚点

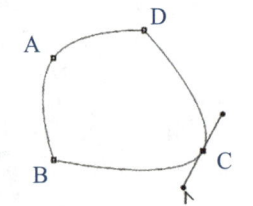

图 4-33 C 点变平滑点

（2）平滑点转换为角点（如图 4-34 所示）

- 直接单击平滑点, 可将平滑点转换为没有方向线的角点。
- 拖动平滑点的方向线, 可将平滑点转换为具有两条相互独立方向线的角点。

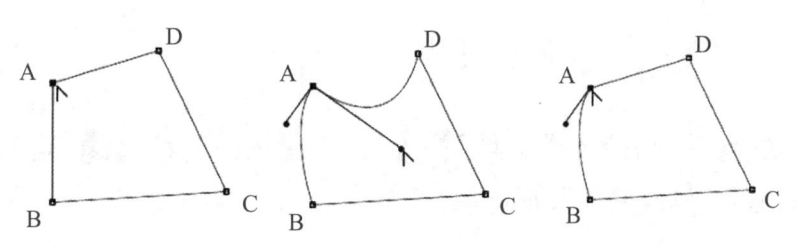

图 4-34　平滑点变角点（无方向线角点、两条方向线、一条方向线）

- 按住 Alt 键同时单击平滑点，可将平滑点转换为只有一条方向线的角点；用"钢笔工具"编辑路径时，按住 Alt 键同时单击平滑点，可取消靠近下一锚点的方向线。

如图 4-35 所示，利用"添加锚点工具"和"转换点工具"编辑对象路径，绘制雨伞罩轮廓。

5. "弯度钢笔工具"

使用"弯度钢笔工具"可以更便捷地绘制直线和曲线路径，与"钢笔工具"相比，其最大的特点就是无须切换工具就能创建、切换、编辑、添加或删除平滑点或角点。

选择该工具，分别在绘图窗口单击确定线段的两个锚点，此时生成直线路径，移动鼠标后直线路径变换成曲线路径，如图 4-36 所示；当鼠标指针移至锚点上，变为 形状时单击可移动锚点；当鼠标指针移至路径上，变为 形状时单击可直接添加锚点；只需双击锚点，即可完成平滑点与角点的转换。

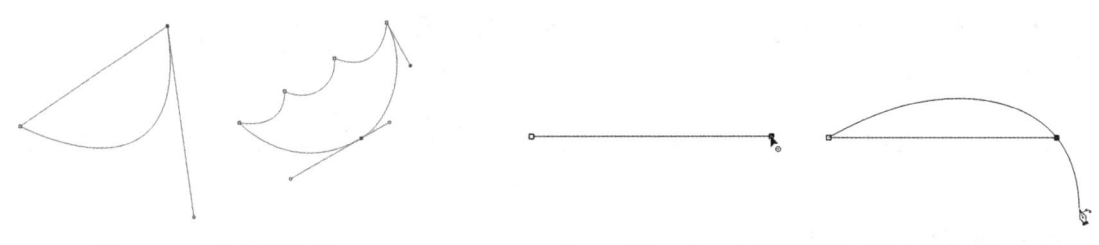

图 4-35　雨伞罩轮廓　　　　图 4-36　"弯度钢笔工具"的使用

下面的"多肉植物"例子中，利用"弯度钢笔工具"绘制一条闭合路径，调整锚点的位置，填充渐变色；用相同的方法绘制多片叶子并调整位置，最后用"钢笔工具"绘制花盆，如图 4-37 所示。

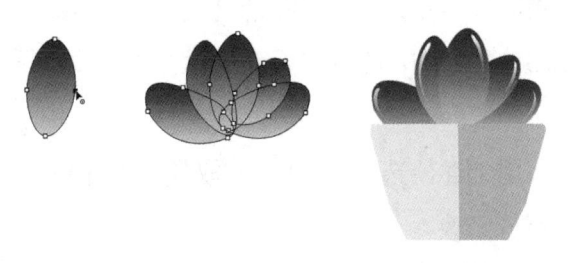

图 4-37　利用"弯度钢笔工具"制作多肉植物

任务 4.4　使用路径选择工具组

路径选择工具组包括"路径选择工具" 和"直接选择工具" ，这两个工具主要用来选择和调整路径的形状，修改路径及形状属性。

1. "路径选择工具"

"路径选择工具"可以用来选择单个路径或多个路径组件；也可以直接移动路径，移动时按住 Alt 键可复制路径；还可以用来组合、分布和对齐各路径组件，利用其工具选项栏可对已有形状进行修改。

在图 4-38 中，利用"路径选择工具"对路径组件进行选择、复制、对齐、分布、组合、填充等操作，具体操作方法如下。

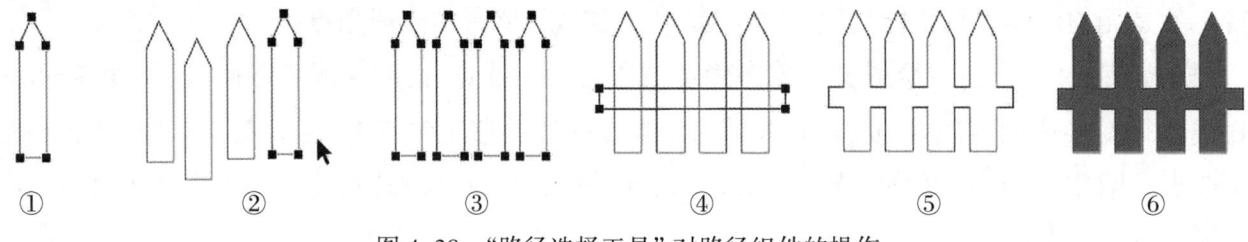

图 4-38　"路径选择工具"对路径组件的操作

① 选择工具箱中的"钢笔工具"，设为路径模式，在选项栏中单击"路径操作"→"合并形状"，在图像中绘制竖条形路径。

② 选择"路径选择工具"选中该路径，按住 Alt 键同时向右拖动，释放鼠标时复制出一个路径组件，用同样的方法再复制两个。

③ 选择"路径选择工具"，按住 Shift 键同时选取四个路径组件，单击工具选项栏中"对齐"选项中的"顶对齐"按钮 ，将其顶对齐；然后单击"对齐"选项中的"按宽度均匀分布"按钮 ，使之分布均匀。

④ 选择"钢笔工具"，单击"路径操作"→"合并形状"，绘制横条形路径。

⑤ 选择"路径选择工具"，在图像中拖曳出一个矩形框，将各组件同时选中，在工具选项栏中单击"路径操作"→"合并组件" ，将各组件合并为一个路径。

⑥ 右击路径，从弹出的快捷菜单中选择"填充路径"命令，设置填充内容为"50% 灰色"，即可得到最终的围栏效果。

对于已绘制的形状图层，用"路径选择工具"选取轮廓路径后，便可激活其填充、描边、大小等选项，可进行属性的设置与修改。

2. "直接选择工具"

"直接选择工具"用来移动路径上锚点或线段，也可移动方向线。在图 4-39 中，用"钢笔工具"建立路径后再用"直接选择工具"进行调整，以获得瓷器的选区。

使用"直接选择工具"编辑路径时，直接单击，锚点全部显示为空心，表示该路径组件被选取；在某个锚点上单击，变为黑色，表示为当前编辑的锚点，可以进行移动、删除等操作。

按 Ctrl 键可以实现"路径选择工具"与"直接选择工具"的快速切换。

在使用"钢笔工具"编辑路径时，按住 Ctrl 键可切换成"直接选择工具"。

图 4-39 "钢笔工具"建立路径后用"直接选择工具"调整

案例 10　VI 办公用品 1——企业手提袋设计

手提袋是流动性比较好的宣传媒介，手提袋的推广与应用，让企业看到了它的营销力与流动性价值。企业定制款手提袋可以传播公司的企业标志、文化和理念，这种手提袋已成为目前最有效率而又物美价廉的广告媒体之一。

案例描述

综合利用"钢笔工具"、形状工具及路径编辑工具完成如图 4-40 所示的企业定制款手提袋设计效果。

案例解析

本案例中，需要完成以下操作：
- 利用图层组管理图层。
- 利用"矩形工具"绘制背景效果。
- 利用"钢笔工具"及路径编辑工具绘制手提袋效果。
- 利用剪贴蒙版实现手提袋正面的图案效果。

图 4-40　企业定制款手提袋设计效果

案例实施

① 执行"文件→新建"菜单命令，新建名称为"企业手提袋"的文件，"新建文档"对话框设置如图 4-41 所示。

② 选择菜单"视图→显示→网格"命令，显示网格线；选择菜单"视图→对齐到→网格"命令，开启"对齐到网格"功能。

③ 选择"矩形工具"■,在选项栏中选择"形状"模式,设置填充类型为纯色、填充颜色为 #3f3d40、"描边"为"无颜色",在文档下方按住鼠标左键拖曳绘制一个矩形,将生成的图层重命名为 "背景下"。

④ 不选中任何图层,继续使用"矩形工具",在工具选项栏中选择"形状"模式,设置填充类型为由 #585659 至 #d8d4d4 的线性渐变、"描边"为"无颜色",在文档上方按住鼠标左键拖曳绘制矩形,将生成的图层重命名为"背景上",绘制后的效果如图 4-42 所示。

图 4-41　"新建文件"对话框设置 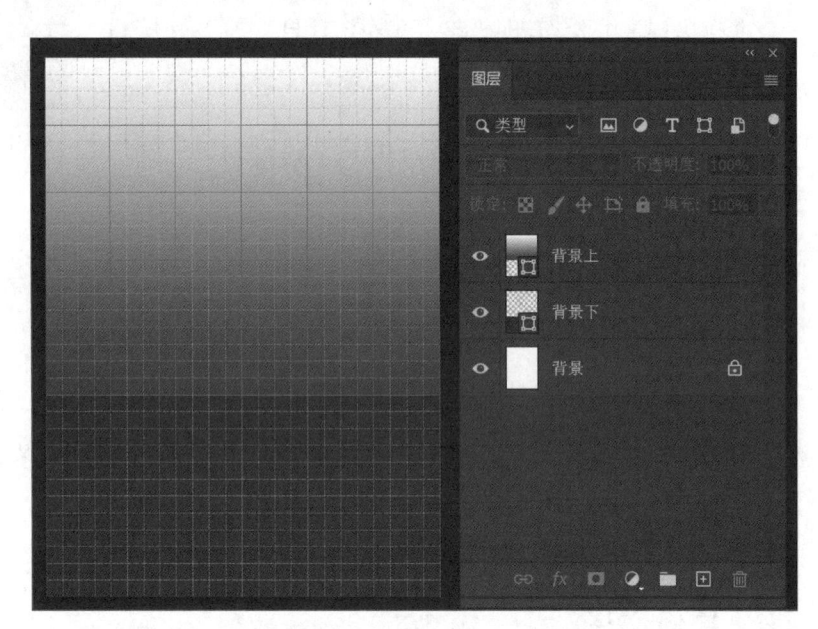　　　　　　　图 4-42　绘制两个矩形后的效果

⑤ 选择"钢笔工具",设置工具模式为"形状"、"描边"为"无颜色"、填充颜色为 #759dd0, 对齐网格线,绘制如图 4-43 所示的形状,并将生成的图层重命名为"前"。

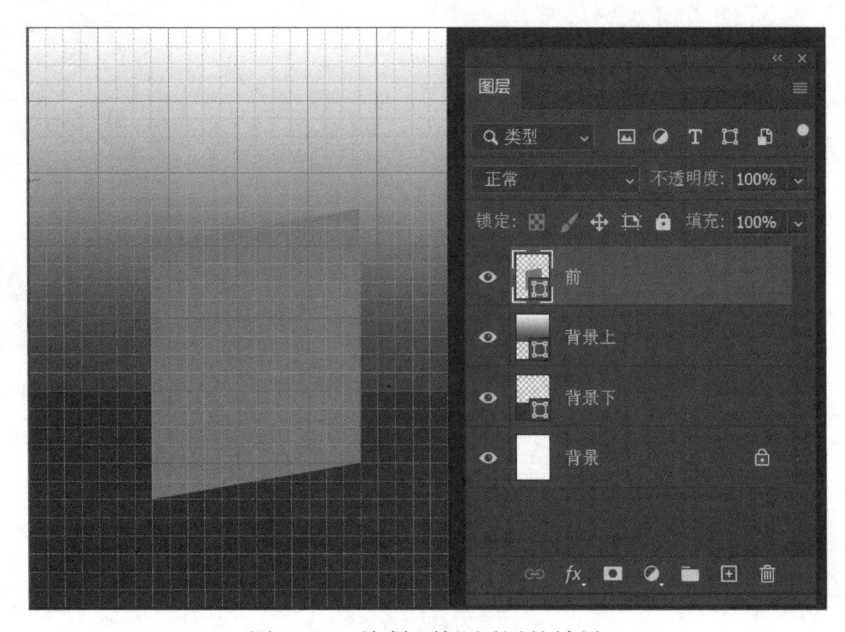

图 4-43　绘制"前"图层的效果

⑥ 在"图层"面板中,拖动"前"图层至"创建新图层"按钮 上,复制该图层。将复制的图层命名为"后",将"后"图层移至"前"图层下方。选中"后"图层,选择"钢笔工具",在工具选项栏中将填充色修改为#c3c0c0;使用"移动工具"向左上方移动"后"图层中的形状,效果如图4-44所示。

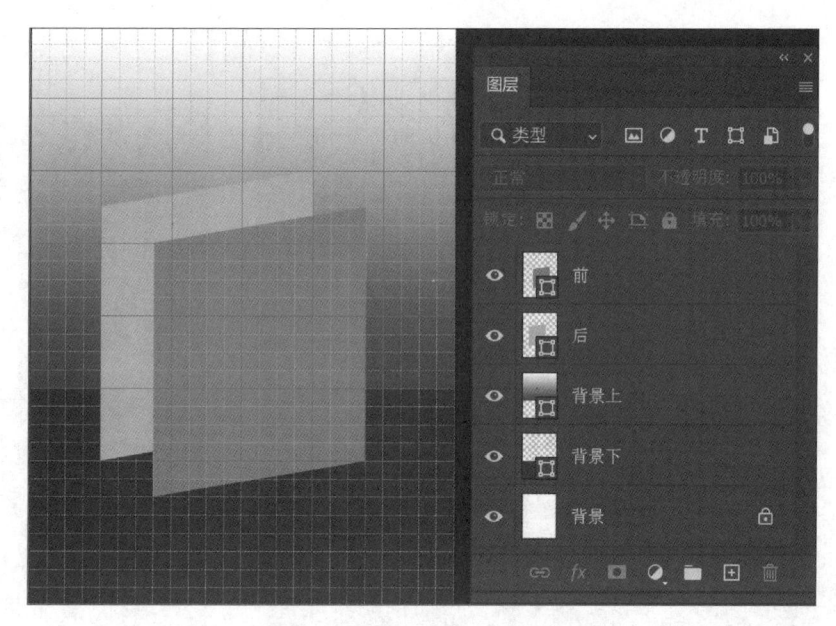

图4-44 调整"后"图层的效果

⑦ 不选中任何图层,继续使用"钢笔工具",设置工具模式为"形状"、"描边"为"无颜色"、填充为由#122a57至#759dd0的线性渐变,对齐网格线,绘制如图4-45所示的形状,并将生成的图层重命名为"左"。

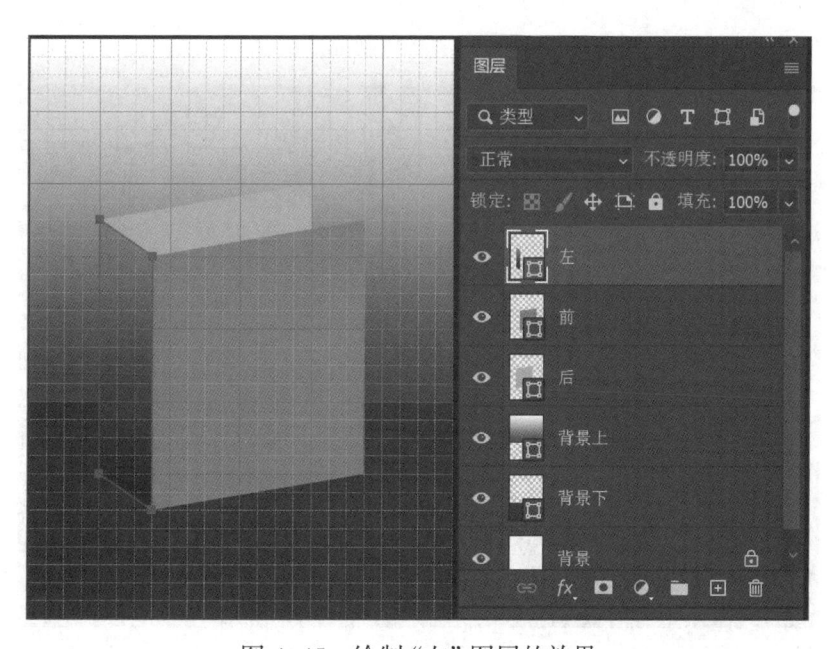

图4-45 绘制"左"图层的效果

⑧ 参照步骤⑥,复制"左"图层,将其命名为"右"。将形状的填充颜色改为#847c7b,向右上方移动该形状,位置如图 4-46 所示。将"右"图层移至"前"图层下方。

⑨ 在"图层"面板中单击"创建新组"按钮 ▢ 两次,创建两个图层组,并分别命名为"前面"和"左侧",将"前""左"两个图层分别移至两个图层组中,此时"图层"面板如图 4-47 所示。

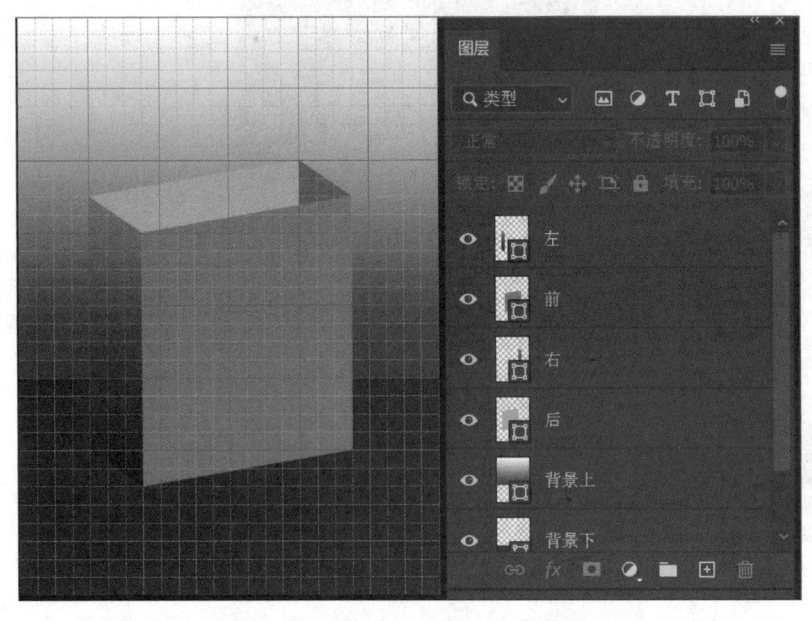

图 4-46　调整"右"图层的效果

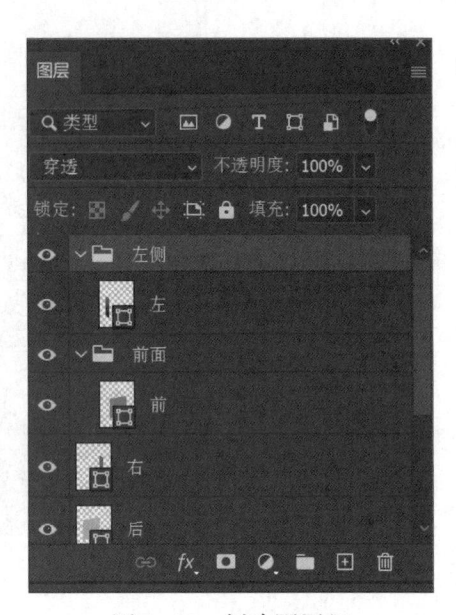

图 4-47　创建图层组

⑩ 选中"前面"图层组,选择"钢笔工具",设置工具模式为"形状"、"描边"为"无颜色"、填充为白色,绘制如图 4-48 所示的形状,此时"前面"图层组中自动生成"形状 1"图层。

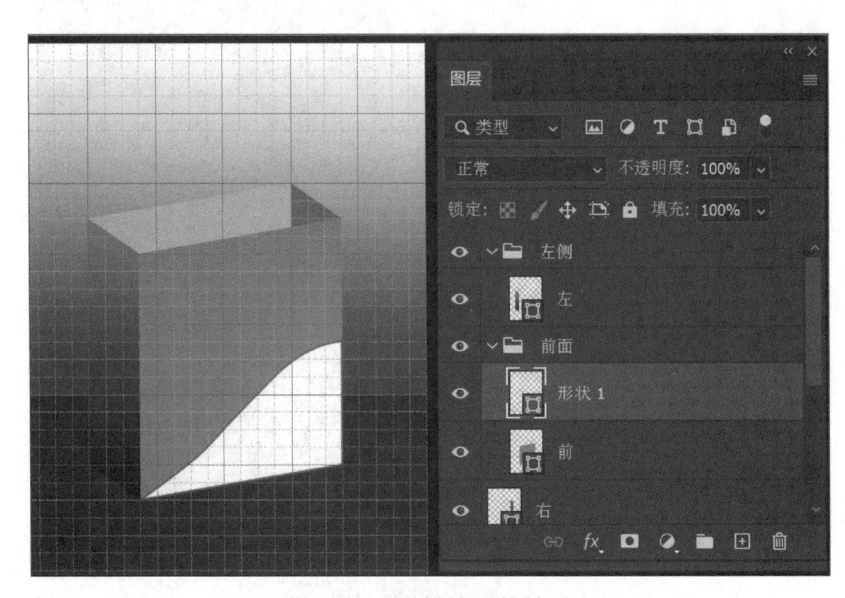

图 4-48　绘制的形状效果

⑪ 打开素材图像"人物.jpg",将其拖到设计文档中并移至"形状1"图层的上方,生成的图层命名为"人物"。调整图像的大小、角度及位置,效果如图4-49所示。在"图层"面板中右击"人物"图层,从弹出的快捷菜单中选择"创建剪贴蒙版"命令,此时图像效果如图4-50所示。

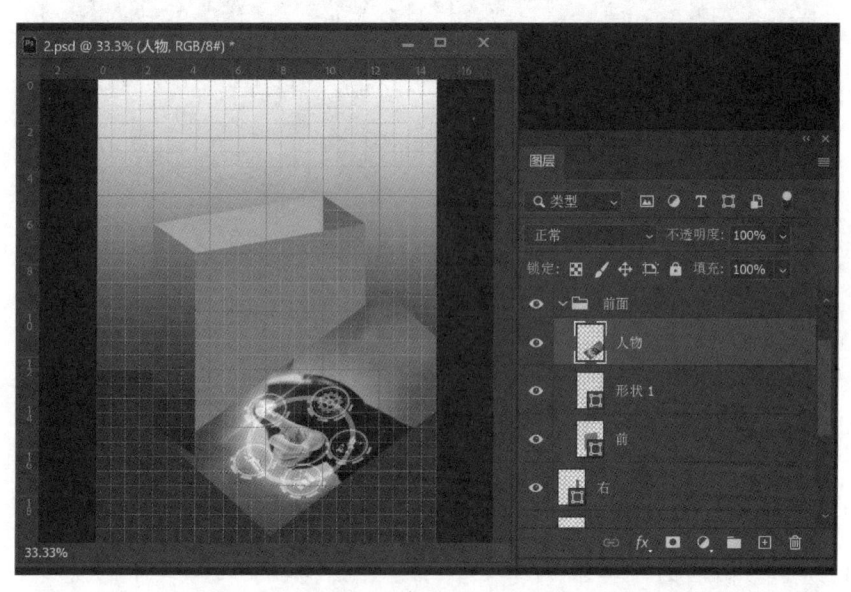

图4-49 调整人物图像大小、角度及位置

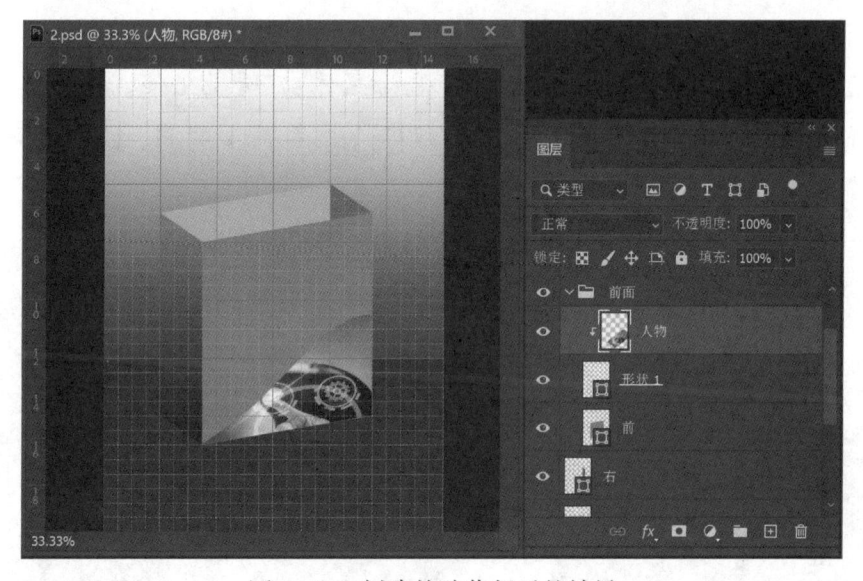

图4-50 创建剪贴蒙版后的效果

⑫ 打开素材图像"企业标志.png",将其拖到设计文档中并移至"前面"图层组中"人物"图层的上方,生成的图层重命名为"标志",调整标志的大小、角度及位置。选择"横排文字工具",依次输入字体为黑体、字号为36点、颜色为黑色的文字"企业集团",字体为黑体、字号为16点、颜色为黑色的文字"Impossible Made Possible",调整文字的角度及位置,效果如图4-51所示。

图 4-51 文字效果

⑬ 打开素材图像"二维码.png",将其拖到设计文档中并移至"左侧"图层组"左"图层的上方,生成的图层重命名为"二维码"。选中该图层,执行"编辑→变换→斜切"菜单命令,将鼠标指针置于变换框的左侧,并向下方移动鼠标指针,调整二维码的斜切效果,如图 4-52 所示。

⑭ 选择"直排文字工具",依次输入字体为黑体、字号为 6 点、颜色为黑色的文字"地址:北京市经济开发区"及"电话:0000-77777777",并参照步骤⑬,适当调整文字的斜切角度,效果如图 4-53 所示。

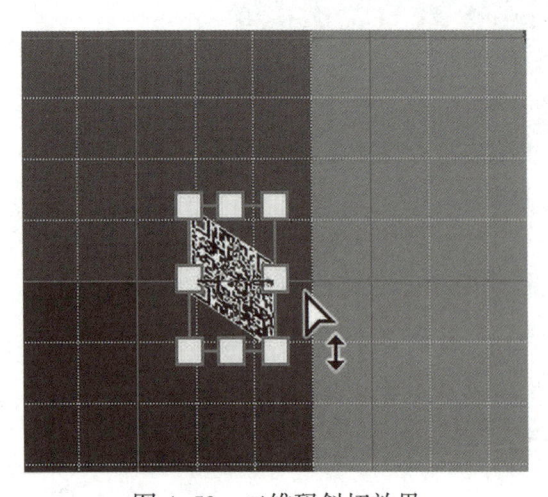

图 4-52 二维码斜切效果

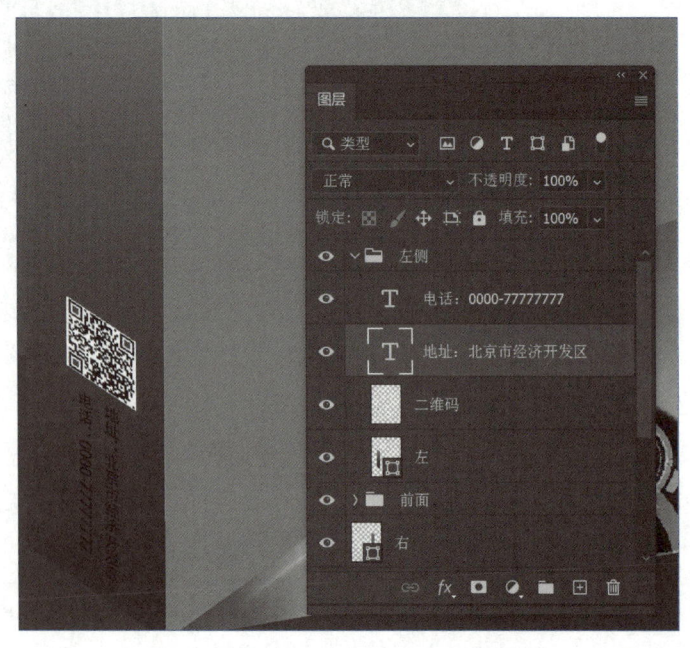

图 4-53 输入文字并设置斜切效果

⑮ 选择"椭圆工具" ◯，设置工具模式为"形状"、"描边"为"无颜色"、填充为白色，按住 Shift 键的同时拖曳鼠标绘制正圆，生成的图层命名为"圆"，并将"圆"图层移至"左侧"图层组的上方。为"圆"图层添加"内阴影"样式，效果如图 4-54 所示。

图 4-54　圆孔效果

⑯ 复制三个"圆"图层并调整其位置，如图 4-55 所示。

⑰ 选择"钢笔工具"，设置工具模式为"路径"，绘制路径，绘制效果及"路径"面板显示如图 4-56 所示。

⑱ 新建图层，命名为"提手"。将前景色设置为 #e8e7e8，选择"画笔工具"，设置画笔大小为 7、硬度为 100%。在"路径"面板中，选中绘制的路径，单击"用画笔描边路径"按钮 ◯，描边路径，单击"路径"面板的空白处取消选中，此时效果如图 4-57 所示。

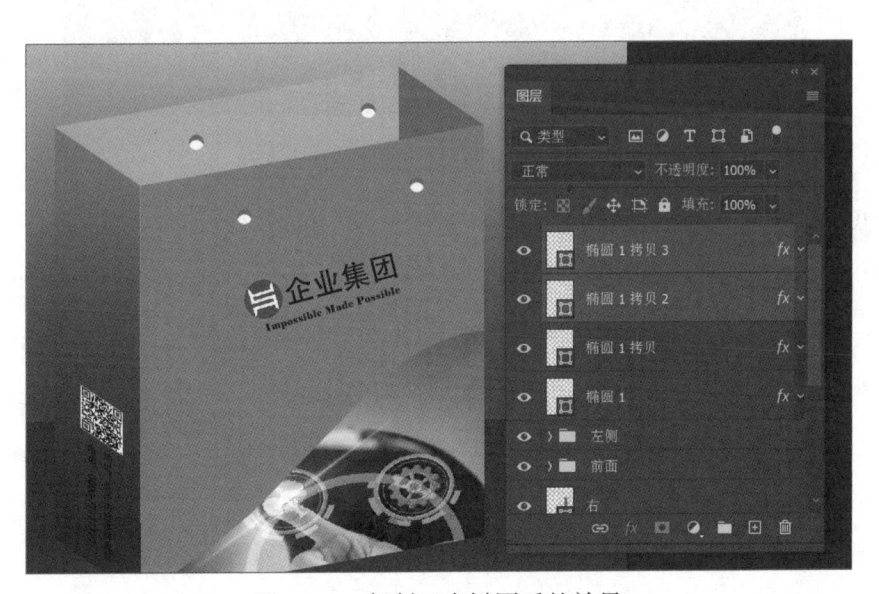

图 4-55　复制三个椭圆后的效果

图 4-56 绘制效果及"路径"面板

图 4-57 用画笔描边路径后的效果

⑲ 复制"提手"图层,移动副本图层中对象的位置,如图 4-58 所示。

⑳ 在"图层"面板中选择"前面"图层组,将其移动到"创建新图层"按钮上,复制该图层组。选中"前面 拷贝"图层组,执行"编辑→变换→垂直翻转"菜单命令,调整其位置,如图 4-59 所示。执行"编辑→变换→斜切"菜单命令,拖动"前面 拷贝"图层组图像右侧中间控点,在垂直方向上移动,使其右上角位置与手提袋前面相连,并将"前面 拷贝"图层组的不透明度调整为 5%,效果如图 4-60 所示。

㉑ 参照步骤⑳,复制"左侧"图层组,并完成如图 4-61 所示的效果。

㉒ 选择菜单"文件→存储"命令,存储文件,最终效果如图 4-40 所示。

图 4-58 复制"提手"图层的效果

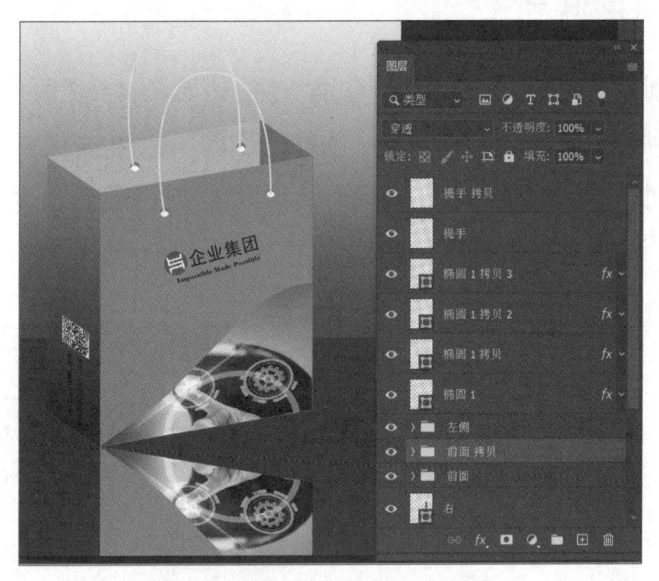

图 4-59 复制图层组后的效果

图 4-60 斜切调整、不透明度调整后效果

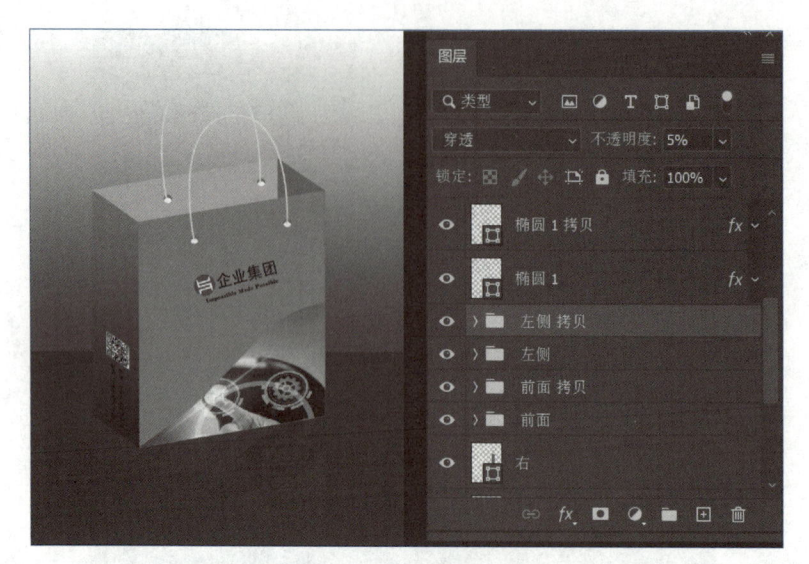

图 4-61 "左侧"图层组复制并调整后的效果

任务 4.5 使用形状工具组

形状工具组可以创建多种矢量形状,所包含的工具如图 4-62 所示。形状工具组中各工具可使用的模式有三种:形状、路径和像素。选择"形状"或"路径"模式时,在选项栏设置合适参数后,可在图像中拖曳鼠标绘制相应的形状,形状绘制完成会自动显示如图 4-63 所示的"属性"面板,可进一步调整形状的高度、宽度、位置等实时形状属性。

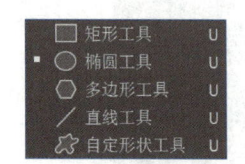

图 4-62 形状工具组   图 4-63 "属性"面板

1. "矩形工具" ■

"矩形工具"可以绘制正方形和矩形,按住 Shift 键可以绘制正方形,按住 Alt 键可以落点为中心绘制矩形。其选项栏如图 4-64 所示,单击选项栏中的 ✿ 按钮,可打开"路径选项"面板,如图 4-65 所示。

- 不受约束:根据鼠标指针的移动轨迹决定矩形的大小,是默认选项。

图 4-64 "矩形工具"选项栏

- 方形:选中此项,可以用来绘制正方形。
- 固定大小:可以设置矩形的长宽尺寸,从而绘制指定大小的矩形。
- 比例:用于设置绘制矩形的长宽比例。
- 从中心:绘制矩形时可以从中心点发散绘制。

注意:

如果要利用"矩形工具"绘制圆角矩形,需要设置工具选项栏中的"设置圆角半径"选项 ⌒ 0像素 ,该选项主要用于设置圆角矩形的圆角半径大小。

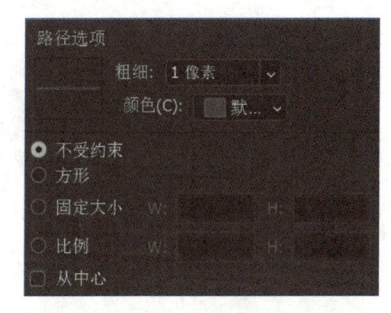

图 4-65 "矩形工具"的"路径选项"面板

2. "椭圆工具" ●

"椭圆工具"用于绘制椭圆或圆形,选项栏如图 4-66 所示;单击选项栏中的 ✿ 按钮,可打开"路径选项"面板,如图 4-67 所示,各参数功能与"矩形工具"相似。

图 4-66 "椭圆工具"选项栏

3. "多边形工具" ⬢

使用"多边形工具"可以创建正多边形(边数最少为 3)和星形。单击工具选项栏中的 ✿ 按钮,可打开"多边形工具"的"路径选项"面板,如图 4-68 所示。

- 自由格式:绘制多边形时无方向约束,可设置多边形的半径。
- 星形比例:可以设置星形、多边形各边向内的凹陷程度。比例值越高,绘制的形状越接近多边形。将星形比例值分别设置为 100%、70%、50%、20%、1%,绘制固定大小为宽 300 像素、高 300 像素五边形,效果如图 4-69 所示。

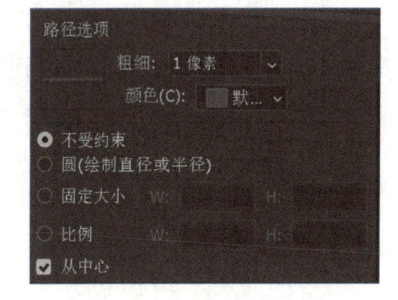

图 4-67 "椭圆工具"的"路径选项"面板

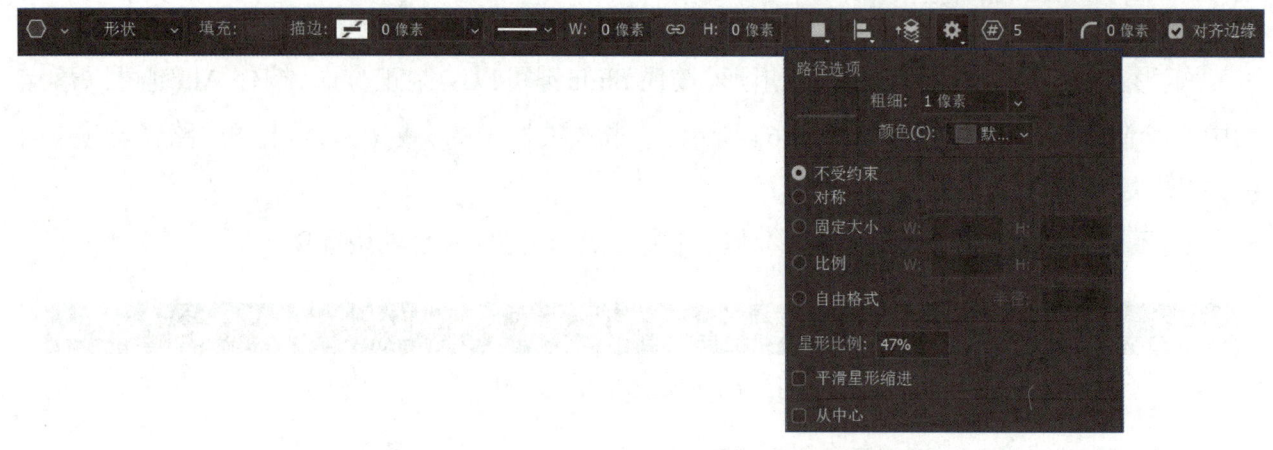

图 4-68 "多边形工具"的"路径选项"面板

图 4-69 不同"星形比例"值的绘制效果

- 平滑星形缩进：用来控制星形多边形的各边是否平滑凹陷。将星形比例同样设置为 100%、70%、50%、20%、1%，勾选"平滑星形缩进"复选框后绘制五边形，效果如图 4-70 所示（当星形比例为 100% 时，无法选择"平滑星形缩进"选项）。

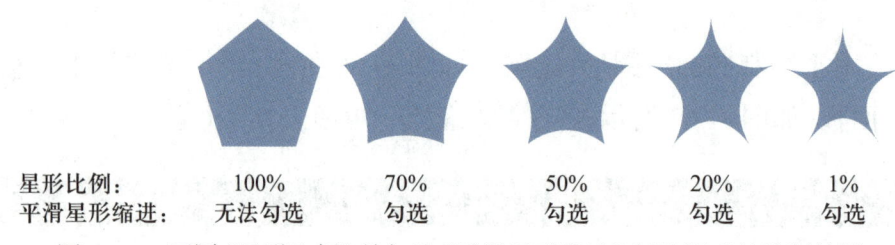

图 4-70 不同"星形比例"并勾选"平滑星形缩进"复选框后的绘制效果

选择"形状"或"路径"模式时，在选项栏设置参数后可在图像中拖曳鼠标绘制形状，也可以直接在图像中单击，弹出如图 4-71 所示的"创建多边形"对话框，设置后单击"确定"按钮，生成形状。

- 圆角半径：用来控制绘制的多边形的顶点的平滑程度。

4. "直线工具"

"直线工具"可以创建直线和带有箭头的形状或路径，单击选项栏中的 按钮，弹出"路径选项"面板，如图 4-72 所示。

- 粗细：设置直线或箭头线的粗细，单位为像素。
- 起点/终点：勾选"起点"复选框，可在直线的起点添加箭头；勾选"终点"复选框，可在直线的终点添加箭头；同时勾选"起

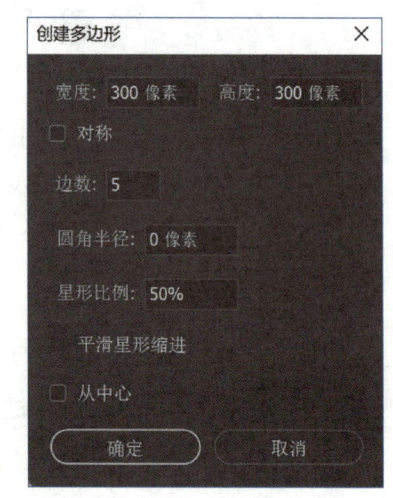

图 4-71 "创建多边形"对话框

点"和"终点"复选框,可在直线两端添加箭头。
- 宽度:设置箭头的宽度。
- 长度:设置箭头的长度。
- 凹度:改变箭头的凹凸程度,当凹度分别为 0%、50%、-30% 时的效果如图 4-73 所示。

5. "自定形状工具"

"自定形状工具"可以绘制出各种形状,其选项栏与"矩形工具"基本相同,只是增加了"形状" 选项,从下拉列表中可选择要绘制的自定形状。这些形状既可以是 Photoshop 预设的形状,也可以是自定义或载入的形状。

图 4-72 "直线工具"选项栏及"路径选项"面板

下面以制作"公益环保图标"为例,说明形状工具的综合应用方法:

① 新建背景为浅灰色的文档,选择"多边形工具",设置工具模式为"形状"、边数为 6、星形比例为 100%、填充颜色为白色,绘制多边形,然后为生成的形状图层添加"投影"样式。可利用"直接选择工具"调整两侧锚点的位置,效果如图 4-74 所示。

图 4-73 凹度分别为 0%、50%、-30% 的箭头效果

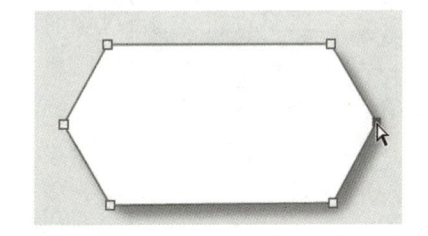

图 4-74 多边形锚点调整前后的效果

② 选择"矩形工具",设置工具模式为"形状"、填充颜色为白色到浅蓝色线性渐变、"描边"为"无颜色"、圆角半径为 10 像素,绘制圆角矩形。

③ 选择"钢笔工具",设置工具模式为"形状"、"描边"为"无颜色",填充图案类型如图 4-75 所示,绘制草地形状,如图 4-76 所示。

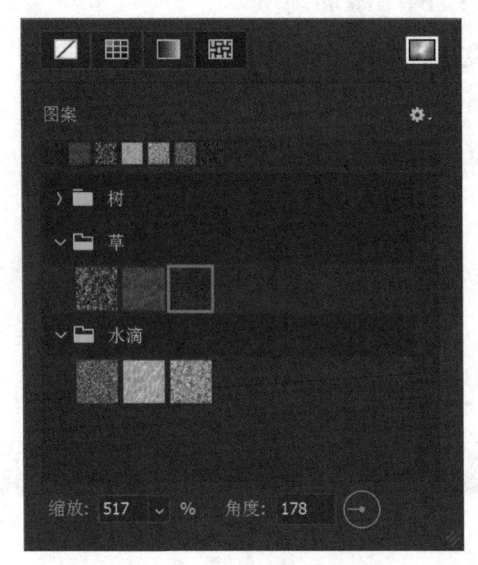

图 4-75 填充图案设置

④ 选择"自定形状工具",工具模式与步骤③相同,填充图案为 ![] ,绘制树形状,如图 4-77 所示。

⑤ 继续使用"自定形状工具",设置填充图案为 ![] ,绘制填充色为白色、"描边"为"无颜色"的形状,如图 4-78 所示。

⑥ 选择"横排文字工具",设置合适的字体、字号,输入白色的文字"ever green",效果如图 4-79 所示,保存文件。

图 4-76 绘制的草地效果

图 4-77 绘制的树效果

图 4-78 绘制的鹿效果

图 4-79 最终效果

任务 4.6 路径的应用

在使用"钢笔工具"或形状工具组的工具绘制时可直接对路径进行描边、填充、转换为选区、添加矢量蒙版等操作,也可以通过"路径"面板或菜单命令来实现。

1. 填充路径

直接单击"路径"面板底部的"用前景色填充路径"按钮 ◉ ,将以默认的前景色进行填充;按住 Alt 键并单击该按钮或选择面板菜单中的"填充路径"命令,弹出"填充路径"对话框,设置后进行填充,对话框及"内容"下拉列表选项如图 4-80 所示。

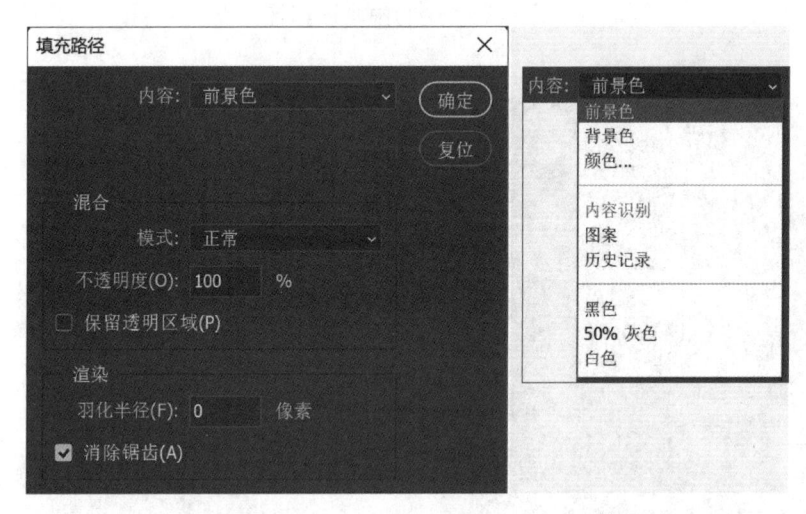

图 4-80 "填充路径"对话框及"内容"下拉列表选项

2. 描边路径

直接单击"路径"面板底部的"用画笔描边路径"按钮 ◯ ,将以默认设置进行描边;按住 Alt 键并单击该按钮或选择面板菜单中的"描边路径"命令,将弹出如图 4-81 所示的"描边路径"对话框,选择相应的工具后进行描边。

下面以绘制"伞"为例说明"路径"面板的综合应用方法:

① 新建图层,选择"椭圆工具",工具模式选择"路径",在文档中按图 4-82 所示绘制雨伞罩路径,将工具箱中的前景色设置为 #8ea2c5,单击"路径"面板底部的"用前景色填充路径"按钮。

② 选择工具箱中的"画笔工具" ,将前景色设置为 #293a6e,右击,在弹出的面板中按图 4-83 所示设置画笔,

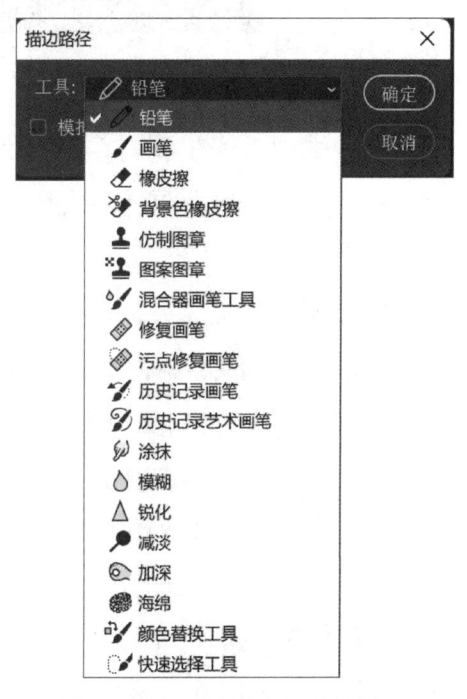

图 4-81 "描边路径"对话框及"工具"下拉列表选项

单击"路径"面板底部的"用画笔描边路径"按钮;选择"钢笔工具",绘制如图4-84所示路径,将前景色设置为#3a548f,单击"路径"面板底部的"用画笔描边路径"按钮,然后单击"路径"面板空白处释放路径,完成伞面的绘制。

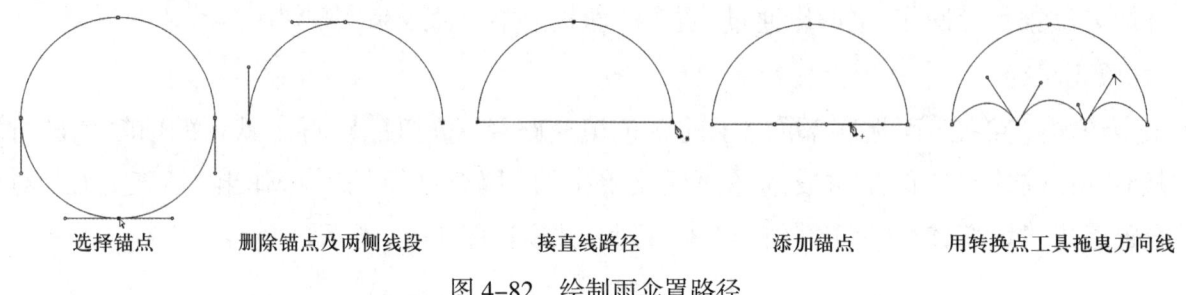

| 选择锚点 | 删除锚点及两侧线段 | 接直线路径 | 添加锚点 | 用转换点工具拖曳方向线 |

图 4-82 绘制雨伞罩路径

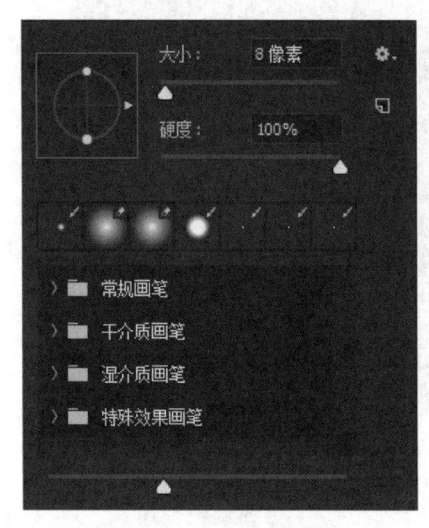

图 4-83 设置画笔　　　　图 4-84 绘制路径

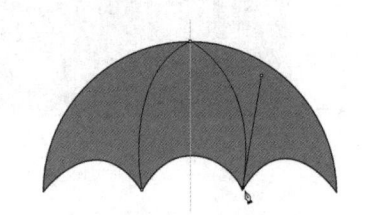

③ 选择"直线工具",在工具选项栏中选择"形状"模式,设置填充颜色为#cdcbd0、"描边"为"无颜色"、粗细为30像素,按住Shift键同时拖曳鼠标,在伞面下方绘制伞杆,在"图层"面板生成形状层。

④ 新建图层,选择"圆角矩形工具",在工具选项栏中选择"路径"模式,半径设置为200像素,在伞杆底部绘制;选择"直接选择工具",将不需要的锚点选中并删除,选择工具箱中的"画笔工具" ,将前景色设置为#3a548f,右击,在弹出的面板中设置画笔大小为45像素,单击"路径"面板底部的"用画笔描边路径"按钮,然后单击"路径"面板空白处释放路径,完成伞把的绘制(如图4-85所示)。

3. 将路径转换为选区

直接单击"路径"面板底部的"将路径作为选区载入"按钮,以默认设置将路径转换为选区;按住Alt键并单击该按钮或选择面板菜单中的"建立选区"命令,弹出如图4-86所示的"建立选区"对话框,可以设置"羽化半径"等选项。

图 4-85　伞把的制作图解

4. 从选区生成工作路径

直接单击"路径"面板底部的"从选区生成工作路径"按钮,以默认设置将选区转换为工作路径;按住 Alt 键并单击该按钮,弹出如图 4-87 所示的"建立工作路径"对话框,可以设置"容差",其值越大,绘制路径的锚点越少,路径越平滑。

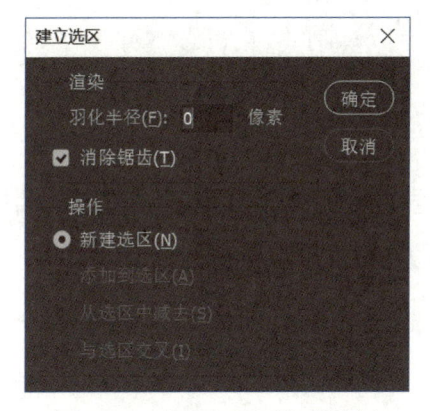

图 4-86　"建立选区"对话框　　　图 4-87　"建立工作路径"对话框

5. 添加矢量蒙版

矢量蒙版中的形状是矢量图,通过形状可控制图像的显示区域;可以使用"钢笔工具"和形状工具对路径进行编辑修改,从而改变蒙版的遮罩区域。

创建矢量蒙版的方法有以下三种:

- 工具模式选择"路径",用"钢笔工具"或形状工具编辑路径后,单击选项栏中"建立"选项组中的"蒙版"按钮 ,可创建矢量蒙版。
- 选中路径,选择菜单"图层→矢量蒙版→当前路径"命令,如图 4-88 所示,可创建矢量蒙版。
- 选择"路径选择工具"或"钢笔工具",在路径上右击,从弹出的快捷菜单中选择"创建矢量蒙版"命令,也可创建矢量蒙版。

下面通过一个案例来讲解应用矢量蒙版的方法:

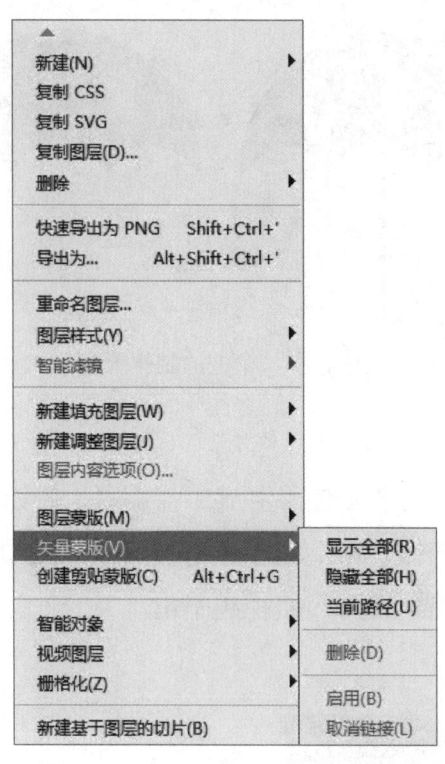

图 4-88 "矢量蒙版"子菜单命令

① 打开图像"茶壶.jpg"和"兰花.jpg",将"兰花.jpg"拖入"茶壶.jpg"文档中,生成的图层命名为"兰花";按 Ctrl+T 组合键,调整兰花位置及大小,效果如图 4-89 所示。

② 隐藏"兰花"图层,选择工具箱中的"钢笔工具",在工具选项栏中设置工具模式为"路径",绘制如图 4-90 所示的闭合路径。

图 4-89 调整后的图层位置　　　　图 4-90 绘制路径

③ 显示并选中"兰花"图层,单击"钢笔工具"选项栏"建立"选项组中的"蒙版"按钮,将路径转换为矢量蒙版,效果及"图层"面板如图 4-91 所示。在"图层"面板中将"兰花"图层的混合模式改为"线性加深",最终效果如图 4-92 所示。

图 4-91 添加矢量蒙版后

图 4-92 最终效果

案例 11　VI 办公用品 2——企业名片设计

案例描述

利用"钢笔工具"、文字工具、形状工具、路径编辑工具等制作出如图 4-93 所示的企业名片效果。

图 4-93 名片设计效果

案例解析

本案例中,需要完成以下操作:
- 利用"渐变工具"填充背景,并为背景添加"油画"滤镜。
- 利用"钢笔工具"绘制形状。
- 利用"钢笔工具"及"横排文字工具"制作路径文字。
- 利用文字工具输入文字。
- 利用画板实现名片反面的制作。

案例实施

① 选择"文件→新建"命令,新建一个宽度为 94 mm、高度为 58 mm,分辨率为 300 像素/英寸、背景内容为白色、名称为"企业名片"的文件。

② 选择"矩形工具"，设置工具模式为"形状"、"描边"为"无颜色"、圆角半径为 20 像素、填充颜色为由白色至 #ffb6ba 的线性渐变,绘制圆角矩形,生成的图层命名为"名片背景",为图层添加"投影"样式。

③ 选择"名片背景"图层,选择"滤镜→风格化→油画"菜单命令,弹出如图 4-94 所示的对话框,单击"栅格化"按钮后,图层添加了如图 4-95 所示的油画效果。

④ 打开素材图像"花纹.png",将其拖入"企业名片"文件中并移至"名片背景"图层的上方,调整图层不透明度为"60%",删除名片背景以外的花纹,效果如图 4-96 所示。

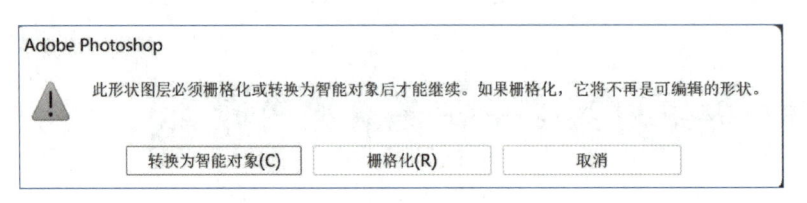

图 4-94 对话框

图 4-95 添加油画效果

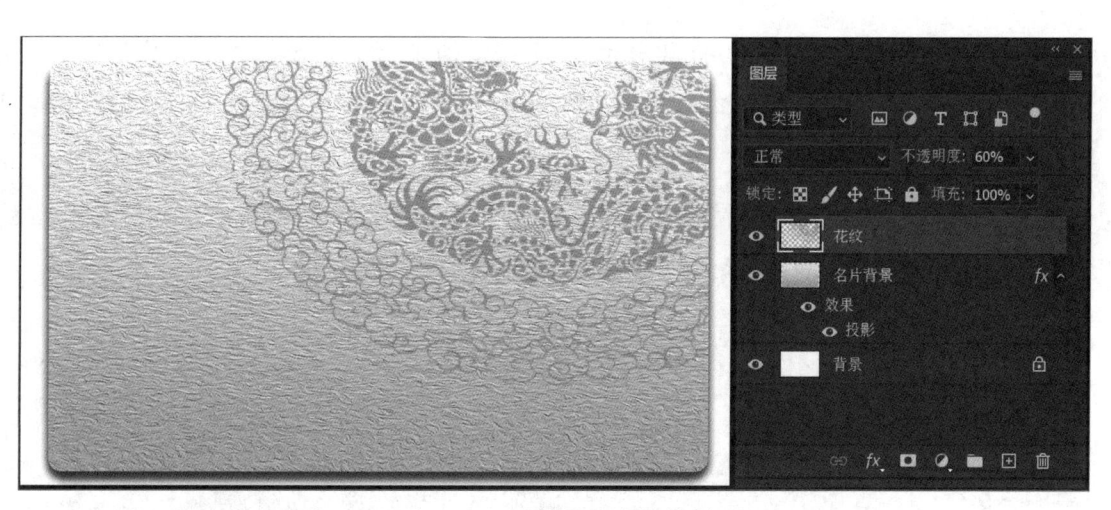

图 4-96 添加花纹后的效果

⑤ 选择"钢笔工具",设置工具模式为"形状"、"描边"为"无颜色"、填充颜色为 #c30202,绘制"丝带 1"形状;使用路径编辑工具编辑形状,如图 4-97 所示。不选中任何图层,继续使用"钢笔工具",填充颜色改为 #630404,在"路径操作"下拉菜单中选择"合并形状"命令,其他参数保持不变,绘制如图 4-98 所示的"丝带 2"效果。

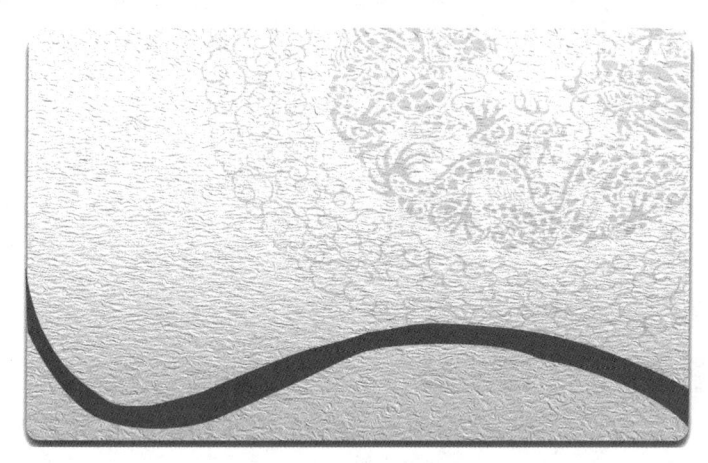

图 4-97 "丝带 1"形状效果

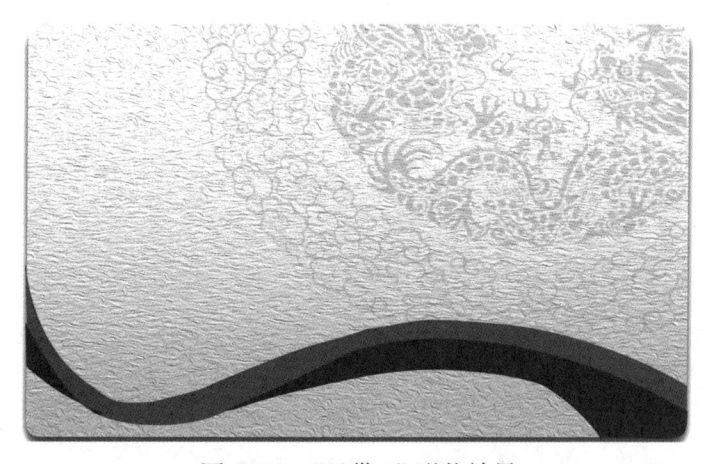

图 4-98 "丝带 2"形状效果

⑥ 打开素材图像"标志.png",将其移动至当前文档中,调整合适的大小及位置,生成的图层重命名为"标志"。选择"钢笔工具",工具模式设置为"路径",在标志的上方绘制半圆形路径,效果如图4-99所示。

⑦ 选择"横排文字工具",设置字体为黑体、颜色为黑色、字号为5点,将文字工具放置在路径上,出现基线指示符时单击,输入如图4-100所示的路径文字。

图4-99　绘制路径　　　　　　　　　　图4-100　路径文字效果

⑧ 选择"直线工具",设置工具模式为"形状"、填充颜色为深灰色、"描边"为"无颜色"、粗细为4,绘制细直线。

⑨ 选择"横排文字工具",设置字体为黑体、字号为13、颜色为黑色,输入文字"总经理";字号改为8点,输入文字"地址(add):经济开发区";将字号改为6点,输入电话、邮箱及网址相关的文字。

⑩ 选择"自定形状工具",设置工具模式为"形状"、填充颜色为#1e1e1d、"描边"为"无颜色",依次选择 形状: 📞 、形状: ✉ 、形状: 🌐 三种形状,绘制如图4-101所示的效果。

⑪ 新建图层组并命名为"正面",将正面相关的所有图层移至该图层组中;复制"正面"图层组,并命名为"背面",参照名片正面的制作步骤,修改并完成如图4-102所示的背面效果。

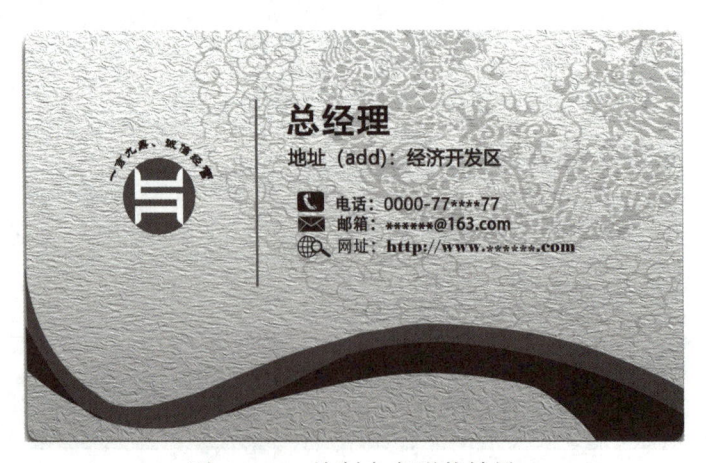

图4-101　绘制自定形状效果

图 4-102　名片背面的效果

任务 4.7　创建文字效果

在 Photoshop 中，可以通过变形文字、路径文字、转换为形状等制作出变化多样的文字效果。

1. 变形文字

通过变形文字，可以对文字进行多种样式的变形，如扇形、旗帜、波浪、膨胀、扭曲等。

在图像中输入文字，单击文字工具选项栏中的"创建文字变形"按钮 ，弹出"变形文字"对话框，在"样式"下拉列表框中选择样式选项，如图 4-103 所示。

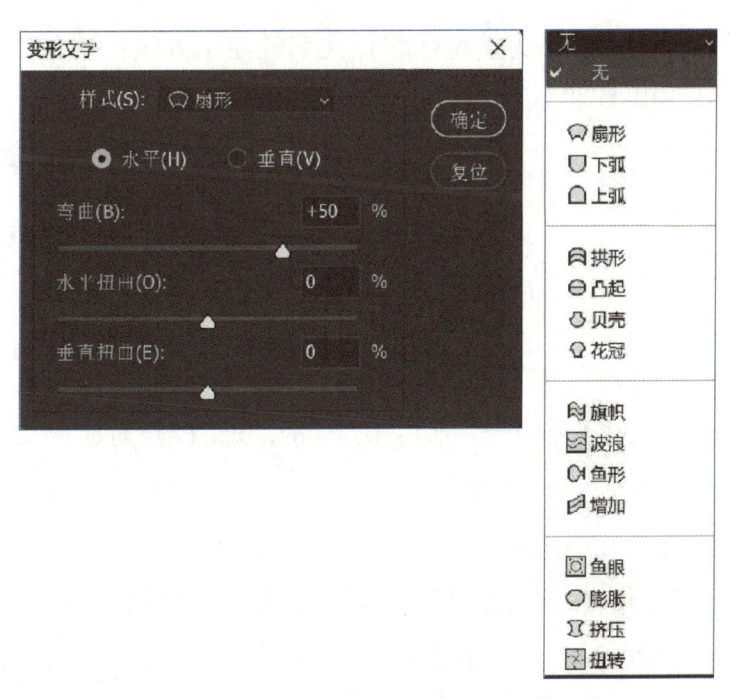

图 4-103　"变形文字"对话框及"样式"列表

设置后即可得到文字变形效果。图 4-104 所示为分别应用"花冠"和"下弧"变形样式后的文字效果。

(a) 花冠　　　　　　　　　　　　　　　　　　(b) 下弧

图 4-104　文字变形效果

要取消变形文字效果，再次打开"变形文字"对话框，在"样式"下拉列表中选择"无"即可。

2. 路径文字

路径文字是指将文字建立在路径上，并利用路径对文字的排列进行调整。

（1）在路径上创建文字

选择"钢笔工具"，在图像中绘制一条路径；选择"横排文字工具"，将鼠标指针放在路径上，当鼠标指针变为基线指示符 时单击，出现闪烁的光标后输入文字，文字会沿着路径的形状进行排列。

下面以制作招贴海报文字效果为例说明路径文字的使用方法：

① 打开素材图像"招贴海报.jpg"，使用"横排文字工具"在图像中输入"开启理想生活"，为文字添加"外发光"样式；选中"启、理"二字，打开"字符"面板，设置基线偏移 为 8 点，文字效果如图 4-105 所示。

② 选择"钢笔工具"，在文字下方绘制一条曲线路径；使用"横排文字工具"在路径上输入如图 4-106 所示的文字。

③ 文字输入完成后，与路径相交处的" "代表文字的起点，小圆点" "代表终点；在"路径"面板中会自动生成文字路径，如图 4-107 所示，该路径与对应的文字图层相链接，删除文字图层时，对应的文字路径也会自动删除。

（2）在路径上移动文字与翻转文字

选择"路径选择工具" ，将鼠标指针置于文字上，鼠标指针显示为 时，单击并沿着路径拖曳鼠标，可沿路径移动文字，若文字未全部显示，路径的终点显示为 ；向路径内或下方拖动，可沿路径翻转文字，移动与翻转效果如图 4-108 所示。

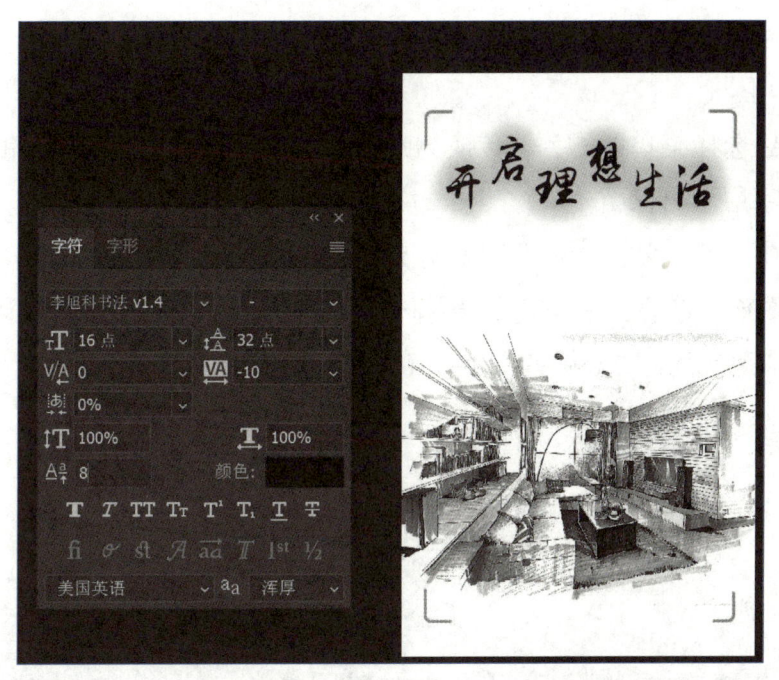

图 4-105 "字符"面板及文字效果

图 4-106 在路径上输入文字

图 4-107 工作路径及文字路径

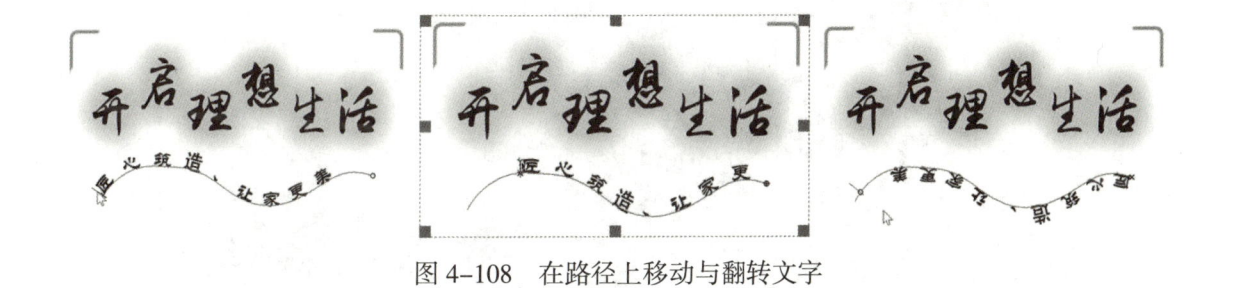

图 4-108 在路径上移动与翻转文字

（3）修改路径文字的形态

创建路径文字后，可以对路径进行修改。使用"直接选择工具" 在路径上单击，路径上出现锚点和方向线，可进行路径调整，文字也会按照修改后路径进行排列，效果如图 4-109 所示。

提示：

与变形文字不同的是，路径文字只是文字的排列走向发生

图 4-109 修改路径文字的形态

变化，文字本身结构并没有变形。

3. 文字转换为形状

选择文字图层，选择菜单"文字→转换为形状"命令，可将文字转换为带矢量蒙版的形状图层，转换后原文字层不再保留。

下面以制作"中国梦"文字效果为例说明文字转换为形状并变形的方法：

① 打开素材图像"背景.jpg"，选择"横排文字工具" T，设置合适的字体、字号，依次输入文字"中国""梦""梦想启航"，效果如图4-110所示。

图 4-110　输入文字后的效果

② 在"图层"面板中右击"梦"文字图层，从弹出的快捷菜单中选择"转换为形状"命令，将文字图层转换为形状图层，如图4-111所示。

图 4-111　将文字图层转换为形状图层

③ 利用"直接选择工具" 选中"梦"的文字路径，利用"添加锚点""转换点工具"等工具，调整改变路径的形状，如图4-112所示。

④ 在"图层"面板中为"梦"图层添加"投影"及"描边"样式，最终效果如图4-113所示。

图 4-112　调整路径后的效果

图 4-113　最终效果

4. 由文字创建工作路径

选中文字图层,选择菜单"文字→创建工作路径"命令,可基于文字的轮廓创建工作路径,并可进行路径的编辑、变换、描边等操作。

下面以制作"火"文字效果为例说明由文字创建工作路径的方法:

① 打开素材图像"火.jpg",输入文字"火",效果及"图层"面板如图 4-114 所示。

图 4-114　创建文字

② 右击"火"文字图层,在弹出的快捷菜单中选择"创建工作路径"命令,得到文字轮廓的工作路径,如图4-115所示。将文字图层隐藏。

图4-115　由文字创建的工作路径

③ 选择"自定义形状工具"中的火焰形状,设置工具模式为"路径"、"路径操作"为"合并路径",在点、撇位置进行绘制,效果如图4-116所示。

图4-116　利用"自定义形状工具"绘制效果

④ 在"图层"面板中选择"背景"图层,利用"路径选择工具"选中"火"字所有路径组件;选择"钢笔工具",设置工具模式为路径,在其选项栏中单击"蒙版"按钮,为"背景"图层添加矢量蒙版,最终效果如图4-117所示。

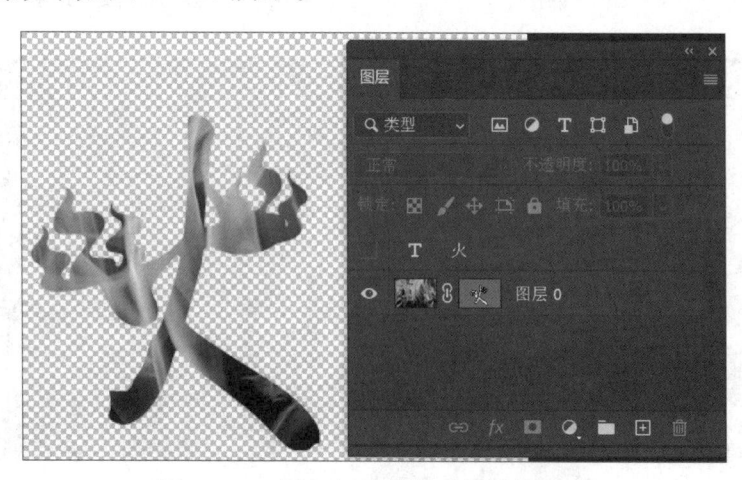

图4-117　添加矢量蒙版后的最终效果

思考与实训

一、填空题

1. VI 是_____的缩写,中文意为_____,包括_____、_____两大部分内容;在进行 VI 设计时,需要遵循_____、_____、_____三大原则。

2. 矢量蒙版创建的形状是_____,通过形状控制图像的显示区域。

3. 在 Photoshop 中使用_____或_____绘图前,首先要在选项栏中选取一种绘图模式,三种模式分别是:_____、_____和_____;其中会自动创建形状图层的是_____,能生成路径的是_____、_____,只能生成工作路径的是_____,不会产生矢量对象的是_____,"钢笔工具"不能使用的绘图模式是_____。

4. 在"钢笔工具"选项栏的"设置其他钢笔和路径选项"面板中,可以设置绘制路径的_____、_____和_____。

5. 会根据鼠标指针的轨迹自动生成锚点和路径的工具是_____,能对路径组件进行对齐与分布的工具是_____,能删除锚点的工具是_____,能将角点转换为平滑点的工具是_____。

6. 利用"多边形工具"绘制正多边形时,需要将"星形比例"设置为_____。

二、上机实训

1. 利用所学的矢量图形处理工具及命令,为德升能源公司设计 Logo。

提示: 该公司是一家专注于低碳循环新能源领域的高新技术企业,参考样图如图 4-118 所示。

2. 为鼎盛传媒公司设计 VI 赠品系列——U 盘,参考样图如图 4-119 所示。

3. 为鼎盛传媒公司设计 VI 公关事务用品系列——光盘,参考样图如图 4-120 所示。

图 4-118　标志参考样图　　图 4-119　U 盘参考样图　　图 4-120　光盘参考样图

提示: 光盘是宣传企业形象的最直接载体之一,在设计上,图案和色彩的选择应与企业识别系统保持统一。

4. 利用形状工具制作插画图像"太阳",效果如图 4-121 所示。

5. 利用形状工具、路径、文字工具、绘画工具等,制作海报"假期欢乐出游",效果如图 4-122 所示。

图 4-121 "太阳"效果图　　图 4-122 "假期欢乐出游"效果图

项目 5 界面设计

用户界面(UI)是人与机器之间传递和交换信息的媒介。随着信息技术与网络技术的迅速发展,人机界面设计与开发已成为国际计算机界和设计界最为活跃的研究方向之一。

无论是课件制作、多媒体设计、电子相册设计、游戏设计、网页设计还是程序开发、手机APP开发等都离不开界面设计。漂亮、人性化的界面设计能够吸引客户,增强产品的易用性、观赏性和审美价值,提升商品的竞争力。

本项目通过完成两种常用界面设计,让大家在实践中学会界面设计的方法与技巧。

案例 12 运动俱乐部会员登录界面设计

案例描述

设计如图 5-1 所示的运动俱乐部会员登录界面。

图 5-1 运动俱乐部会员登录界面效果图

案例解析

本案例中,需要完成以下操作:

- 通过调整图层的不透明度制作界面背景。

- 利用"橡皮擦工具",借助"图层"面板组合素材。
- 利用选取、形状、文字等工具,借助图层样式的设置完成"登录"界面的设计。

案例实施

① 执行"文件→新建"菜单命令,文件命名为"运动俱乐部会员登录界面",设置宽度为800像素、高度为1 200像素、分辨率为72像素/英寸、颜色模式为RGB、背景内容为白色,单击"创建"按钮。

② 打开素材图像"天空.jpg",利用"移动工具"将其移动到当前文件中,自动生成"图层1";按Ctrl+T组合键,调整天空图像的大小,使之与背景一致。设置"图层1"的不透明度为40%,效果如图5-2所示。

图5-2 "图层"面板及图像效果

③ 打开素材图像"人物1.jpg",利用"移动工具"将其移动到当前文件中,自动生成"图层2";按Ctrl+T组合键,调整其大小,调整后的"图层"面板及图像效果如图5-3所示。

④ 选择"橡皮擦工具",设置大小为120像素、硬度为0%、不透明度为100%,在"图层2"中擦除图像边缘部分,擦除后的效果如图5-4所示。

⑤ 将"橡皮擦工具"的不透明度调整为50%,继续擦除边缘多余部分的图像,使人物边缘与背景的融合更加自然,效果如图5-5所示。

图 5-3 "图层"面板及图像效果

图 5-4 擦除边缘的效果   图 5-5 调整不透明度后擦除效果

⑥ 在"图层 2"的上方创建新图层,命名为"矩形",并使用"矩形选框工具" 绘制一个矩形选区。将前景色设置为白色,按 Alt+Del 组合键,为矩形填充前景色。在"图层"面板中,将"矩形"图层的不透明度设置为 60%,效果如图 5-6 所示。

⑦ 在"矩形"图层的上方创建新图层,命名为"细长矩形",使用"矩形选框工具" 在白色矩形的下方绘制一个细长矩形选区。将前景色设置为 #3c475d,按 Alt+Del 组合键,为细长矩形填充前景色;按 Ctrl+D 组合键取消选区,效果如图 5-7 所示。

图 5-6　绘制白色矩形的效果　　　　　图 5-7　绘制细长矩形的效果

⑧ 打开素材图像"头像.png",利用"移动工具" 将其移动到当前文件中,此时自动生成"图层 3",将其重命名为"头像";按 Ctrl+T 组合键,调整其大小,效果如图 5-8 所示。

图 5-8　"图层"面板及图像效果

⑨ 选择"矩形工具" ,设置工具模式为"形状"、填充颜色为 #3c475d、"描边"为"无颜色"、圆角半径为 10 像素,选项栏如图 5-9 所示;在图像窗口绘制圆角矩形,此时自动生成"矩形 1"图层;为该图层添加"内阴影"图层样式,样式设置及图像效果如图 5-10 所示。

图 5-9 "矩形工具"选项栏

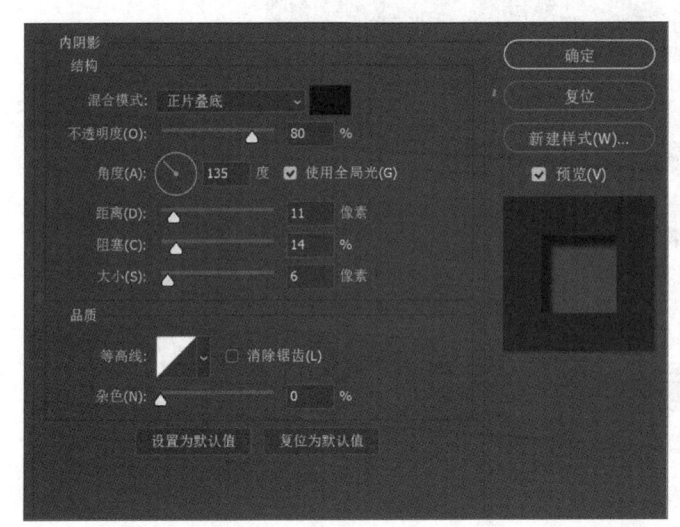

图 5-10 "内阴影"样式设置及图像效果

⑩ 使用"矩形工具"■再绘制一个圆角矩形并自动生成"矩形 2"图层。选中该图层,在"矩形工具"选项栏中修改填充颜色为 #b5b5b5;为"矩形 2"图层添加"投影"图层样式,样式设置及图像效果如图 5-11 所示。

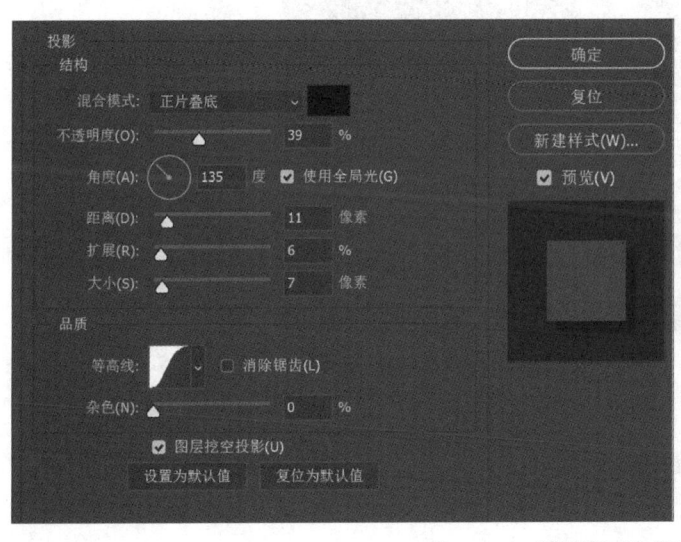

图 5-11 "投影"样式设置及图像效果

⑪ 在"图层"面板中选中"矩形 1"和"矩形 2"图层,将其拖至"创建新图层"按钮上,复制这两个图层。在图像窗口选中复制后的两个矩形并向下移动位置,效果如图 5-12 所示。

图 5-12 复制后的效果

⑫ 选择"横排文字工具" T，设置字体为 Georgia、颜色为黑色、字号为 30 点，依次输入文字"Username"和"Password"，效果如图 5-13 所示。

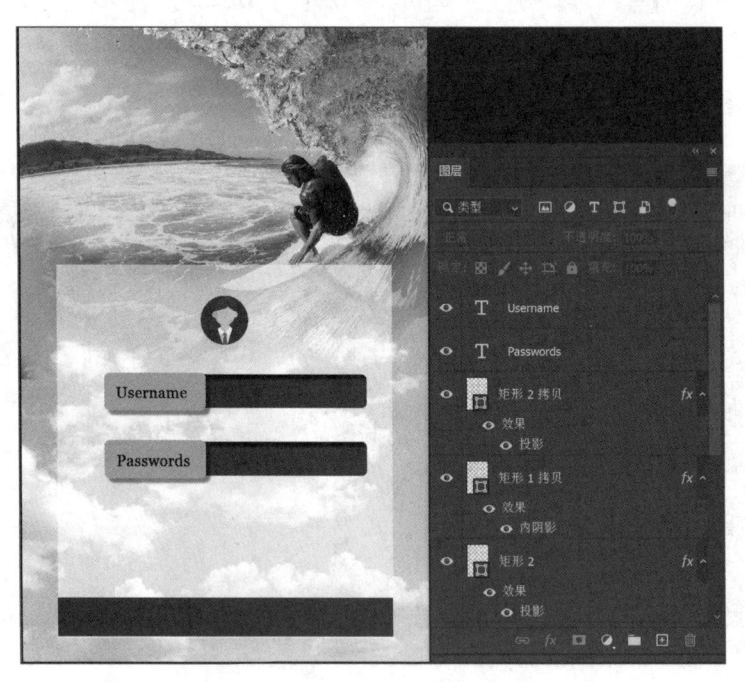

图 5-13 输入文字后的效果

⑬ 选择"矩形工具" ▭，在选项栏中修改填充颜色为 #ec6941，其他参数保持不变，继续绘制圆角矩形并自动生成"矩形 3"图层，为该图层添加"投影"样式，参数设置可参照图 5-11。

⑭ 选择"横排文字工具"，设置字体为 Georgia、颜色为白色、字号为 30 点，输入文字"LOGIN"，效果如图 5-14 所示。

⑮ 单击"图层"面板菜单中的"拼合图像"命令，完成登录界面设计。

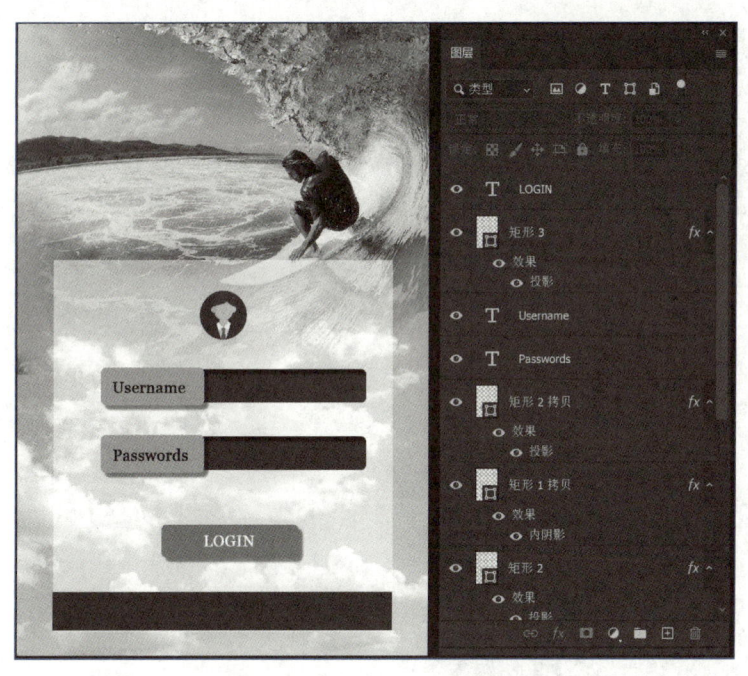

图 5-14　输入文字后的效果

案例 13　"感恩母亲节"促销网页设计

案例描述

设计如图 5-15 所示的"感恩母亲节"促销网页。

案例解析

本案例中，需要完成以下操作：
- 了解网页设计的方法。
- 掌握利用图层组管理网页元素的方法。
- 熟练运用切片工具。

案例实施

① 执行菜单"文件→新建"命令，新文件命名为"购物网页"，设置宽度为 1 920 像素、高度为 5 102 像素、分辨率为 72 像素 / 英寸、颜色模式为 RGB、背景内容为白色，单击"创建"按钮。

② 多次执行菜单"视图→新建参考线"命令，分别在6厘米、45厘米、65厘米、120厘米、135厘米、170厘米处设置水平参考线，在7.7厘米、60厘米处设置垂直参考线，效果如图5-16所示。

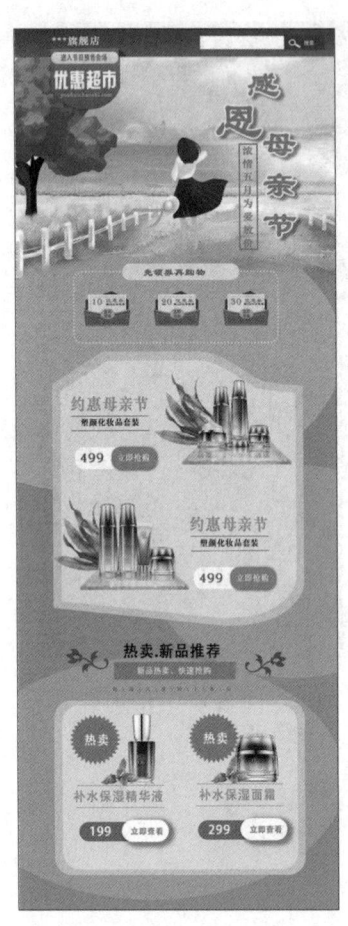

图5-15 "感恩母亲节"促销网页效果图　　　　图5-16 设置参考线效果

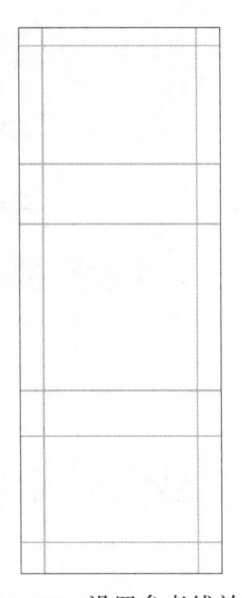

③ 将前景色设置为#84b743，选中"背景"图层，按Alt+Del组合键，以前景色填充"背景"图层。单击"图层"面板底部的"创建新组"按钮，创建新图层组并命名为"背景设计"。选择"椭圆工具"，选项栏设置如图5-17所示，其中填充颜色为#b0e17e，分别绘制三个大小不一的椭圆，设置三个椭圆图层的不透明度为40%，绘制效果及"图层"面板如图5-18所示。

图5-17 "椭圆工具"选项栏

④ 创建新图层组并命名为"搜索栏"，选择"矩形工具"，选项栏设置如图5-19所示，其中填充颜色为由#218e59到#006632的线性渐变，在顶部绘制一个细长矩形，效果如图5-20所示。

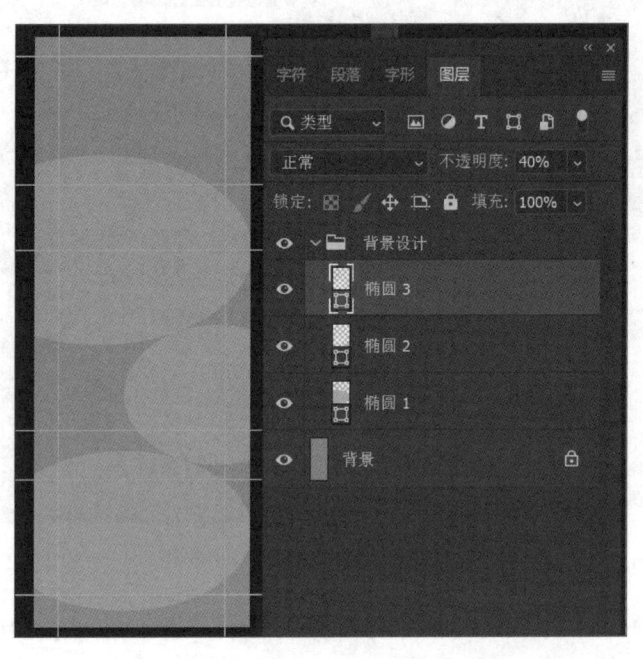

图 5-18 椭圆绘制效果及"图层"面板

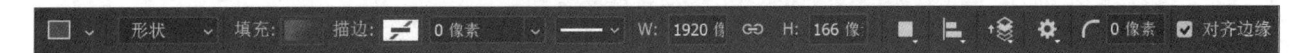

图 5-19 "矩形工具"选项栏

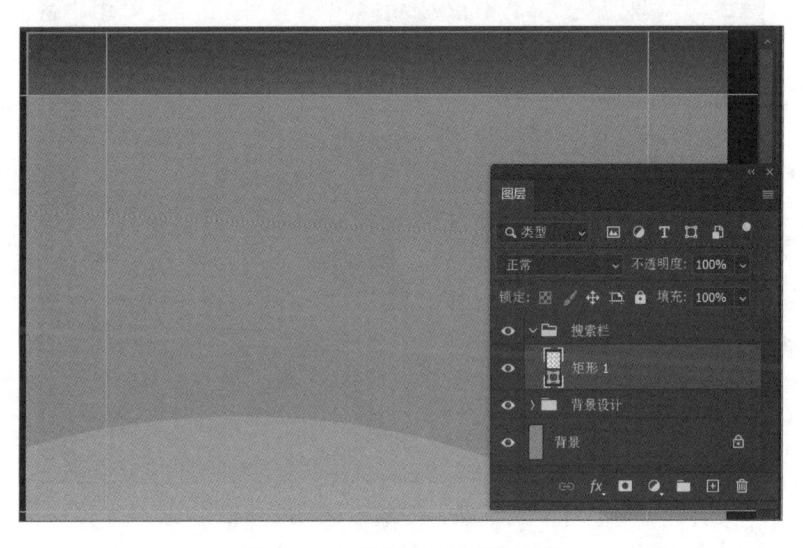

图 5-20 绘制的长矩形效果

⑤ 使用"矩形工具"绘制两个填充色分别为 #ffffff、#51504f 的矩形。选择"自定形状工具",设置工具模式为"形状"、填充颜色为白色,绘制搜索按钮形状。选择"横排文字工具",设置字体为黑体、字号为 30 点、颜色为白色,输入文字"搜索";继续使用"横排文字工具",设置字体为华文中宋、字号为 48 点、颜色为 #ececcb,输入文字"***旗舰店",效果如图 5-21 所示。

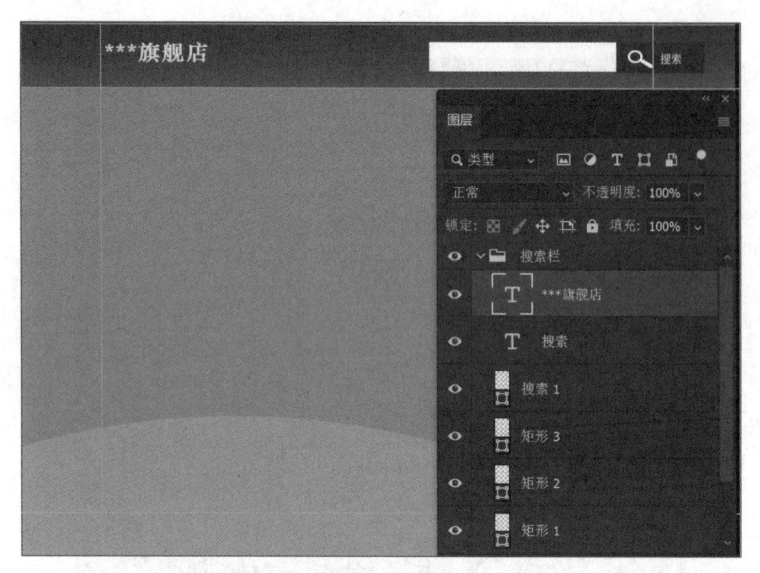

图 5-21 输入文字后的效果

⑥ 创建新图层组并命名为"banner",打开素材图像"banner.jpg",利用"移动工具"将其移动到当前文件中,调整图像的大小及位置,如图 5-22 所示。利用"橡皮擦工具",设置合适的画笔大小及硬度,擦除图像的下边缘,效果如图 5-23 所示。

图 5-22 插入图像素材后的效果

⑦ 选择"直排文字工具",设置字体为隶书、字号为 200 点、颜色为 #30a861,输入文字"感恩母亲节"。将文字"恩"字号修改为 250 点,颜色修改为 #d27274。为文字图层添加白色描边及"投影"样式,效果如图 5-24 所示。

⑧ 选择"直排文字工具",设置字体为华文中宋、字号为 45 点、颜色为 #d27274,输入文字"浓情五月为爱放价"。选择"矩形工具",设置工具模式为"形状"、描边颜色为 #d27274、描边宽度为 8 像素,绘制如图 5-25 所示矩形。

图 5-23　擦除图像下边缘后的效果

图 5-24　文字效果

图 5-25　文字与矩形效果

⑨ 创建新图层组并命名为"优惠超市",选择"钢笔工具",设置工具模式为"形状"、填充颜色为由 #ec1e3f 到 #ff4c6a 的线性渐变,绘制如图 5-26 所示的形状。

⑩ 选择"矩形工具",设置工具模式为"形状"、填充颜色为由 #fbdcaa 到 #f7f3cf 的线性渐变、圆角半径为 50 像素,绘制圆角矩形。选择"横排文字工具",设置字体为黑体、字号为 36 点、颜色为红色,在圆角矩形内输入文字"进入节日预售会场"。继续选择"横排文字工具",设置字体为"汉仪菱心体简"、字号为 100 点、颜色为白色,输入文字"优惠超市",修改字号为 30 点,输入网址"youhuichaoshi.com",效果如图 5-27 所示。

图 5-26 绘制形状

图 5-27 输入文字后效果

⑪ 创建新图层组并命名为"红包"。选择"钢笔工具",选项栏设置如图 5-28 所示,其中填充颜色为 #ea362e、描边颜色为 #f8b551,绘制红包下半部分形状。修改填充色为 #a40000,绘制红包的上半部分形状。选择"矩形工具",设置工具模式为"形状"、颜色为 #eceadd,绘制优惠券形状。红包绘制效果及图层排列顺序如图 5-29 所示。

图 5-28 "钢笔工具"选项栏

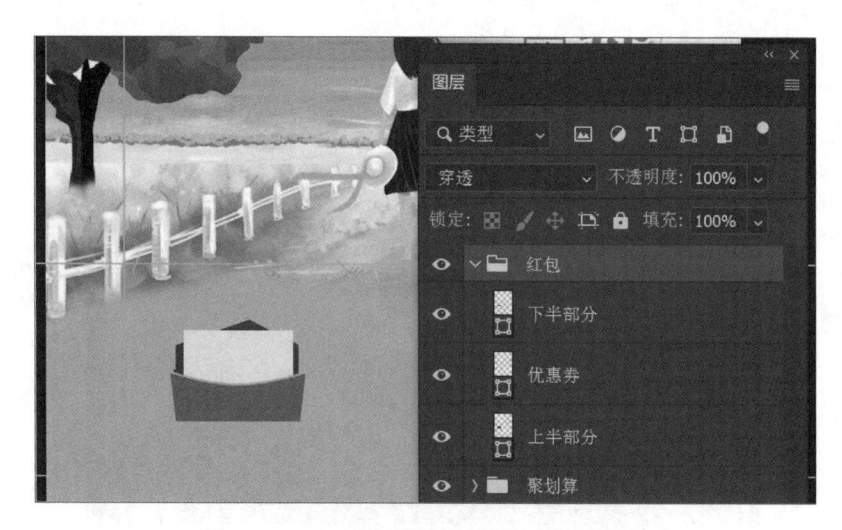

图 5-29 红包绘制效果及图层排列顺序

⑫ 选择"钢笔工具",设置工具模式为"形状"、填充颜色为"无颜色"、描边颜色为 #f8b551、描边宽度为 6 像素、线型为点状线,分别绘制红包下半部分及优惠券的装饰线。选择"椭圆工具",设置工具模式为"形状",绘制填充颜色为 #f8b551 的椭圆形状。选择"横排文字工具",设置字体为华文琥珀、字号为 24 点、颜色为 #ea362e,在椭圆形状中输入文字"立即领取";设置字体为隶书、字号为 48 点、颜色为 #ea362e,输入文字"优惠券";设置字体为隶书、字号为 24 点、颜色为黑色,输入文字"满 99 元可使用";设置字体为 Algerian、字号为 72 点、颜色为 #ea362e,输入文字"10",效果如图 5-30 所示。

图 5-30 输入文字后的效果

⑬ 在"图层"面板中复制两次"红包"图层组,分别命名为"红包 1"和"红包 2",调整三个红包的位置,并修改其中的文字内容,复制并修改后的红包效果及"图层"面板如图 5-31 所示。

图 5-31 复制红包后的效果及"图层"面板

⑭ 创建新图层组并命名为"先领券再购物"。选择"矩形工具",设置工具模式为"形状"、圆角半径为 50 像素,分别绘制无填充色、白色点状线描边的圆角矩形及白色填充、无描边的圆角矩形。利用"横排文字工具"输入文字"先领券再购物",其中字号为 60 点、字体为隶书、颜色为红色,效果如图 5-32 所示。

图 5-32 绘制形状并输入文字后的效果

⑮ 创建新图层组并命名为"版块1"。选择"钢笔工具",设置工具模式为"形状"、填充颜色为#d8d8b3,绘制如图5-33所示的形状。复制该形状图层,修改填充颜色为#ececcb,并适当缩小尺寸,效果如图5-34所示。

图5-33 绘制形状

图5-34 复制形状并缩小后效果

⑯ 创建新图层组并命名为"套装1"。分别将素材图像"托板.png""绿叶1.png"和"化妆品1.png"拖入文档，调整大小及位置，如图5-35所示。选择"横排文字工具"，设置字体为华文中宋、颜色为#84b743、字号为90点，输入文字"约惠母亲节"；修改字号为48点、颜色为黑色，输入文字"塑颜化妆品套装"。利用"直线工具"绘制两条黑色的细实线。选择"矩形工具"，设置工具模式为"形状"、圆角半径为50像素，绘制白色的圆角矩形；以同样的方法，绘制颜色为#e87f03的圆角矩形，并为其添加"投影"样式。在两个圆角矩形上方分别输入大小为72点的红色文字"499"及大小为48点的白色文字"立即抢购"，效果如图5-36所示。

图5-35 加入素材图像后的效果

图5-36 输入文字后的效果

⑰ 复制图层组"套装1"并重命名为"套装2"。调整"套装2"中各图层对象的位置，将"化妆品1.Png"图像替换为"化妆品2.Png"，调整后的效果如图5-37所示。

图5-37 调整后的效果

⑱ 创建新图层组并命名为"新品推荐"。选择"自定形状工具"，选项栏设置如图5-38所示，其中填充色为#36771e，绘制花的形状。复制该形状图层，调整并水平翻转花的形状。利用"矩形工具"绘制填充色为#e47170的长条矩形。利用"横排文字工具"依次输入大小为90点、黑色的黑体文字"热卖.新品推荐"，大小为48点、白色的黑体文字"新品热卖、快速抢购"，大小为30点、绿色的宋体文字"每\周\六\准\时\上\新\品"，效果如图5-39所示。

⑲ 创建新图层组并命名为"版块2"。选择"矩形工具"，设置工具模式为"形状"、圆角半径为100像素，参照步骤⑮，绘制如图5-40所示的形状。

图5-38 "自定形状工具"选项栏

图5-39 绘制形状、输入文字后的效果

图5-40 绘制形状的效果

⑳ 创建新图层组并命名为"热卖1"。将素材图像"化妆品3.png"和"绿叶2.png"拖入文档,调整大小及位置。利用"横排文字工具"输入字号为72点、颜色为#84b743的黑体文字"补水保湿精华液"。利用"直线工具"绘制两条黑色的细实线。利用"矩形工具"分别绘制两个颜色为绿色、白色的圆角矩形,为白色的圆角矩形添加"投影"样式。分别在两个圆角矩形中输入字号为72点的白色文字"199"及字号为48点的绿色文字"立即查看",效果如图5-41所示。

图 5-41 绘制形状、输入文字后的效果

㉑ 选择"自定形状工具",选项栏设置如图5-42所示,其中填充色为#e47170,绘制形状。利用"横排文字工具"输入字号为72点、颜色为白色的黑体文字"热卖",效果如图5-43所示。

㉒ 复制图层组"热卖1"并重命名为"热卖2"。调整"热卖2"中各图层对象的位置,将"化妆品3.Png"图像替换为"化妆品4.Png",并修改文字,调整后的效果如图5-44所示。

图 5-42 "自定形状工具"选项栏

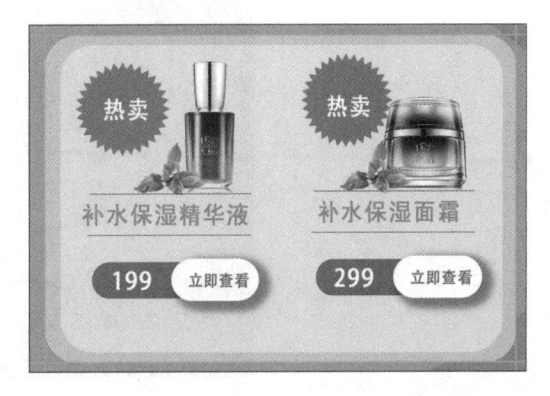

图 5-43 输入文字后的效果　　　　图 5-44 复制图层组并调整后的效果

㉓ 网页设计完成后,选择"切片工具"　,在页面中按住鼠标左键并拖曳鼠标进行切片,每切分出一个图形区域,该区域左上角会显示出切片的编号,切割后的效果如图5-45所示。切分出所有图片后,单击"文件→导出→存储为Web所用格式(旧版)"菜单命令,打开如图5-46所示的"存储为Web所用格式"对话框,根据需要设置图片的格式,单击"存储"按钮,选择保存格式为"HTML和图像",进行保存。

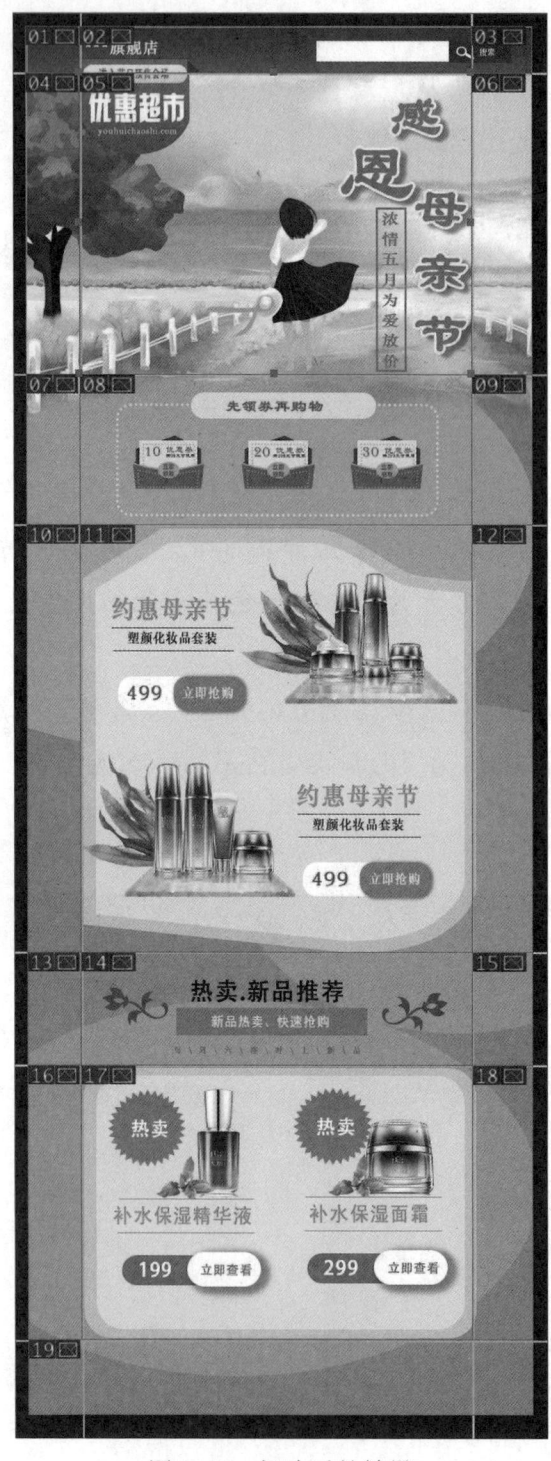

图 5-45　切片后的效果

图 5-46 "存储为 Web 所用格式"对话框

综合实训

1. 利用所学的知识，借助提供的素材，制作如图 5-47 所示的旅行电子相册界面效果。
2. 借助提供的素材文件，利用所学的界面设计方法，完成如图 5-48 所示的平台登录界面。

图 5-47 旅行电子相册界面效果

图 5-48 平台登录界面效果

3. 完成如图 5-49 所示的机动车驾驶员理论考试系统登录界面。
4. 制作如图 5-50 所示的手机订餐 APP 界面。

图 5-49 机动车驾驶员理论考试系统登录界面效果

图 5-50 手机订餐 APP 界面效果

项目 6　美工设计

美工设计涉及各行各业。除了前面所学的海报设计、企业 VI 设计、照片处理、界面设计、网店美化之外,还涉及宣传单、宣传画册、书籍装帧、产品包装、卡券名片、展板展架、店面门头、报纸杂志排版等,如图 6-1 所示。

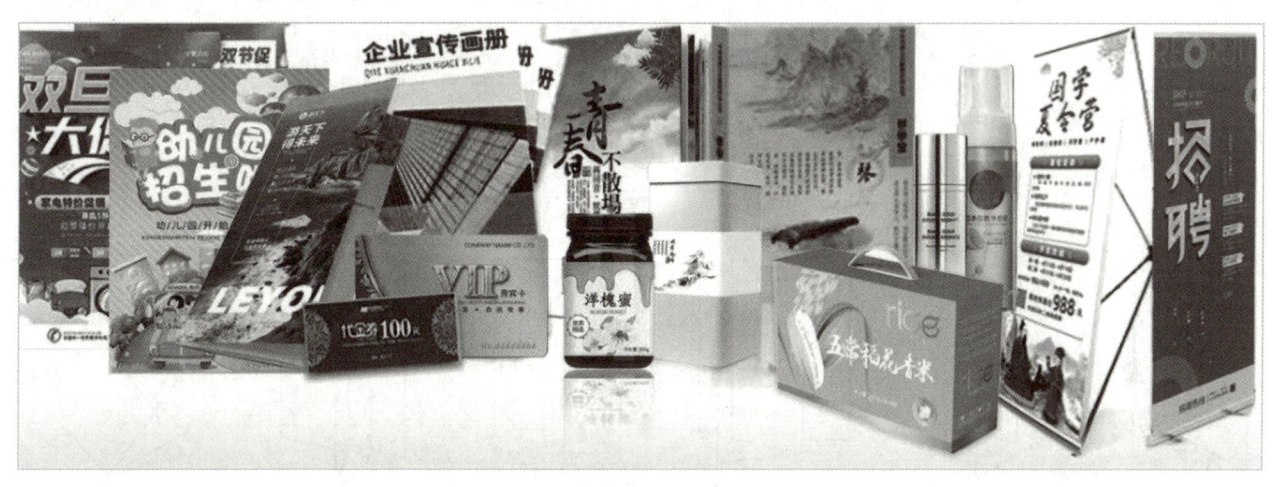

图 6-1　美工设计应用示例

设计制作一个优秀的作品,不仅需要熟练掌握各种软件的应用,具备专业知识技能和沟通学习能力,还需要了解生产工艺流程、行业标准与规范、生产制作成本以及法律法规等相关知识。

本项目通过宣传单页和书籍封面的设计制作,简单介绍印刷品的相关知识,综合运用以前学过的知识,设计制作出主题突出、富有内涵的作品,对软件的运用也会更加深入。

宣传单是商家为宣传其产品或服务而制作的一种印刷品,一般用于展会招商、楼盘销售、培训招生、产品推介、旅游推广、酒店商场开业、公益广告宣传等。宣传单能快速发放,成本低廉,详细说明产品的功能、用途、使用方法以及特点,诠释企业的文化理念,有效提升宣传效果,因而被广泛使用。

宣传单一般分为单张双面印刷或单面印刷,宣传单的常见规格有 A3、A4、A5 等,如图 6-2 所示;折页方式有对折、三折、风琴折等,样式如图 6-3 所示;其中 A4 规格成品的三折页尺寸如图 6-4 所示。

设计宣传单时需要注意以下问题:

(1)印刷行业普遍使用 CMYK 颜色模式的文件,但是在 Photoshop 中,CMYK 颜色模式下很多滤镜无法使用,通常可以先用 RGB 颜色模式进行设计,再转换成 CMYK 颜色模式交付印刷。由于 RGB 颜色模式转换成 CMYK 颜色模式后颜色会有变暗的情况,所以转换颜色模式后需要根据具体情况进行调色。

A5宣传单页　　　　A4宣传单页　　　　A3宣传单页
小幅面，携带方便　　画面适中，应用广　　大幅面，内容丰富
成本低　　　　　　　性价比高　　　　　　画面精美

图 6-2　宣传单常见的规格

对折　　　三折(荷包折)　　　风琴折　　　关门折　　　关门再对折　　　十字折

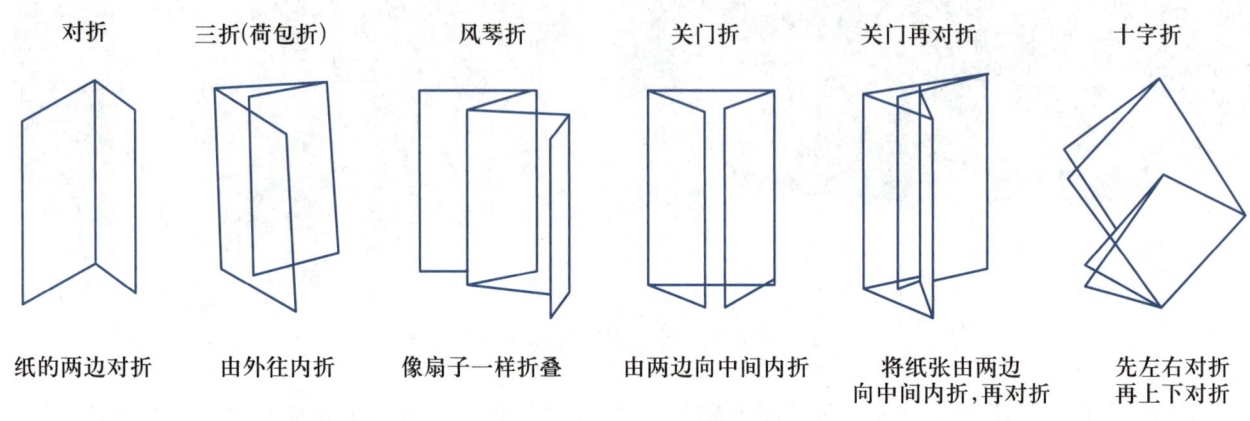

纸的两边对折　　由外往内折　　像扇子一样折叠　　由两边向中间内折　　将纸张由两边　　先左右对折
　　　　　　　　　　　　　　　　　　　　　　　　　　　　　　　　　　向中间内折，再对折　再上下对折

图 6-3　宣传单折页方式

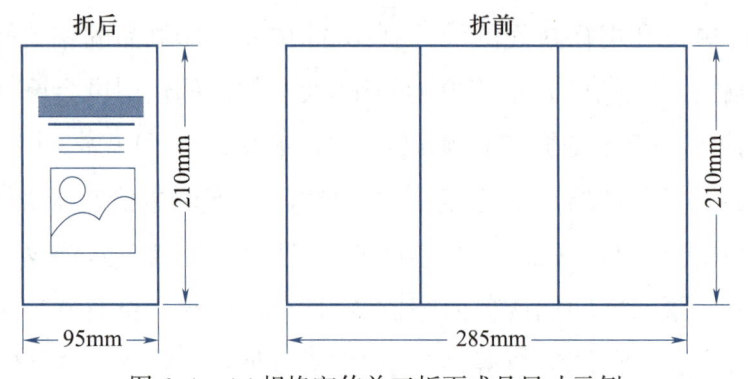

折后　　　　　　　　　　折前

210mm　　　　　　　　　210mm

95mm　　　　　　　　　　285mm

图 6-4　A4 规格宣传单三折页成品尺寸示例

（2）在设计印刷品时，为避免后期的制作、排版、裁图时出现影响原作内容的情况发生，一般会在作品四周预留"出血位"，常用印刷标准"出血位"为 3 毫米。以 A4 规格纸张为例，成品尺寸为 210 毫米 ×285 毫米，上下左右各增加 3 毫米，设计稿需做成 216 毫米 ×291 毫米，如果刚好按成品尺寸制作，有可能出现白边。设计师可提前咨询，印刷企业在生产前，也会根据设备和工艺对客户的设计稿进行修整。

（3）为保证印刷质量，一般要求设计稿的分辨率在 300 像素 / 英寸以上。

案例 14　设计制作宣传单

本案例设计制作的是某学校志愿者招募宣传单。弘扬"奉献、友爱、互助、进步"的志愿者精神，培养青少年的公民意识、奉献精神和服务能力，在志愿服务中增长见识，感受到服务他人的幸福和快乐，为以后报效社会做好准备。通过发放宣传单，不仅让同学们通过这种方式了解学校志愿服务的项目内容、申请方式，同时也传播了志愿者精神，弘扬了正能量。

本案例采用庄重的紫色色调，加以白鸽、绿叶、志愿者标志、双手、爱心、跃起的人物等元素，表达了共同奉献爱心，积极进取，迎接希望的主题。

案例描述

根据设计要求，制作一张 A4 规格双面印刷的宣传单，如图 6-5 所示。

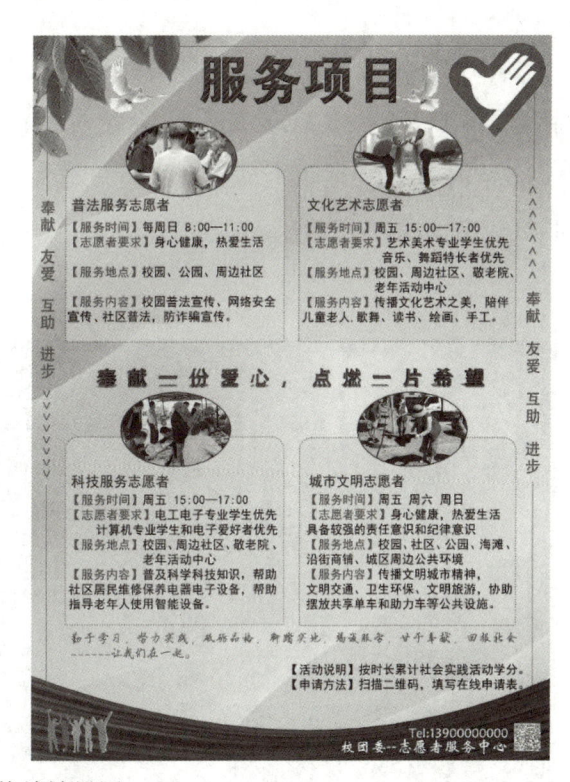

图 6-5　宣传单效果图

案例解析

本案例中，需要完成以下操作：
- 了解宣传单设计的方法。
- 利用滤镜和图层混合模式制作底部装饰。

- 利用图层组管理图层。
- 利用"钢笔工具"、结合"加深工具""画笔工具""橡皮擦工具"制作立体心形效果。
- 利用"动作"面板记录与播放动作,制作横线图案;利用"图案叠加"等图层样式制作斜线底纹文字效果。
- 利用 3D 文字选项制作立体文字。
- 利用"历史记录"面板的"由当前状态创建新文档"创建背面文档。
- 利用形状工具创建形状,利用"粘入"命令、色调调整命令制作项目模块。

案例实施

1. 宣传单正面制作

① 选择"文件→新建"命令,打开"新建文档"对话框,设置文件名为"宣传单正面"、宽度为 216 毫米、高度为 291 毫米、分辨率为 300 像素/英寸、颜色模式为 RGB、背景内容为白色,单击"确定"按钮。

② 制作底部装饰。单击"图层"面板底部的"创建新图层"按钮,新建图层并命名为"线条";按 D 键,恢复默认前景色和背景色;选择"滤镜→渲染→纤维"命令,打开"纤维"对话框,按如图 6-6 所示进行设置;执行"滤镜→模糊→动感模糊"命令,打开"动感模糊"对话框,参数设置如图 6-7 所示。

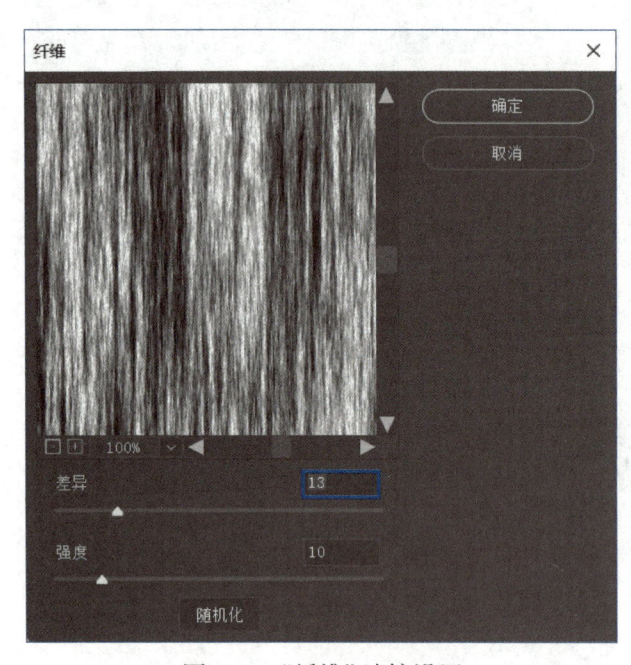

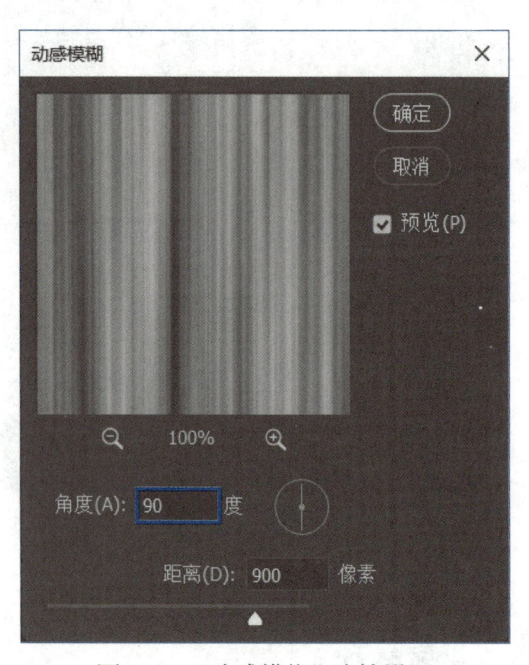

图 6-6 "纤维"滤镜设置   图 6-7 "动感模糊"滤镜设置

③ 设置前景色为 #d842ae、背景色为 #513bac;选中"线条"图层,单击"图层"面板底部的"添加图层样式"按钮 fx,从弹出的菜单中选择"渐变叠加"命令,打开"图层样式"对话框,设

置"渐变"为前景色到背景色,设置"混合模式"为"颜色加深",局部图像效果及图层样式设置如图 6-8 所示。

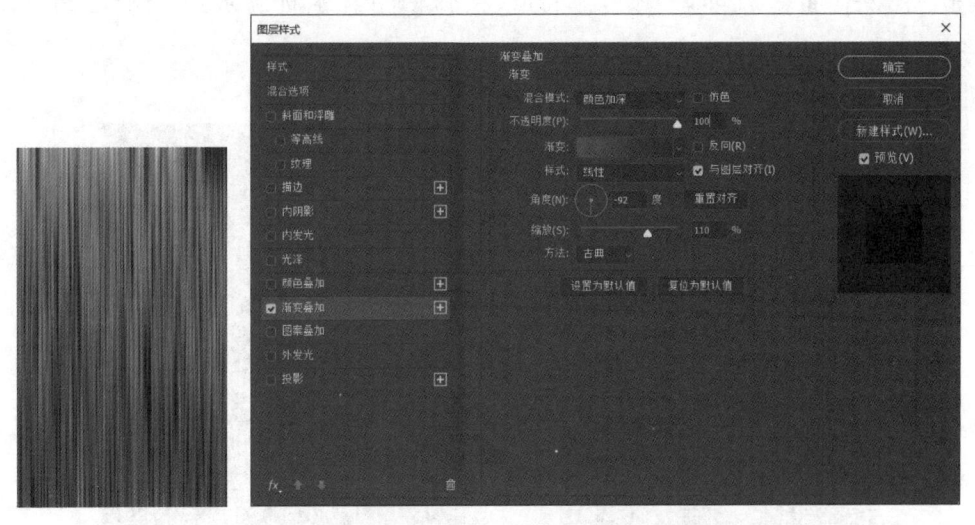

图 6-8 "线条"图层效果及图层样式设置

④ 复制"线条"图层,将副本图层的"渐变叠加"的"混合模式"设置为"颜色",局部图像效果及图层样式设置如图 6-9 所示。

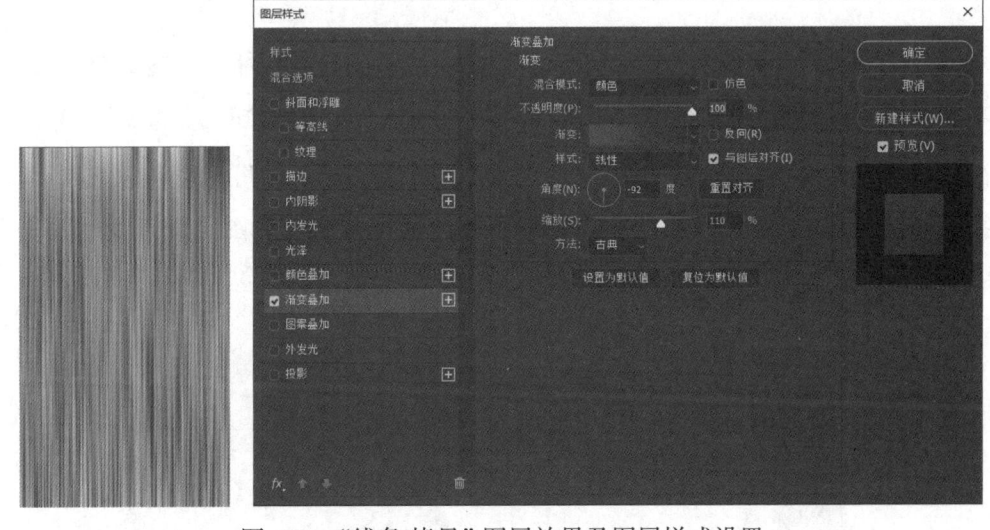

图 6-9 "线条 拷贝"图层效果及图层样式设置

⑤ 单击"图层"面板底部的"添加图层蒙版"按钮，为"线条 拷贝"图层添加图层蒙版;选中图层蒙版缩览图,选择"渐变工具"，设填充为黑色到白色的线性渐变,从中部向右下斜向拖曳鼠标,此时的局部图像效果及"图层"面板如图 6-10 所示。

⑥ 在"图层"面板选中最顶层,按 Alt+Ctrl+Shift+E 组合键,盖印所有可见图层生成新图层;使用"矩形选框工具"选择一部分图像,按 Ctrl+J 组合键复制生成新图层,命名为"装饰";只显示"背景"图层和"装饰"图层,隐藏其余图层,按 Ctrl+T 组合键进行自由变换,单击

选项栏中的"在自由变换和变形之间切换"按钮,进入变形状态,调整各控点使其变形,如图 6-11 所示;旋转后移动至画布底部;将"装饰"图层下方至"背景"图层上方所有隐藏的图层选中,单击"图层"面板底部的"创建新组"按钮,创建新图层组并命名为"装饰过程图层",然后将其隐藏。

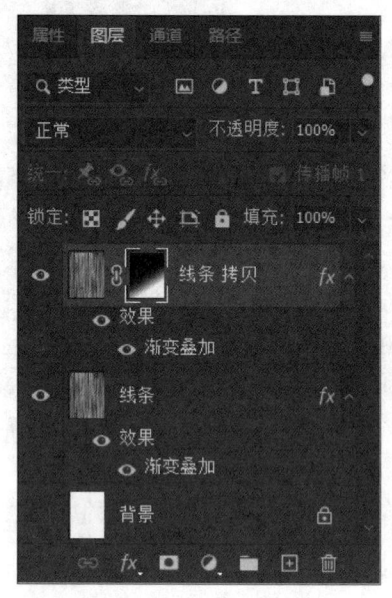

图 6-10 "线条 拷贝"应用蒙版效果及"图层"面板

⑦ 打开分层素材文件"正面分层.psd",将素材元素"背景素材""飞跃""双手"复制到主窗口;调整各元素位置并将"背景素材"置于"装饰"图层的下方;复制"飞跃"图层,将其副本进行水平翻转,移动至适当的位置;选择"双手"图层,利用"魔术橡皮擦工具"将白色背景去除(或选取白色区域删除);将各元素均置于"装饰"图层的下方,效果如图 6-12 所示。

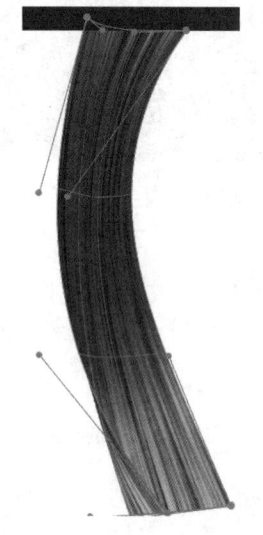

图 6-11 "装饰"变形处理　　　　图 6-12 各元素位置

⑧ 制作边框。新建图层"线框",选择"矩形选框工具",绘制一个略小于画布的矩形选区,选择"编辑→描边"命令,打开"描边"对话框,设置"宽度"2像素、"位置"为"居外"、颜色为#f21187,如图6-13所示,单击"确定"按钮;保持选区不变,再次打开"描边"对话框,设置"位置"为"内部"、颜色为#f9bfe0,在选区内部描边;描边结束后,按Ctrl+D组合键取消选区;并将其置于"装饰"图层的下方。

⑨ 选择"直排文字工具",在右侧输入文字"<<<<<<<< 奉献 友爱 互助 进步",设置为黑体、红色,其中文字大小为18点,字符"<"大小为14点;打开"字符"面板,调整字符间距;复制文字图层并移动至左侧框线上方,修改其中的字符为">";调整位置;选中"线框"图层,利用"矩形选框工具"将文字对应处的线框区域选取并删除,效果如图6-14所示;在"图层"面板中将两个直排文字图层与"线框"图层添加至新图层组"边框"中。

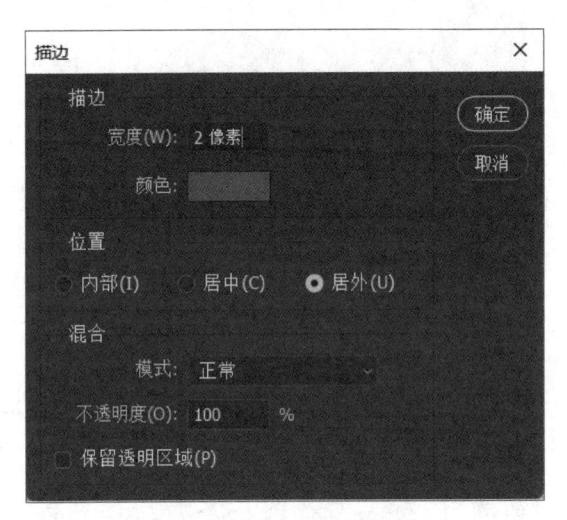

图6-13 "描边"对话框设置　　图6-14 直排文字与线框的位置效果

⑩ 绘制心形。选择工具箱中的"钢笔工具",选项栏中设为"路径"模式,在两手中间的上方单击并向左上方拖曳,绘制第一个带方向线的锚点;移动鼠标指针到正下方,单击并向右下方拖曳至适当的形态时,按下Alt键向右上方拖曳,至合适的方向线角度方向时抬起鼠标,确定第二个锚点;鼠标指针回到起点,当出现闭合的小圆圈时按下Alt键向左下方拖曳鼠标,将路径闭合,创建心形路径,如图6-15所示。

⑪ 使用"直接选择工具"微调各锚点或方向线及方向点,以进一步调整心形路径的形态;保持心形路径的选取状态,在画布中右击,从弹出的快捷菜单中选择"定义自定形状"命令,打开"形状名称"对话框,输入形状名称"心形",单击"确定"按钮,将其定义为形状;按Ctrl+Enter组合键,将路径转换为选区;新建图层"心形",设前景色为红色,按Alt+Del组合键以前景

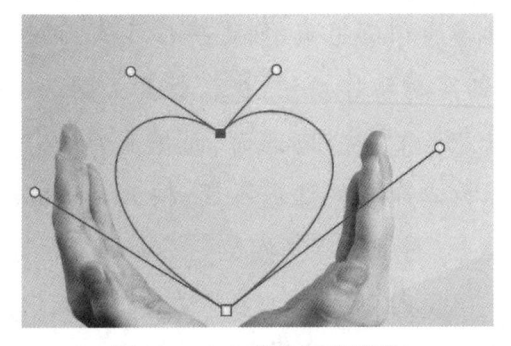

图6-15 心形路径的形态

色填充选区,得到红色的心形效果。

⑫ 制作心形立体效果。保持选区不变,选择工具箱中的"加深工具",在选项栏中设置"范围"为"中间调",选择柔边圆形画笔,大小设置为120像素,在心形右下方边缘内部拖曳,使其变暗;新建图层并命名为"高光",选择"椭圆选框工具",在心形内部的左侧绘制选区,在选项栏中选择"从选区减去"选项,将其右侧及顶部选区减去;选择"画笔工具",降低不透明度和流量,设置前景色为白色,在选区左侧绘制白色;利用"橡皮擦工具"降低不透明度,沿选区右侧擦除,使之过渡自然,如图 6-16 所示。在上方建立较小的椭圆选区,用白色画笔绘制,得到上方的高光点;将图层"高光"与"心形"合并得到图层"心形",此时的心形效果如图 6-17 所示。

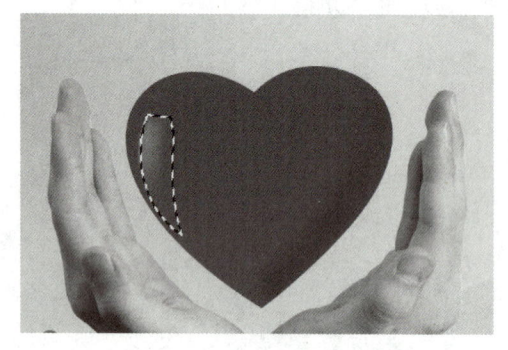

图 6-16　选区及填充效果　　　　　图 6-17　添加高光的效果

⑬ 将分层素材中的其余元素"绿叶""志愿者标志""白鸽""二维码""欢呼"复制到主窗口;利用"对象选择工具"和"快速选择工具"将标志的白色背景去除;复制白鸽,并进行水平翻转或旋转,调整其位置、大小;将各个白鸽、绿叶、标志所在图层添加至新图层组"顶部元素"中;输入所需的文字,其中"青年志愿者"为"方正大黑简体"、72 点,"学校"为"方正大黑简体"、60 点,玫红色;"招募中……"为"方正简体硬笔书法"、60 点;右下角的文字为黑体、白色、18 点,效果如图 6-18 所示。调整图层的叠放次序,将右下角的文字、二维码和装饰元素添加至新图层组"底部元素"中。

⑭ 记录动作。新建文档"动作",高度、宽度均为 300 像素,分辨率为 300 像素/英寸,背景内容为黑色;新建空白图层,设前景色为白色;选择工具箱中的"单行选框工具",在画布顶端单击,创建单行选区;选择"窗口→动作"命令打开"动作"面板,单击面板底部的"创建新动作按钮",打开如图 6-19 所示的"新建动作"对话框,输入名称"单行图案",单击"记录"按钮;此时,面板底部的"开始记录"按钮自动变为红色,进入记录动作状态;保持画布中的选区不变,按 Alt+Delete 组合键用前景色填充选区,按 4 次向下的方向键↓后,单击"停止记录"按钮,结束记录动作。

⑮ 播放动作。在"动作"面板中选中"单行图案",如图 6-20 所示,单击底部的"播放选定的动作"按钮,开始执行所记录的两条动作:"填充"和"移动 选区";单击播放按钮重

图 6-18　添加元素及文字效果

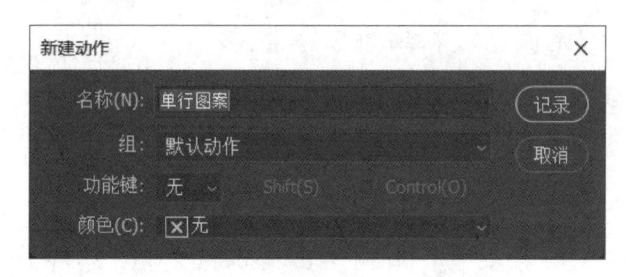

图 6-19　"新建动作"对话框

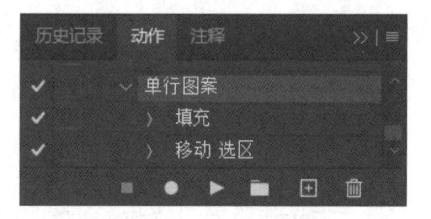

图 6-20　"动作"面板

复执行两条动作,直到填充至画布底端,按 Ctrl+D 组合键取消选区;此时的画布窗口效果如图 6-21 所示。

⑯ 隐藏"背景"图层,选择"编辑→定义图案"命令,打开"图案名称"对话框,输入图案名称"文字底纹",单击"确定"按钮,将文件存储并关闭。

⑰ 为标题文字添加图层样式。返回宣传单设计主窗口,选择"学校青年志愿者"标题文字图层,打开"图层样式"对话框,依次添加下列图层样式:"描边"(颜色为 #a500fb,大小为 4 像素),"斜面和浮雕"(样式为"描边浮雕"),"渐变叠加"(颜色从 #9929ea 到 #5808fb、线性渐变、角度为 90 度),"图案叠加"(从图案列表中选择"文字底纹",角度为 45 度,缩放为 516%),样式设置如图 6-22 所示,此时的文字效果如图 6-23 所示。

图 6-21　播放动作的效果

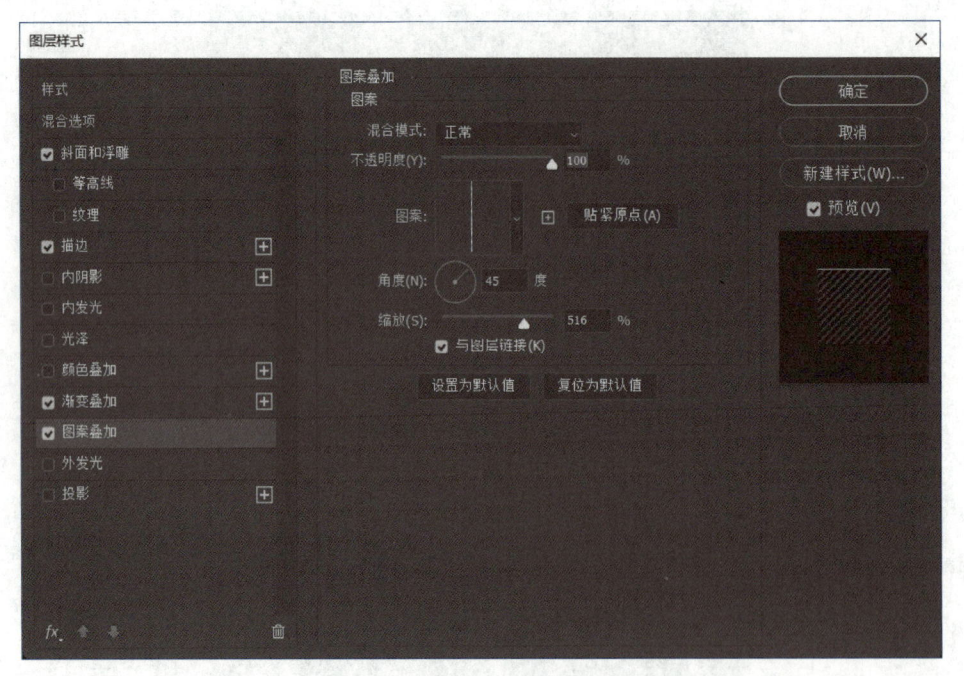

图 6-22　标题文字的图层样式参数

⑱ 选择文字"招募中……",添加"渐变叠加"图层样式(颜色从 #9929ea 到 #5808fb,线性渐变,角度为 90 度);选择"直线工具" ,设置模式为"形状"、填充为红色、"描边"为"无颜色"、粗细为 2 像素,按住 Shift 键在画布中间绘制水平直线;在其下方输入文字"贡/献/力/量 服/务/社/会"(红色,18 点)。

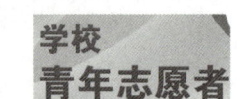

图 6-23　标题文字效果

⑲ 制作 3D 文字。在直线的上方输入文字"奉献一份爱心,点燃一片希望",设置为红色、22 点;单击工具选项栏中的"从文本创建 3D"按钮 ,系统弹出提示信息框"您即将创建一个 3D 图层。是否切换到 3D 工作区",单击"是"按钮,原文本图层转换为智能对象图层,并自动展开"3D"面板,利用选项栏中的"旋转 3D 对象" 、"拖动 3D 对象" 等按钮配合"3D"面板,制作 3D 文字效果。

⑳ 将各文字和直线添加至新图层组"正面文字"中,宣传单正面制作完成;此时的"图层"面板如图 6-24 所示,效果如图 6-5 所示。按 Ctrl+S 组合键存储源文件。

注意:

此时窗口的工作界面进入"3D"工作区,工具箱内默认显示的工具也会发生变化,可以切换至"基本功能"或选择其他工作区界面。

㉑ 选择"文件→存储副本"命令,将文件以"正面效果图.jpg"保存;按 Ctrl+S 组合键将"宣传单正面"源文件保存;单击"历史记录"面板底部的"从当前状态创建新文档" 按钮,由当前状态创建新文档,按 Ctrl+S 组合键打开"存储为"对话框,输入文件名"宣传单背面";关闭正面文档,进入"宣传单背面"文档的编辑。

2. 宣传单背面制作

① 保留"底部元素"和"边框"图层组;"顶部元素"图层组中删除两个白鸽图层;将"装饰"水平翻转,移动至"底部元素"图层组;将"欢呼"移至画布左下角,移动至"底部元素"图层组;在"正面文字"图层组中,双击标题文本图层,修改文字内容为"服务项目",字号设置为60点,保留3D文字图层,删除其余文字图层;删除多余的图层和图层组;调整各元素的大小和位置。

② 制作项目1模块。新建图层组"项目1";选择工具箱中的"矩形工具"，在选项栏中设置工具模式为"形状"、"填充"为纯色(从背景左上角拾取相应颜色);"描边"颜色设置为#a500fb、类型设置为虚线、宽度为6像素,在画布中绘制矩形,"图层"面板中生成形状图层"矩形1",将不透明度改为60%;在其"属性"面板中进一步修改参数,设置宽为9厘米、高为7厘米、"左上角半径"和"右上角半径"为60像素、"左下角半径"和"右下角半径"均为6像素。

③ 打开分层素材"服务照片.psd",将其中的素材"tu1"复制到主窗口矩形1的上边缘线居中位置,调整大小和位置;选择"椭圆选框工具"，设置"羽化"值为0像素,在图片上绘制椭圆选区,单击"添加图层蒙版"按钮,为其添加图层蒙版,并添加图层样式"描边"(颜色为#a500fb、宽度4像素);在"矩形1"形状内部输入项目标题文字"普法服务志愿者",设置字体为黑体、字号为16点,图层样式为"渐变叠加";项目子标题文字为红色、14点;项目内容文字为暗红色;其效果及"图层"面板状态如图6-25所示。

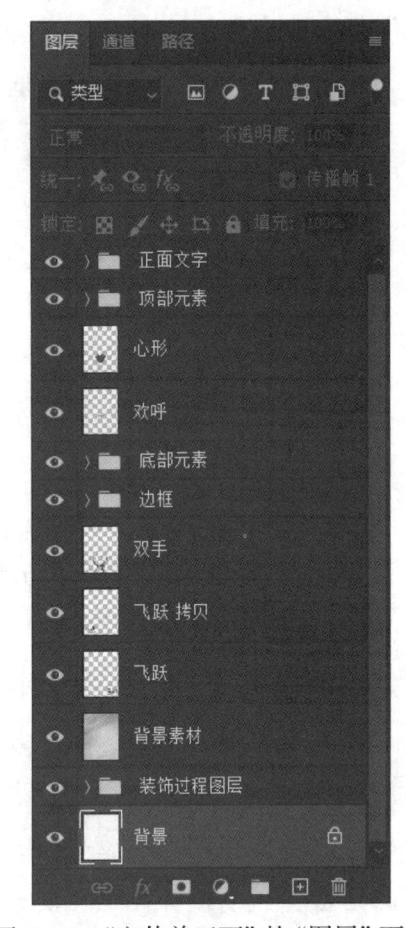

图6-24 "宣传单正面"的"图层"面板

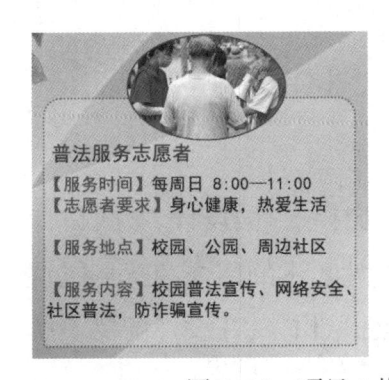

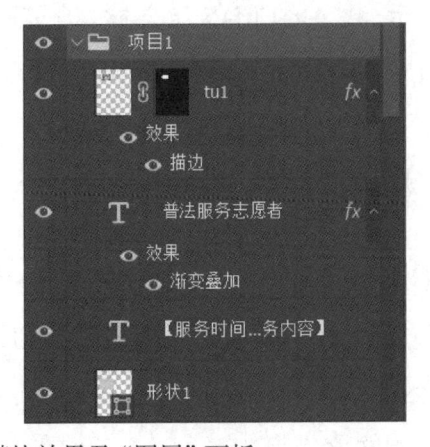

图6-25 项目1模块效果及"图层"面板

④ 制作其余的项目模块。在"图层"面板中选中"项目1"图层组；将其复制三次，在"图层"面板中将复制的图层组依次改名为"项目2""项目3""项目4"；选择"移动工具"，选项栏中勾选"自动选择""组"复选框，分别将三个图层组移至适当的位置（可参照图6-5）；修改各项目的标题及文字内容，从各矩形旁边的背景中吸取颜色并填充。

⑤ 粘入替换各项目图片。按住Ctrl键并单击"项目2"图层组的项目图片的图层蒙版缩览图，获得其选区；切换至分层素材文件"服务照片.psd"，从"图层"面板中选择"tu2"图层，按住Ctrl键并单击其图层缩览图获得选区，按Ctrl+C组合键进行复制；切换回设计窗口，按Alt+Shift+Ctrl+V组合键将其粘入选区，自动生成带蒙版的新图层，删除"项目2"图层组中的"tu1"图层；用同样的方法，将其余各项目素材图片复制至设计窗口其余图层组中。

⑥ 调整各项目图片的色调。选中"项目2"图层组中的图片，按Ctrl+L组合键打开"色阶"对话框，向右拖动输入色阶的黑场滑块，使暗部加深；选中"项目3"图层组中的图片，按Ctrl+M组合键打开"曲线"对话框，向左上方拖动曲线，提高中间调的亮度。

⑦ 调整结束后，在各项目图片的图层蒙版缩览图与图层缩览图之间空白处单击出现链接图标，在粘入的项目素材与图层蒙版之间建立链接；将"项目1"图层组中的图片的图层样式复制并粘贴至其余各项目图片。

⑧ 选择"横排文字工具"，设置字体为"方正硬笔行书简"、字号为14点、颜色为红色，输入文字"勤于学习……——让我们在一起"；设置字体为黑体，输入右下方文字"活动说明……"和"申请方法……"，并将文字图层移动至"底部元素"图层组；进一步调整其余各元素的位置，宣传单背面效果制作完成，效果如图6-5所示，此时的"图层"面板如图6-26所示；按Alt+Ctrl+S组合键，将背面效果文件以"背面效果图.jpg"保存；按Ctrl+S组合键，保存源文件。

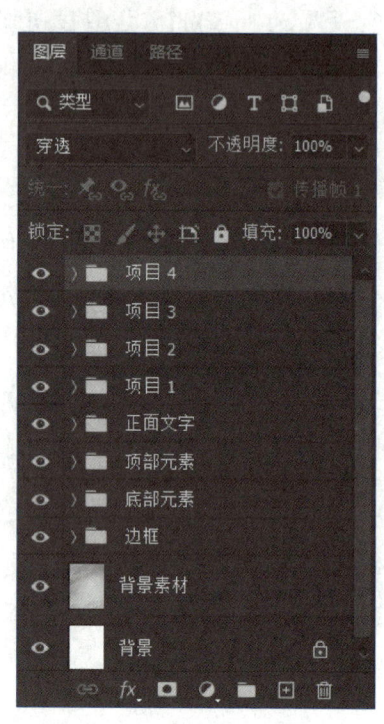

图6-26 "宣传单背面"的"图层"面板

案例15 书籍封面设计

书籍装帧设计是指书籍的整体设计，包括开本选择、封面设计、版式设计、插图设计和印装工艺设计等多个方面，其中封面设计是书籍装帧设计艺术的门面，它是通过艺术形象设计的形式来反映书籍的内容。书籍的封面与书籍的内容息息相关，在设计前要了解书籍的内容，包括书籍的类型、书籍的阅读人群等。

本案例所设计的书籍属于教育类,涉及学生心理健康与成长方面。青少年的心理健康水平关乎"健康中国"践行的基石。本案例所设计的书籍以中职学生入学后存在的问题为依据,以中职学生职业生涯规划为指引,旨在帮助中职学生正确认识"心理健康",保持自身良好的健康状态、完善自我、和谐关系、快乐生活、高效学习、规划目标定位,从容应对成长中的任务和问题,做到"丰盛生命,丰盈心灵"。

本案例将整体采用明快的绿色和蓝色色调,给人以平静健康的感觉;封面饱和度较高的橙黄色花朵给人以积极向上的力量;封底大树、小路、心形配以宣言和来自左上方温暖的光等元素,直点主题。

本案例所设计的书籍为正度16开平装书,成品尺寸为 26.0 cm × 18.5 cm,其构成及尺寸如图 6-27 所示。

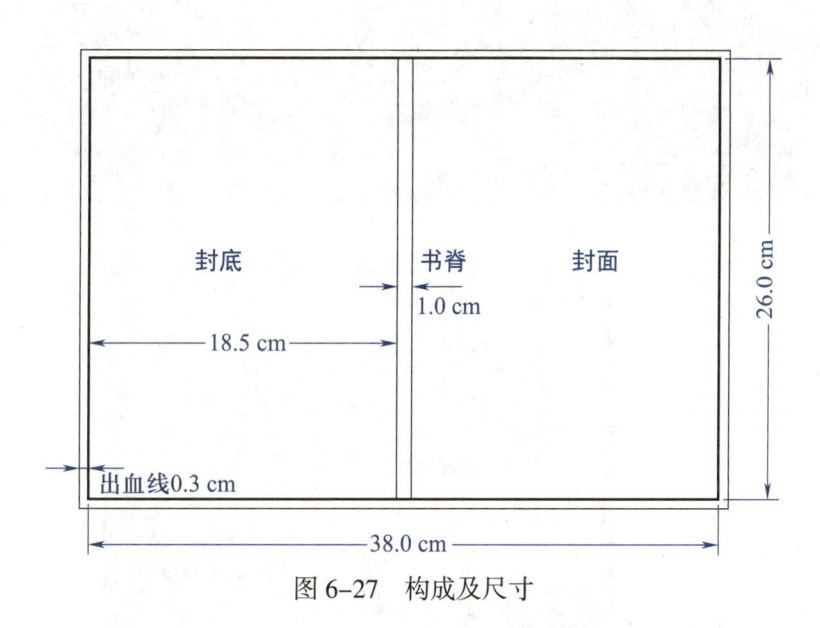

图 6-27 构成及尺寸

通过本案例的学习,初步了解书籍的封面设计,为以后进一步学习和探讨书籍装帧设计、产品包装设计等知识领域,不断提高自己的设计能力和职业素养,打下良好的基础。

案例描述

根据设计要求及参考尺寸,制作如图 6-28 所示的平面和立体的书籍封面。

案例解析

本案例中,需要完成以下操作:
- 了解书籍封面设计的方法。
- 利用参考线进行定位,利用图层组管理图层。
- 利用调整图层制作光线效果,利用滤镜制作底纹背景。

图 6-28 书籍封面的平面及立体效果

- 利用"自定形状工具"制作各种元素,利用"矩形工具"制作线框。
- 利用 Alpha 通道和滤镜制作仿旧的印章。
- 利用自由变换制作立体效果,利用图层蒙版制作倒影的渐隐效果。

案例实施

1. 新建文档及参考线

① 选择"文件→新建"命令,打开"新建文档"对话框,设置文件名为"书籍封面设计"、宽度为 38.6 厘米、高度为 26.6 厘米、分辨率为 300 像素/英寸、颜色模式为 RGB 颜色、背景内容为白色,完成后单击"确定"按钮。

② 选择"视图→标尺"命令,显示水平和垂直标尺;在标尺上右击,从弹出的快捷菜单中选择"厘米",将标尺以厘米为单位显示;选择"视图→参考线→新建参考线版面"命令,打开"新建参考线版面"对话框,如图 6-29 所示,各边距均设置为 0.3 厘米后单击"确定"按钮。

③ 选择菜单"视图→参考线→新建参考线"命令,弹出如图 6-30 所示的"新参考线"对话框,选择"取向"为"垂直","位置"设置为 18.8 厘米,然后单击"确定"按钮,创建一条垂直参考线;用相同的方法在 19.8 厘米处创建垂直参考线,此时的画布窗口如图 6-31 所示。

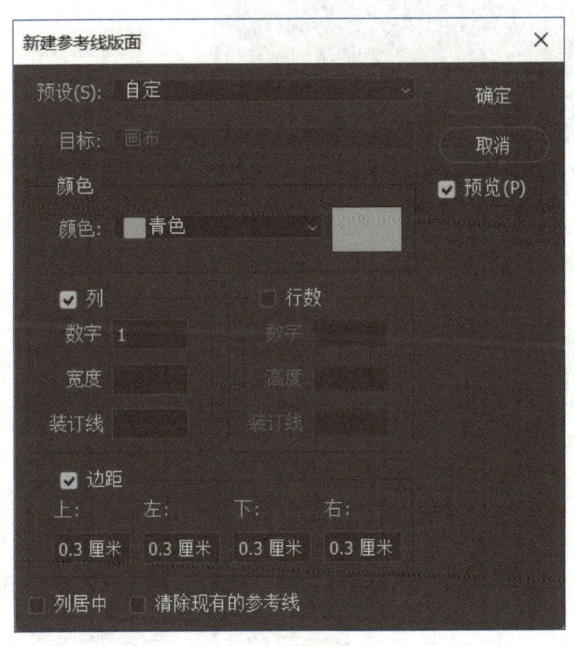

图 6-29 "新建参考线版面"对话框   图 6-30 "新参考线"对话框

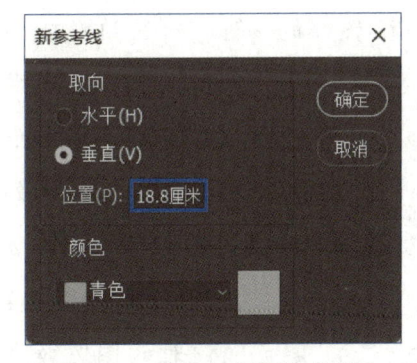

2. 背景底纹制作

① 打开素材图像"树木.jpg"并复制至设计文档中,命名为"底图",调整其位置、大小,如图 6-32 所示。

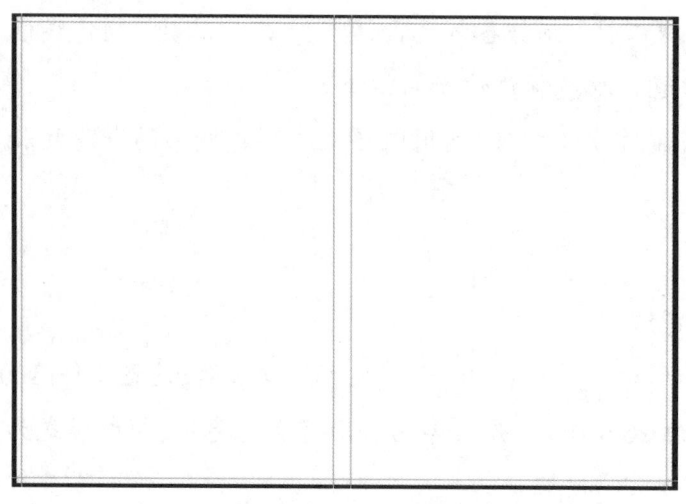

图 6-31 垂直参考线

图 6-32 底图效果

② 单击"图层"面板底部的"创建新图层"按钮,新建图层并命名为"光线";单击"图层"面板底部的"创建新的填充或调整图层"按钮,从菜单中选择"渐变"命令,打开"渐变填充"对话框,单击其中的"渐变"样条,打开"渐变编辑器"窗口,设置"渐变类型"为"杂色"、"粗糙度"为 100%,勾选"限制颜色"复选框,"颜色模型"设置为"LAB",向中间拖动"a""b"滑块,相关设置及图像效果如图 6-33 所示。

③ 单击"确定"按钮,关闭"渐变编辑器"窗口,返回"渐变填充"对话框;设置样式为"角度",在画布窗口中拖曳渐变中心点至左上角,单击"确定"按钮;在"图层"面板中将该图层混合模式设为"滤色",此时的图像效果如图 6-34 所示。在"图层"面板中双击渐变填充图层的缩览图,再次打开"渐变填充"对话框,调整角度;或单击"渐变"样条,打开"渐变编辑器"窗口,单击"随机化"按钮,选择适合的光线效果。

④ 在"图层"面板中右击"光线"调整图层,从弹出的快捷菜单中选择"转换为智能对象"命令,将其转换为智能对象;单击"添加图层蒙版"按钮,为其添加图层蒙版,选中图层蒙

图 6-33 "渐变"设置及图像效果

版缩览图,在工具箱中选择"渐变工具",设置由白色到黑色的渐变,在画布中从左上到右下拖曳填充,实现渐隐的效果。

⑤ 选择"滤镜→模糊→高斯模糊"命令,打开"高斯模糊"对话框,设置"半径"为 40 像素,单击"确定"按钮;单击"图层"面板底部的"创建新的填充或调整图层"按钮,从菜单中选择"色相/饱和度"命令,在"属性"面板中勾选"着色"复选框,单击"属性"面板底部的"此调整剪切到此图层"按钮,调整色相为 32,使光线呈金黄色,具体设置如图 6-35 所示。

图 6-34 添加光线效果

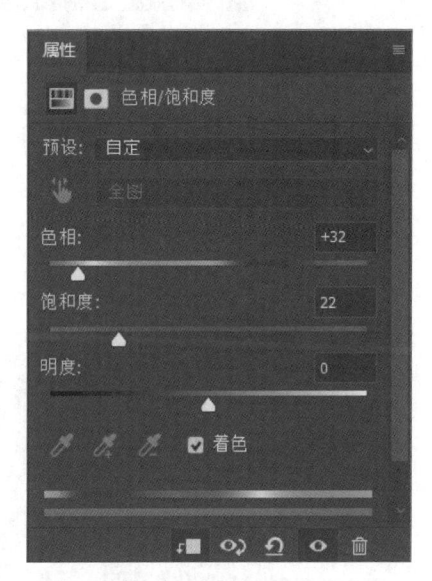

图 6-35 "色相/饱和度"设置

⑥ 添加"曲线"调整图层,在"属性"面板中进行设置,如图 6-36 所示,单击"属性"面板底部的"此调整剪切到此图层"按钮,调整光线的对比度。

⑦ 在"图层"面板中新建图层并命名为"光源";选择工具箱中的"画笔工具",选择柔边画笔,设置前景色为 #f0eace,加大画笔直径,在左上角处单击,并设置图层的混合模式为"滤色"。

⑧ 单击"图层"面板底部的"创建新的填充或调整图层"按钮,从菜单中选择"颜色查找"命令,打开"属性"面板,从"3DLUT 文件"下拉列表框中选择 Crisp-Warm.look 选项,调整图像整体的暖色调。

⑨ 进一步微调各图层的效果。在"图层"面板中,按住 Shift 键,将"颜色查找"调整图层至"光线"图层全部选中,单击"图层"面板底部的"创建新组",创建新图层组并命名为"光",此时的"图层"面板如图 6-37 所示。

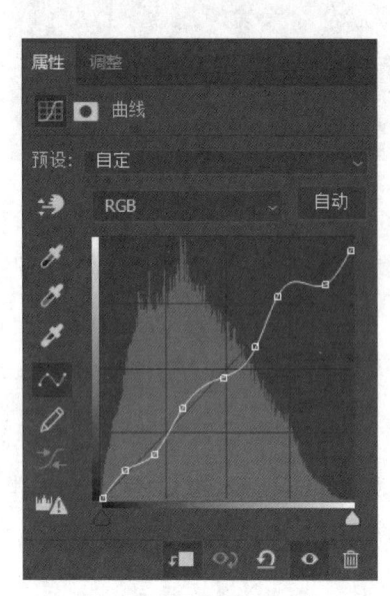

图 6-36 "曲线"设置　　图 6-37 "图层"面板

⑩ 选中图层组"光",设置不透明度为 80%,按 Alt+ Shift+Ctrl+E 组合键盖印所有可见图层,在图层组的上方生成新图层,命名为"封底底纹";选择"滤镜→滤镜库"命令,打开"滤镜库"对话框,选择"纹理"类别中的"纹理化"滤镜,在"纹理"下拉列表框中选择"画布"选项,按图 6-38 所示设置其他参数。

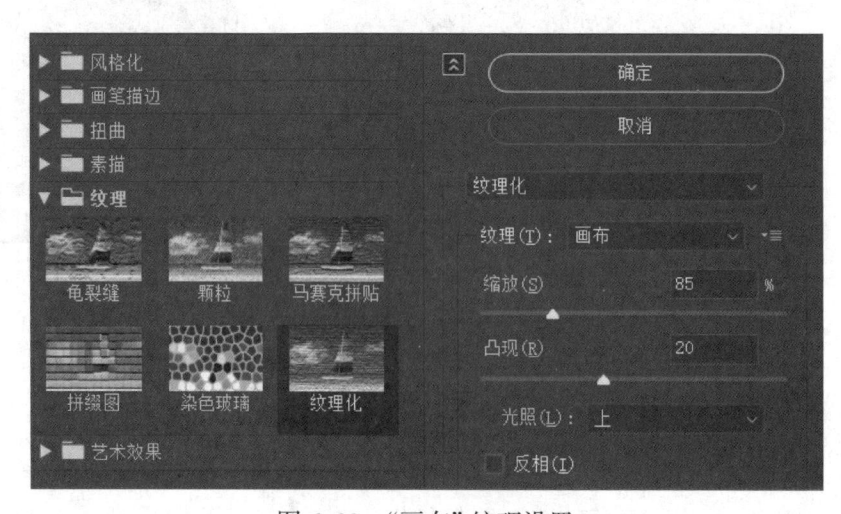

图 6-38 "画布"纹理设置

⑪ 选择工具箱中的"矩形选框工具"▣，选取第二条垂直参考线（18.8厘米处）左侧的所有区域，单击"图层"面板底部的"添加图层蒙版"按钮▣，添加图层蒙版，设置图层不透明度为76%；隐藏"光"图层组，此时的图像效果如图6-39所示。

⑫ 选择"视图→参考线→新建参考线"命令，分别在21.0厘米、34.2厘米处创建垂直参考线，在3厘米、20.9厘米处创建水平参考线；打开素材图像"封面底图.jpg"并复制到设计窗口右侧区域，调整图像大小；选择"滤镜→滤镜库"命令，再次打开如图6-38所示的"滤镜库"对话框，添加"画布"纹理，设置"凸现"为7，完成后单击"确定"按钮；选择工具箱中的"矩形选框工具"▣，选取第三条垂直参考线（19.8厘米处）右侧的所有区域，单击"图层"面板底部的"添加图层蒙版"按钮▣，添加图层蒙版，并将该图层命名为"封面底纹"。

图6-39 封底底纹效果

3. 添加封面元素

① 单击"图层"面板底部的"创建新组"按钮▣，创建新图层组并命名为"封面"；将图层"封面底纹"移动到该图层组中；选择"横排文字工具"T，设置字体为黑体、大小为36点、颜色为黑色，输入文字"丰盛生命，丰盈心灵"；大小改为26点，输入文字"——中职学生身心健康自我管理"和主编姓名；设置字体为"华文新魏"、大小为18点、颜色为#241802，在下方输入"真诚面对，接纳自己的不完美……"；出版社名称设置为"方正康体简体"、20点、黑色。

② 选择工具箱中的"自定形状工具"✿，在选项栏中设置工具模式为"形状"、填充颜色为黑色、"描边"为"无颜色"、高度为120像素、宽度为120像素，在"形状"下拉列表框中选择"靶标1"，在"主编"字样前单击绘制形状；在"形状"下拉列表框中选择形状"原子核"，设置填充为"无颜色"、描边颜色为#241802、描边宽度2像素，在出版社名称前绘制。

③ 添加素材"云彩"至图像窗口中，复制云彩图层，置于标题文字的下方，调整位置大小；调整其他元素的位置，此时的书籍封面效果如图6-40所示。

4. 制作书脊与封底

① 在"图层"面板中新建图层组并命名为"书脊"；在图层组中新建图层"书脊底"；选择"矩形选框工具"▣，"羽化"值设置为0像素，绘制选区选取第二条与第三条垂直参考线之间的书脊区域，并填充颜色#acdeea；在"图层"面板中选择"丰盛生命，丰盈心灵"文字图层，按

Ctrl+J 组合键将其复制,将副本图层移至"书脊"图层组中,右击文字图层,从弹出的快捷菜单中选择"竖排"命令,调整其位置、大小;以同样的方法,将副标题等元素复制并移至"书脊"图层组中,调整位置、大小。

② 在"图层"面板中,按住 Shift 键,同时选取"书脊"图层组中的各元素图层,选择"移动工具",单击"属性"面板中的"水平居中对齐"按钮,将各元素水平居中对齐,书脊制作完成。

③ 在"图层"面板中新建图层组并命名为"封底";将"封底底纹"移至该图层组中;将素材文字"在我广阔的人生中……"复制到适当位置,文字大小设置为 18 点,对齐方式设置为"居中对齐文本"。

④ 绘制心形。在"图层"面板中新建图层"心底"并移至文字图层的下方;选择工具箱中的"自定形状工具",在选项栏中设置工具模式为"形状","填充"设置为由 #fefcf3 至 #fcd358 的径向渐变,"描边"设置为"无颜色",从"形状"下拉列表框中选择自定义的形状"心形"(案例 14 中定义),自文字左上方拖曳鼠标绘制心形;选择工具箱中的"直接选择工具",在心形路径上单击,调整锚点位置、调整方向线的角度和长度,使心形恰好容纳文字段落;在"图层"面板中将图层不透明度设置为 70%,添加图层样式"内发光",效果如图 6-41 所示。

图 6-40 封面效果

图 6-41 心形与文字效果

⑤ 按住 Shift 键,在"图层"面板中将文字图层"在我广阔的……"和图层"心底"同时选取,单击面板底部的"链接图层"按钮,将二者链接,利用"移动工具"进一步调整位置。

⑥ 打开"分层素材.psd"文件,将小苗、二维码和条形码等元素添加至适当的位置;使用"对象选择工具"选取小苗主体,添加图层蒙版,借用黑白画笔调整显示;复制小苗图层并调整

位置、大小。

⑦ 选择工具箱中的"矩形工具"，在选项栏中设置工具模式为"形状"、"填充"为"无颜色"、"描边"为黑色6像素虚线，在画布中二维码中心处单击，弹出"创建矩形"对话框，勾选"从中心"复选框，"宽度"与"高度"均设置为300像素，单击"将角半径链接到一起"按钮，使其断开链接，分别设置各角半径，完成后单击"确定"按钮，绘制圆角矩形虚线框，其参数设置及效果如图6-42所示。

⑧ 在二维码下方输入文字"学习资源"；在条形码的上方输入"ISBN……"字样；封底制作完成，在"图层"面板中将该图层组锁定。

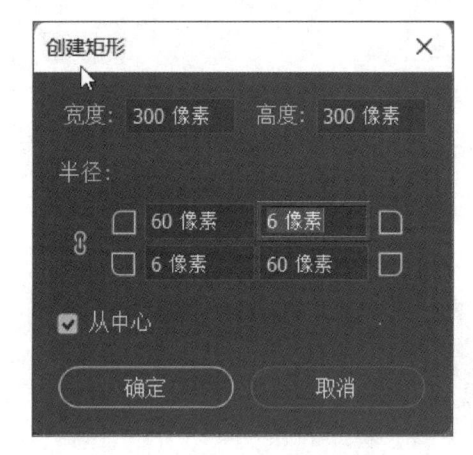

图 6-42　矩形线框设置及效果

5. 制作印章

① 选择菜单"文件→新建"命令，新建"名称"为"印章"、宽度与高度均为300像素、分辨率为300像素/英寸、背景内容为白色的文档。

② 选择工具箱中的"直排文字工具"，在选项栏中设置字体为"方正康体繁体"、颜色为黑色、大小为24像素，在窗口中单击，输入"启航"，然后将文字"航"大小改为30像素，调整字间距；选择工具箱中的"套索工具"，"羽化"值设置为0像素，在窗口中绘制选区，如图6-43所示。

③ 选择菜单"选择→存储选区"命令，打开"存储选区"对话框，输入名称"印"，单击"确定"按钮，将选区存储为Alpha通道"印"；按住Ctrl键并单击"启航"文字缩览图，获得其选区，切换至"通道"面板，选择"印"通道，将前景色设置为黑色，按Alt+Delete组合键的前景色填充选区；单击"通道"面板底部的"将通道作为选区载入"按钮或按住Ctrl键的同时单击"印"通道缩览图，重新获得其选区，如图6-44所示。

④ 保持选区不变，选择"滤镜→像素化→铜版雕刻"命令，打开"铜版雕刻"对话框，选择"类型"为"粗网点"，单击"确定"按钮；按Alt+Ctrl+F组合键两次，重复应用"铜版雕刻"滤镜；再次单击"通道"面板底部的"将通道作为选区载入"按钮，重新获得其选区，选择"滤

镜→模糊→高斯模糊"命令,打开"高斯模糊"对话框,设置"半径"为3像素,单击"确定"按钮,效果如图6-45所示。

图6-43 绘制选区　　　　图6-44 通道选区效果　　　　图6-45 通道执行滤镜后

⑤ 再次获得"印"通道选区;选中"RGB"通道,切换至"图层"面板;新建图层"印章",将选区填充为黑色;按Ctrl+D组合键取消选区。

⑥ 隐藏文字图层和"背景"图层,只显示"印章"图层,选择菜单"编辑→定义画笔预设"命令,弹出"画笔名称"对话框,如图6-46所示,输入画笔名称"启航印章",单击"确定"按钮;按Ctrl+S组合键存储该印章文件并关闭。

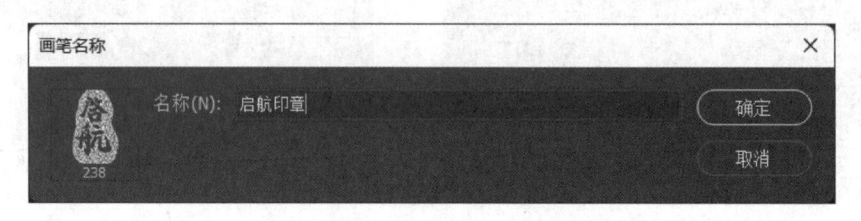

图6-46 "画笔名称"对话框

⑦ 切换至书籍封面设计窗口,设置前景色为暗红色,选择工具箱中的"画笔工具",从画笔预设列表中选择刚定义的画笔"启航印章",设置画笔大小为128像素,流量为100%、硬度为100%,在"书脊"图层组中,新建图层"脊章",在相应位置单击添加印章,图层混合模式设置为"深色";以同样的方法,在"封面"图层组中新建图层"面章",在相应位置单击,添加印章,调整大小与位置。

6. 制作平面展开、立体效果图

① 进一步微调画面整体效果。将各图层组折叠;在"图层"面板中新建图层并置为顶层,命名为"整体平面效果";按Alt+Shift+Ctrl+E组合键盖印所有可见图层;选择"文件→存储副本"命令,打开"存储副本"对话框,输入文件名"平面展开效果",在"保存类型"下拉列表框中选择"JPEG",单击"保存"按钮。至此平面展开效果图制作完成,效果如图6-28所示。

② 选择工具箱中的"矩形选框工具",设置"羽化"值为0像素,在如图6-47所示的参考线之间,绘制矩形选区选取正面区域,按Ctrl+J组合键复制生成新图层并命名为"正面";再次选取"整体平面效果"图层,以同样的方法将书脊选取,复制生成新的图层并命名为"正侧";新建图层组"立体效果",将"正面"与"正侧"图层移至该图层组中,显示该图层组和"背景"图层,其余图层隐藏,此时的"图层"面板如图6-48所示。

图 6-47　正面选区效果

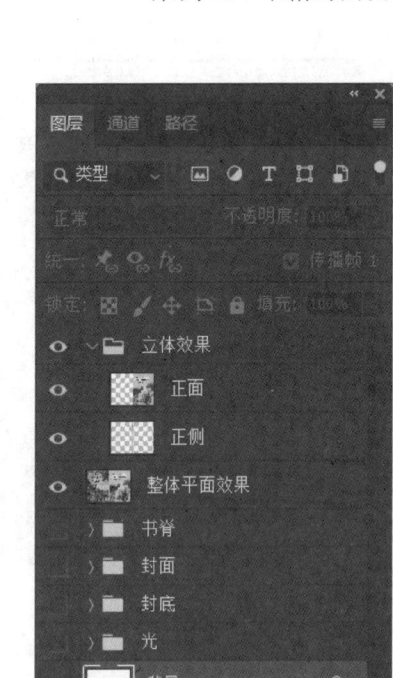

图 6-48　"图层"面板组成

③ 选择"视图→参考线→新建参考线"命令，分别在 0.6 厘米、0.9 厘米、25.3 厘米、25.8 厘米处建立四条水平参考线，在 19.2 厘米处建立垂直参考线。

④ 选中图层"正面"，按 Ctrl+T 组合键进入自由变换状态，按住 Ctrl 键同时调整右上和右下两个控点，进行扭曲变换；选中图层"正侧"，按 Ctrl+T 组合键进入自由变换状态，先调整左侧边的中间控点至参考线，再按住 Ctrl 键调整左上和左下两个控点，进行扭曲变换，效果如图 6-49 所示。

⑤ 在"图层"面板中同时选取"正侧"和"正面"图层；按 Ctrl+T 组合键进入自由变换状态，按住 Shift 键并向右上方拖曳左下角控点，将其等比例缩小，效果如图 6-50 所示。

⑥ 同时选取图层"正侧"和"正面"，按 Ctrl+J 组合键复制这两个图层；选择"编辑→变换→垂直翻转"，将副本图层对象垂直翻转，使用"移动工具"向下垂直移动；选择"正面 拷贝"图层，按 Ctrl+T 组合键进入自由变换状态，利用斜切变换，制作倒影效果；以同样的方法制作书脊的倒影，效果如图 6-51 所示。

图 6-49　变换封面与书脊

图 6-50　缩小并移动的效果　　　　　　　　　图 6-51　正侧面的倒影效果

⑦ 在"图层"面板中选中"正面 拷贝"图层，单击"添加图层蒙版"按钮，添加图层蒙版；选择"渐变工具"　，渐变设置为白色到黑色的线性渐变，在从倒影顶部向下拖动，使其渐隐，设置图层不透明度为 55%；以同样方法处理书脊倒影的渐隐效果，此时的图像如图 6-52 所示。

⑧ 在图层"正侧 拷贝"的上方新建图层"后阴影"，选择工具箱中的"多边形套索工具"，在工具选项栏中将"羽化"值设置为 10 像素，绘制一个选区，以灰蓝色填充，图层不透明度设置为 50%，如图 6-53 所示；按 Ctrl+D 组合键取消选区，选择"滤镜→模糊→高斯模糊"命令，添加模糊效果。

图 6-52　倒影的渐隐效果　　　　　　　　　图 6-53　后投影效果

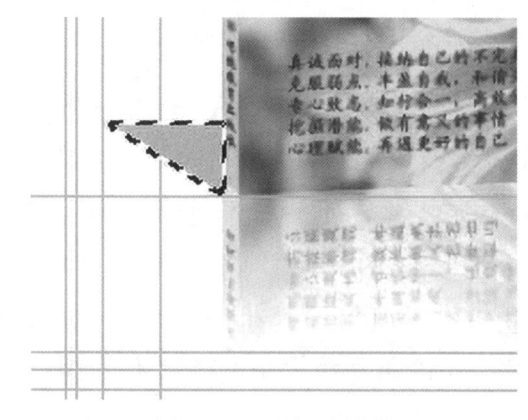

⑨ 此时书籍封面设计完成,按 Ctrl+H 组合键隐藏参考线,得到如图 6-28 所示的立体效果,最终的"图层"面板如图 6-54 所示。按 Alt+Ctrl+S 组合键将文件保存为"立体效果图 .jpg",按 Ctrl+S 组合键保存源文件。

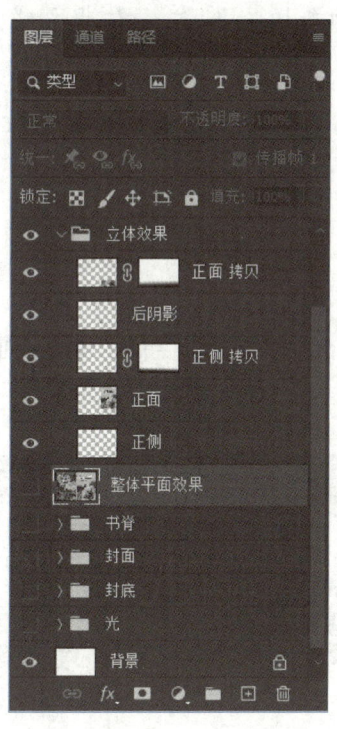

图 6-54 最终的"图层"面板

综合实训

1. 制作一张 A4 幅面的蛋糕店宣传单,参考效果如图 6-55 所示。

图 6-55 蛋糕店宣传单效果图

提示：

① 利用"添加杂色"和"动感模糊"滤镜制作右半区域背景底纹。背景色可从素材中拾取。

② 定义十字图案，利用某种脚本填充图案至右半区域，并运用径向模糊滤镜和某种图层混合模式与背景底纹混合。

③ 背面边框运用"添加杂色"与"渐变叠加"图层样式、图层混合模式；背景矩形应用某种图层混合模式。

2. 卡券制作。

（1）制作图书优惠券。

仿照样图，制作一张 20 cm×8 cm 的图书优惠券，可以利用提供的素材，也可使用自选照片或自定色彩色调。参考效果如图 6-56 所示。

图 6-56　图书优惠券正面背面效果图

（2）制作挑战目标卡。

仿照样图，制作一张 9.0 cm×5.4 cm 的挑战目标卡，效果如图 6-57 所示。

图 6-57　挑战目标卡效果图

提示：

① 定义格子图案，运用到背景底纹及内容区底纹。

② 利用形状工具、"钢笔工具"和选区工具制作形状及各个元素。

3. 制作折页宣传单。

（1）制作旅游宣传单。

仿照样图，制作一张旅游宣传单，成品尺寸为 285 mm×210 mm，参考效果如图 6-58 所示。

图 6-58 旅游宣传单效果图

（2）制作公益宣传单。

利用提供的素材或自行搜集素材,制作一张三折页或两折页的公益宣传单,参考效果如图 6-59 所示。

4. 根据以下提示,设计制作平装书籍封面的平面及立体效果,如图 6-60 所示。要求:开本为大 16 开,成品尺寸为 29.7 cm×21.0 cm,脊厚为 3 cm,出血线为 0.3 cm。

提示:

① 制作书籍封面的平面设计图,根据设计图,确定出血线、书脊参考线的位置。

② 底纹背景制作。

③ 添加背景元素。

④ 添加封面元素,新建组,添加文字和形状。

⑤ 制作书脊。

⑥ 制作阴文仿古印章。

⑦ 制作立体效果。

图 6-59　公益宣传单效果图

5. 利用提供的平面展开样图尺寸和素材图片,制作一个农产品包装盒的平面展开及立体效果,如图 6-61 所示。包装盒尺寸:长 30 cm,宽 20 cm,高 8 cm。

提示:

① 打开样图文件,根据其中标注的尺寸,创建参考线。

② 分别创建"正面""前侧""右侧"图层组,加入图片、文字等元素。

③ 复制变换得到其余三面。

④ 制作立体效果。

6. 综合拓展任务。自行设计茶叶店的名称、VI,搜集或拍摄素材,根据提示,完成以下设计任务,并体现自己的创意与风格。

① 茶叶店宣传单。

② 礼品卡 / 券。

图 6-60 书籍封面设计效果

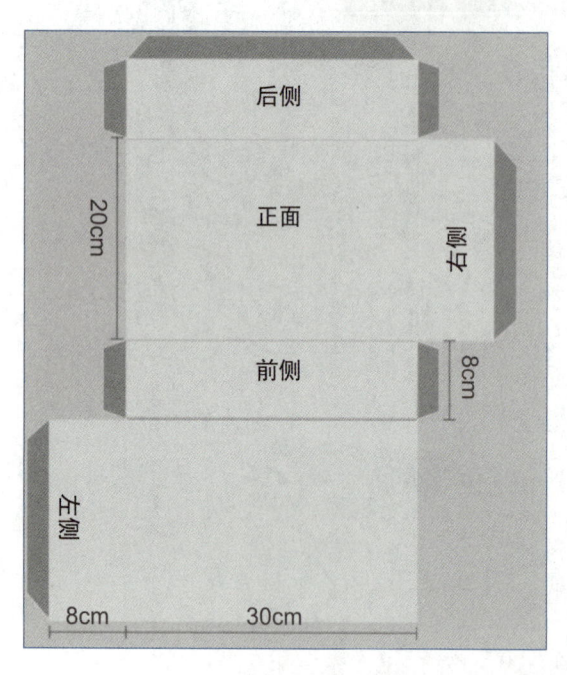

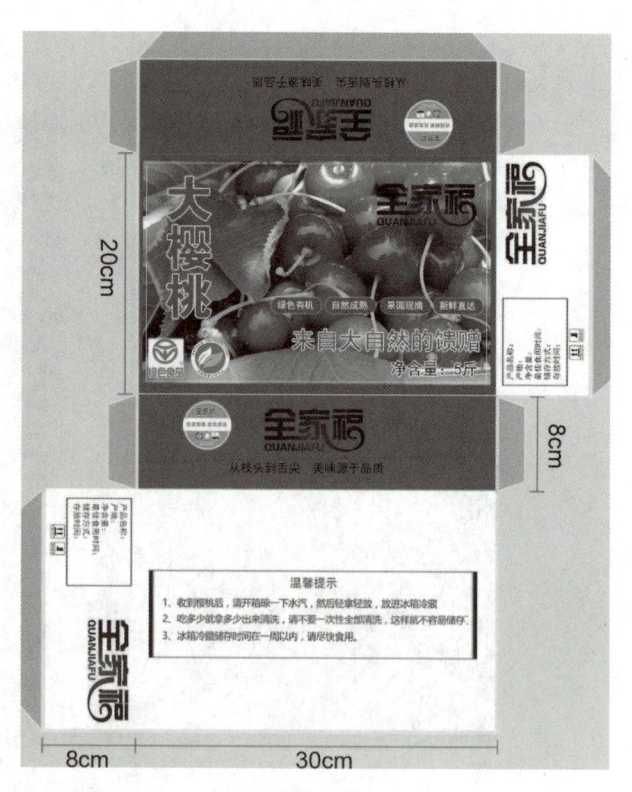

图 6-61　农产品包装盒平面及立体效果

③ 茶叶包装盒/手提袋。

④ 茶叶包装袋/小罐。

⑤ 关于茶的画册封面,如图 6-62 所示(书名:《跟着树叶游中国》,成品尺寸为 140 mm × 210 mm)。

提示:

本画册旨在介绍我国各地的产茶区,各地茶的特点、茶文化、茶历史,做茶的工艺,跟茶山、茶树、采茶人、做茶人亲密接触,充分体味我国的茶文化。

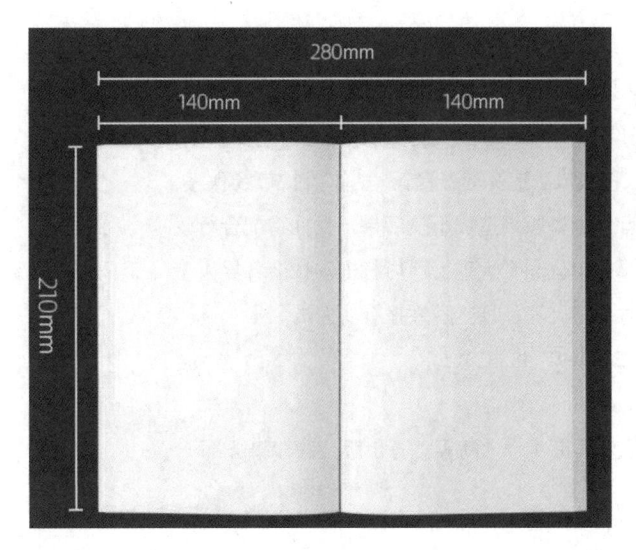

图 6-62　画册封面平面效果图

郑重声明

高等教育出版社依法对本书享有专有出版权。任何未经许可的复制、销售行为均违反《中华人民共和国著作权法》,其行为人将承担相应的民事责任和行政责任;构成犯罪的,将被依法追究刑事责任。为了维护市场秩序,保护读者的合法权益,避免读者误用盗版书造成不良后果,我社将配合行政执法部门和司法机关对违法犯罪的单位和个人进行严厉打击。社会各界人士如发现上述侵权行为,希望及时举报,我社将奖励举报有功人员。

反盗版举报电话　（010）58581999　58582371
反盗版举报邮箱　dd@hep.com.cn
通信地址　北京市西城区德外大街4号　高等教育出版社法律事务部
邮政编码　100120

读者意见反馈

为收集对教材的意见建议,进一步完善教材编写并做好服务工作,读者可将对本教材的意见建议通过如下渠道反馈至我社。

咨询电话　400-810-0598
反馈邮箱　zz_dzyj@pub.hep.cn
通信地址　北京市朝阳区惠新东街4号富盛大厦1座
　　　　　高等教育出版社总编辑办公室
邮政编码　100029

防伪查询说明

用户购书后刮开封底防伪涂层,使用手机微信等软件扫描二维码,会跳转至防伪查询网页,获得所购图书详细信息。

防伪客服电话
（010）58582300

学习卡账号使用说明

一、注册 / 登录

访问 http://abook.hep.com.cn/sve,点击"注册",在注册页面输入用户名、密码及常用的邮箱进行注册。已注册的用户直接输入用户名和密码登录即可进入"我的课程"页面。

二、课程绑定

点击"我的课程"页面右上方"绑定课程",在"明码"框中正确输入教材封底防伪标签上的20位数字,点击"确定"完成课程绑定。

三、访问课程

在"正在学习"列表中选择已绑定的课程,点击"进入课程"即可浏览或下载与本书配套的课程资源。刚绑定的课程请在"申请学习"列表中选择相应课程并点击"进入课程"。

如有账号问题,请发邮件至:4a_admin_zz@pub.hep.cn。